BIBLIOTHÈQUE DES ÉCOLES PRIMAIRES SUPÉRIEURES
ET DES ÉCOLES PROFESSIONNELLES
Publiée sous la Direction de Félix MARTEL

CHIMIE

(Deuxième & Troisième Années)

par

PAUL POIRÉ

PARIS
LIBRAIRIE CH. DELAGRAVE
15, Rue Soufflot

CHIMIE

COULOMMIERS

Imprimerie PAUL BRODARD.

CHIMIE

(DEUXIÈME & TROISIÈME ANNÉES)

PAR

PAUL POIRÉ

Ancien élève de l'École Normale,
Agrégé des sciences physiques et naturelles,
Professeur au lycée Condorcet et à l'École normale supérieure
d'enseignement primaire.

PARIS

LIBRAIRIE CH. DELAGRAVE

15, RUE SOUFFLOT, 15

1894

CHIMIE

DEUXIÈME ANNÉE

CHAPITRE PREMIER

Lois des combinaisons chimiques. — Poids atomiques. — Poids moléculaires. — Nomenclature chimique. — Symboles et formules chimiques.

1. Dans le cours de première année nous avons donné une idée des phénomènes chimiques, des circonstances principales dans lesquelles ils s'accomplissent, et nous avons appliqué ces premières notions à l'étude de quelques corps usuels : l'air, l'eau, l'hydrogène, l'oxygène, l'azote, le carbone, etc. Avant de continuer l'étude des corps dont la chimie s'occupe, il nous faut maintenant exposer les lois principales auxquelles ces phénomènes obéissent et fixer les règles du langage que les chimistes ont adopté pour désigner les corps.

LOIS DES COMBINAISONS CHIMIQUES

2. LOI DES POIDS. — *Le poids d'un corps composé est égal à la somme des poids des composants.* C'est Lavoisier qui le premier a bien établi cette loi, en introduisant l'usage de la balance dans les opérations de la chimie. Lorsque le fer se rouille à l'air humide, son poids augmente, et le poids de la rouille qui s'est formée est égal

au poids du fer qu'elle contient augmenté du poids de l'oxygène dont il s'est emparé.

Lorsqu'on combine 1 gramme d'hydrogène à 8 grammes d'oxygène, on obtient 9 grammes d'eau. Quand on fait brûler du carbone dans l'oxygène pour faire de l'anhydride carbonique, 12 grammes de carbone en se combinant à 32 grammes d'oxygène produisent 44 grammes d'anhydride carbonique.

3. **Loi des proportions définies ou loi de Proust** [1]. — *Deux corps, pour former un même composé, se combinent toujours dans des proportions invariables.* Ainsi, l'eau étant composée de 8 parties en poids d'oxygène pour 1 partie d'hydrogène, toutes les fois que l'hydrogène et l'oxygène se combineront pour former de l'eau, ce sera toujours dans les proportions précédentes. Si l'on introduit dans un vase un mélange de 1 partie en poids d'hydrogène et de 10 parties d'oxygène et qu'on y fasse passer une étincelle électrique, la combinaison s'effectuera entre 1 partie d'hydrogène et 8 parties d'oxygène ; il se formera 9 parties d'eau, et 2 parties d'oxygène resteront libres.

4. **Loi des proportions multiples ou loi de Dalton** [2]. — Il arrive souvent que deux corps, en se combinant, peuvent donner lieu à plusieurs composés, qui diffèrent entre eux par les proportions relatives de leurs éléments.

Lorsque deux corps se combinent en plusieurs proportions, les poids de l'un de ces corps qui s'unissent à un même poids de l'autre, sont entre eux comme des nombres simples.

L'eau est formée de 1 partie d'hydrogène et de 8 parties d'oxygène ; mais il est un autre composé d'hydrogène et d'oxygène, appelé *eau oxygénée* et dans lequel 1 partie d'hydrogène se trouve combinée avec 16 parties

1. Proust, chimiste français, né en 1755 à Angers, mort à Paris en 1826. Il était membre de l'Académie des sciences.

2. Dalton, physicien anglais, né à Ingleshand en 1766, mort à Manchester en 1844.

ou deux fois 8 parties d'oxygène. Le rapport des quantités d'oxygène combinées avec une même quantité, 1 d'hydrogène, est donc celui des nombres simples 1 et 2.

L'azote et l'oxygène se combinent en six proportions différentes. Prenons des quantités de ces composés telles qu'elles renferment toutes 14 parties d'azote, et nous trouverons que :

```
14 part. d'azote sont combinées à   8 part. d'oxygène dans le protoxyde d'azote.
14      —                   —       16 p. ou 2 fois 8,      — le bioxyde d'azote.
14      —                   —       24 p. ou 3 fois 8,      — l'anhydride azoteux.
14      —                   —       32 p. ou 4 fois 8,      — l'oxyde perazotique.
14      —                   —       40 p. ou 5 fois 8,      — l'anhydride azotique.
14      —                   —       48 p. ou 6 fois 8,      — l'anhydride perazotique.
```

Donc les poids d'oxygène qui s'unissent à un même poids d'azote sont entre eux comme les nombres 1, 2, 3, 4, 5, 6.

La loi des proportions multiples ne s'applique pas seulement aux composés de deux éléments : elle a été étendue par Wollaston [1] aux composés de trois éléments.

5. Lois de Gay-Lussac [2] ou lois des volumes.

— *Quand deux gaz se combinent, les volumes des gaz qui entrent en combinaison, sont toujours en rapport simple.*

Ainsi 2 volumes d'hydrogène se combinent avec 1 volume d'oxygène pour former 2 volumes de vapeur d'eau : 1 volume d'hydrogène se combine à 1 volume de chlore pour former 2 volumes d'acide chlorhydrique.

2 volumes d'azote se combinent avec 1 volume d'oxygène pour former 2 volumes de protoxyde d'azote.

1 volume d'azote se combine avec 3 volumes d'hydrogène pour former 2 volumes d'ammoniaque.

Les exemples qui précèdent nous montrent aussi qu'*il y a un rapport simple entre les nombres représentant le volume des gaz qui se combinent et celui qui représente le volume de la combinaison.*

Nous remarquons encore que :

1. Wollaston, physicien anglais, né en 1766, mort en 1828.

2. Gay-Lussac, physicien et chimiste, né en 1778 à Saint-Léonard (Haute-Vienne), mort en 1850, professeur de physique à la Faculté des sciences de Paris, et membre de l'Académie des sciences.

Quand les gaz se combinent à volumes égaux, le volume du composé est égal à la somme des volumes des composants : il n'y a pas contraction. Exemple : 1 volume d'hydrogène se combine avec 1 volume de chlore pour donner 2 volumes d'acide chlorhydrique.

Il y a toujours contraction quand ces volumes sont inégaux.

La contraction est égale à un tiers de la somme des volumes, quand les deux gaz se combinent dans le rapport de 2 volumes à 1 volume. Exemple : 2 volumes d'hydrogène à 1 volume d'oxygène donnent 2 volumes de vapeur d'eau.

La contraction est la moitié de la somme des volumes quand les deux gaz se combinent dans le rapport de 3 à 1. Exemple : 1 volume d'azote et 3 volumes d'hydrogène donnent 2 volumes de gaz ammoniac.

6. Atomes. — Nous avons vu dans le cours de première année que les corps de la nature devaient être considérés comme formés de parties insécables, que l'on a appelées *atomes*. Cette hypothèse des atomes est très ancienne et remonte aux philosophes de l'antiquité. Plus tard elle fut combattue. C'est Dalton qui, dans ce siècle, revint à l'idée des atomes, parce qu'elle expliquait mieux que toute autre hypothèse la loi des proportions définies et celle des proportions multiples. On comprend en effet que, si un atome d'un corps peut se combiner avec 1, 2, 3, 4 atomes d'un autre corps, la loi des proportions multiples se trouve expliquée, puisque les nombres, qui représenteront les proportions de ces corps entrant en combinaison, seront d'une part le poids d'un atome du premier corps et d'autre part le poids de 1, 2, 3, 4 atomes de l'autre corps. Il en sera de même de la loi des proportions définies.

7. Poids atomiques. — Avogadro [1] et Ampère [2],

---

1. Avogadro, chimiste italien, qui vivait au commencement de ce siècle.

2. Ampère (André-Marie), physicien célèbre, né à Polémieux en 1775, mort en 1836. Membre de l'Académie des sciences, inspecteur général de l'Université.

pour expliquer que les différents gaz se compriment et se dilatent tous en suivant à peu de chose près les mêmes lois, ont admis que des volumes égaux de ces gaz renfermaient le même nombre d'atomes, ce qui signifie qu'un litre d'hydrogène renferme le même nombre d'atomes qu'un litre d'oxygène pris dans les mêmes conditions de température et de pression. Il résulte de là que le volume de l'atome d'hydrogène est le même que celui de l'atome des autres corps simples; c'est ce qu'on appelle le *volume atomique*.

Mais, si les différents corps considérés à l'état gazeux contiennent le *même* nombre d'atomes, comme l'expérience prouve que les différents gaz pris sous le *même* volume ne pèsent pas le même poids, il faut admettre comme conséquence que les atomes de deux corps différents n'ont pas le même poids. Ainsi considérons, par exemple, un certain volume d'hydrogène pesant 1; le même volume d'oxygène, *dans les mêmes conditions de température et de pression*, pèsera 16. Le poids de l'atome d'oxygène sera donc 16 fois plus grand que le poids de l'atome d'hydrogène.

Il est certain que, si l'on pouvait mettre successivement dans l'un des plateaux d'une balance un atome de chaque gaz simple et l'équilibrer avec des atomes d'hydrogène mis dans l'autre plateau, le nombre d'atomes d'hydrogène employés dans chaque pesée représenterait le poids de l'atome de chaque gaz exprimé au moyen du poids de l'atome d'hydrogène.

Il est évident que la pesée que nous venons de supposer, n'est pas réalisable en pratique, puisqu'il est impossible d'isoler les atomes, et nous n'avons pris ce mode d'explication que pour mettre bien en évidence l'idée de poids atomique.

Nous appellerons donc *poids atomique* d'un corps simple le poids de l'atome de ce corps, ce poids étant pris par rapport au poids de l'atome d'hydrogène pris pour unité de poids atomique.

Nous donnerons plus loin la valeur numérique des poids atomiques des différents corps, cette valeur étant déterminée par des méthodes que nous n'avons pas à étudier ici.

8. Poids moléculaires. — De même qu'il est admis que les corps simples sont formés de parties indivisibles que nous avons appelées *atomes*, de même il faut admettre que les corps composés sont formés de particules infiniment petites appelées *molécules*, dont chacune renferme en elle les atomes des corps simples qui entrent dans la constitution du corps composé. Ainsi la plus petite partie d'eau que l'on puisse considérer a un volume égal à 2, en prenant pour *unité* de volume le *volume atomique*. Or l'analyse de l'eau nous a appris que deux volumes de vapeur d'eau se composent de 2 volumes d'hydrogène, c'est-à-dire de 2 atomes d'hydrogène, combinés à 1 volume d'oxygène, c'est-à-dire à 1 atome d'oxygène. Or 2 atomes d'hydrogène pesant 2, 1 atome d'oxygène pèse 16. Donc la molécule d'eau pèse $2 + 16 = 18$, en remarquant bien que l'unité de poids est ici le poids de l'atome d'hydrogène. C'est ce qu'on appelle le *poids moléculaire* de la vapeur d'eau.

On a étendu cela à tous les corps simples et composés, et on appelle *poids moléculaire d'un corps le poids de deux volumes de ce corps, pris dans les conditions de température et de pression où le poids de 1 volume d'hydrogène, c'est-à-dire de 1 atome, est 1.* Dans ces conditions, le poids moléculaire de l'hydrogène est 2, puisque c'est le poids de 2 volumes ou de 2 atomes, celui de l'oxygène sera 32, celui de l'azote 28, etc.

9. Valence atomique ou atomicité. — Certains corps se combinent à volumes égaux avec l'hydrogène, c'est-à-dire atome à atome : on dit qu'ils sont *monoatomiques* ou *monovalents*. Ainsi 1 atome du corps appelé *chlore* se combine à 1 atome d'hydrogène pour donner 1 molécule ou 2 volumes d'acide chlorhydrique : le chlore est dit *monoatomique* ou *monovalent*. Il en est de même du brome et de l'iode.

Il est des corps dont 1 volume, ou 1 atome, se combine à 2 atomes d'hydrogène; on les appelle corps *diatomiques* ou *bivalents*. Ainsi dans l'eau 1 volume ou 1 atome d'oxygène est combiné à 2 volumes ou 2 atomes d'hydrogène. L'oxygène est un corps *diatomique* ou *bivalent*. Il en est de même du soufre.

Un corps est *triatomique* ou *trivalent*, quand 1 atome de ce corps peut se combiner avec 3 atomes d'hydrogène. Ainsi l'azote est *triatomique* ou *trivalent* dans le gaz ammoniac.

Un corps est *tétraatomique* ou *tétravalent* (*tétra* est un mot grec qui veut dire 4), quand 1 atome de ce corps peut se combiner à 4 atomes d'hydrogène. Tel est le carbone.

Quand un corps ne peut se combiner à l'hydrogène, on définit sa *valence*, ou, comme on dit aussi, son *atomicité* par le nombre d'atomes de corps monovalent, le chlore par exemple, auxquels 1 atome de ce corps peut se combiner. Ainsi, dans le pentachlorure de phosphore, 1 atome de phosphore est combiné avec 5 atomes de chlore : le phosphore y est *pentavalent* (*penta* est un mot grec qui veut dire 5).

L'hydrogène est le corps monoatomique par excellence.

Quand un atome d'un corps a pris toutes les atomicités qu'il peut prendre, on dit qu'il est *saturé*. Ainsi dans l'eau, l'oxygène est saturé, parce que chaque atome d'oxygène s'est combiné à 2 atomes d'hydrogène.

Nous avons insisté tout particulièrement sur ces idées, parce qu'il est nécessaire, pour ce qui suivra, que les élèves les possèdent bien. Ramenées aux proportions que nous leur avons données, elles sont très simples et doivent être comprises par tous.

Le tableau suivant donne, à titre de renseignement, la liste des corps simples avec leur symbole et leur poids atomique. Les noms des métalloïdes sont en lettres italiques.

Tableau des symboles et des poids atomiques des corps simples.

NOMS	SYMBOLES	POIDS ATOMIQUES
Aluminium	Al	27,5
Antimoine	Sb	120
Argent	Ag	107,93
Arsenic	As	75
Azote	Az	14,044
Baryum	Ba	137,2
Bismuth	Bi	210
Bore	B	11
Brome	Br	80
Cadmium	Cd	112
Calcium	Ca	40
Carbone	C	12
Cérium	Ce	35,457
Césium	Cs	132,6
Chlore	Cl	35,457
Chrome	Cr	52,4
Cobalt	Co	59
Cuivre	Cu	63,5
Didyme	Di	96
Étain	Sn	118
Erbium	Er	170,4
Fer	Fe	56
Fluor	Fl	19
Gallium	Ga	69
Glucinium	Gl	14
Hydrogène	H	1
Indium	In	113,4
Iode	I	126,85
Iridium	Ir	197,2
Lanthane	La	92
Lithium	Li	7
Magnésium	Mg	24
Manganèse	Mn	55,2
Mercure	Hg	200
Molybdène	Mo	96
Nickel	Ni	59
Niobium	Nb	94
Or	Au	197

NOMS	SYMBOLES	POIDS ATOMIQUES
Osmium	Os	200
Oxygène	O	16
Palladium	Pd	106
Phosphore	P	31
Platine	Pt	198
Plomb	Pb	206,92
Potassium	K	39,137
Rhodium	Rh	52,104
Rubidium	Rb	25,4
Ruthénium	Ru	104
Sélénium	Se	79
Silicium	Si	28
Sodium	Na	23,043
Soufre	S	32
Strontium	Sr	87,5
Tantale	Ta	137,6
Tellure	Te	128
Thallium	Tl	204
Thorium	Th	119
Titane	Ti	48
Tungstène	Tu	184
Uranium	U	120
Vanadium	V	51,2
Yttrium	Y	Inconnu.
Zinc	Zn	65
Zirconium	Zr	89

NOMENCLATURE CHIMIQUE

10. — On désigne sous le nom de *nomenclature chimique* un ensemble de règles adoptées pour désigner les corps.

Dès l'origine de la science, les chimistes, rencontrant des corps différents par leurs propriétés, comprirent la nécessité de les désigner par des noms capables de rappeler leur nature. Mais chaque nom se rapportait à des circonstances tirées de l'histoire du corps auquel il était donné, et le choix de la propriété particulière, d'où le

nom devait être tiré, était toujours très arbitraire. Il devait
en résulter une confusion regrettable, et on en était
arrivé à désigner le même corps par plusieurs noms différents : pour ne citer qu'un exemple, la substance que nous
appelons aujourd'hui sulfate de potassium était indifféremment appelée *sel polychreste de Glazer*, *sel de duobus*,
arcanum duplicatum, *tartre vitriolé*, *vitriol de potasse*.

Guyton de Morveau [1], dès 1782, signala le premier
les inconvénients d'une pareille confusion, et, en 1787,
l'Académie des sciences nommait une commission composée de Lavoisier, Berthollet [2] et de Fourcroy [3], qui,
de concert avec Guyton de Morveau alors à Paris, arrêta
les règles de la nomenclature chimique, qui ont été modifiées en quelques points par les partisans de la notation
atomique.

Cette nomenclature n'a pas seulement l'avantage de désigner par des noms analogues les corps qui jouissent de
propriétés semblables ; elle a aussi celui d'indiquer, par
le nom du composé, la nature des éléments qui y entrent.

NOMENCLATURE DES CORPS SIMPLES
ET DES COMPOSÉS BINAIRES NON OXYGÉNÉS

11. Corps simples. — Les corps simples ont en
général conservé les noms par lesquels ils étaient primitivement désignés ; d'autres, au moment de leur découverte, ont tiré leur nom de celui que portait déjà leur
composé le plus important. Tels sont le *potassium* et le
sodium extraits de la potasse et de la soude.

12. Composés binaires [4] non oxygénés. — Un

---

1. Guyton de Morveau, chimiste,
membre de l'Académie des sciences,
né à Dijon en 1737, mort en 1816.

2. Berthollet, célèbre chimiste, né
en 1748 à Talloires en Savoie, mort à
Arcueil en 1822. Membre de l'Académie des sciences, professeur à l'École
normale et à l'École polytechnique.

3. De Fourcroy (Antoine-François),
chimiste, né à Paris en 1756, mort
en 1809.

4. On désigne sous le nom de *composé binaire* un corps formé par la
combinaison de deux corps simples.

composé binaire se désigne par le nom de l'un des éléments, que l'on fait suivre de la terminaison *ure* et que l'on unit au nom du second élément par la préposition *de*. C'est ainsi que l'on dira : *chlorure de plomb, bromure de fer, iodure d'argent*, pour désigner les combinaisons du chlore et du plomb, du brome et du fer, de l'iode et de l'argent.

La règle que nous venons d'énoncer, semble permettre de dire plombure de chlore, ferrure de brome, argenture d'iode; mais, pour fixer l'incertitude qu'elle pourrait laisser, on est convenu d'énoncer d'abord le corps qui, dans la décomposition du composé par le courant électrique, se rendrait au pôle positif de la pile. Ce corps est appelé ordinairement l'élément *électro-négatif*, parce qu'on suppose que, puisqu'il se rend au pôle positif, il doit être chargé d'électricité négative. L'autre élément est appelé *électro-positif*.

Dans un composé formé par l'union d'un métalloïde et d'un métal, c'est toujours le métalloïde qui est électro-négatif; ce sera donc toujours le nom du métalloïde que l'on devra énoncer le premier.

Il arrive souvent qu'un élément électro-négatif forme avec un même corps électro-positif plusieurs composés, qui diffèrent entre eux par la quantité de l'élément électro-négatif entrant dans la composition de chacun d'eux. C'est ainsi que le soufre et le potassium forment ensemble cinq composés, dans lesquels il entre, pour une même quantité 39 de potassium ou 1 atome

			32 parties de soufre dans le premier	ou 1 atome.
2 fois 32 ou	64	---	— second	ou 2 atomes.
3 —	96	—	— troisième	ou 3 atomes.
4 —	128	—	— quatrième	ou 4 atomes.
5 —	160	—	— cinquième	ou 5 atomes.

On exprime ces différences en faisant précéder les mots *sulfure de potassium* des préfixes *proto* pour le premier, *bi* pour le second, *tri* pour le troisième, *quadri* ou *tétra* pour le quatrième, *quinti* ou *penta* pour le cinquième. C'est ainsi que l'on dira :

> Protosulfure de potassium.
> Bisulfure de potassium.
> Trisulfure de potassium.
> Quadrisulfure ou tétrasulfure de potassium.
> Quintisulfure ou pentasulfure de potassium.

Le chlore et le fer forment deux composés, et le composé le plus chloruré contient 1 fois et 1/2 autant de chlore que l'autre ; le plus chloruré s'appelle *sesquichlorure de fer*, et l'autre *protochlorure de fer*.

On appliquera ces règles dans tous les cas analogues.

Il arrive assez souvent que, par des considérations d'euphonie ou autres, on déroge un peu aux règles précédentes. Ainsi, on ne dit pas du *phosphorure* d'hydrogène pour désigner la combinaison du phosphore et de l'hydrogène, mais du *phosphure* d'hydrogène ; on ne dit pas du *soufrure* de fer, mais du *sulfure* de fer.

L'usage apprendra ces dérogations à la règle générale.

13. Hydracides. — Parmi les exceptions au principe de la nomenclature des composés binaires non oxygénés, nous citerons spécialement celle qui est relative aux composés acides que certains métalloïdes, comme le chlore, le brome, l'iode, le soufre, le sélénium et le tellure, forment avec l'hydrogène. Ces composés, que l'on appelle *hydracides* d'une manière générale, se désignent par le mot *acide* suivi d'un mot formé par le nom du corps électro-négatif et la terminaison *hydrique* (la particule *hydr* indiquant que l'hydrogène entre dans la composition du corps). Ainsi l'on dira :

> Acide chlorhydrique (chlore et hydrogène).
> — bromhydrique (brome et hydrogène).
> — sulfhydrique (soufre et hydrogène).

14. Alliages. — Les combinaisons des métaux entre eux ont reçu le nom d'*alliages*. On les désigne en mettant à la suite du mot *alliage* les noms des métaux qui y entrent :

Alliage d'or et de cuivre.
— d'or et d'argent.

Lorsque le mercure est l'un des métaux, l'alliage prend le nom d'*amalgame* :

Amalgame d'or (alliage de mercure et d'or).
— de cuivre (alliage de mercure et de cuivre).

NOMENCLATURE DES COMPOSÉS BINAIRES
OXYGÉNÉS

15. Composés oxygénés basiques ou neutres. — Les composés binaires oxygénés, basiques ou neutres sont désignés par le mot *oxyde*, uni par la préposition *de* au nom du corps combiné à l'oxygène :

Oxyde de zinc, oxyde d'azote.

Si l'oxygène forme avec un même corps plusieurs composés neutres ou basiques, on se sert, pour les distinguer, des préfixes *proto*, *bi*, *sesqui*, etc., comme on l'a fait pour les composés binaires non oxygénés :

Protoxyde de manganèse.
Sesquioxyde de manganèse.
Bioxyde de manganèse.

On tend aujourd'hui à abandonner ces dénominations et à donner la terminaison *eux* au composé le moins oxygéné et la terminaison *ique* au composé le plus oxygéné. Le protoxyde de fer s'appelle de l'oxyde *ferreux*, et le sesquioxyde de l'oxyde *ferrique*.

Certains oxydes ont conservé des noms qui ne sont pas conformes aux règles de la nomenclature. Ainsi les mots *potasse, soude, chaux, baryte, magnésie, alumine,*... désignent des oxydes de potassium, sodium, calcium, baryum, magnésium, aluminium.

16. Anhydrides. — On appelle *anhydrides* des

oxydes qui, en s'unissant à l'eau, donnent des *acides* ou des *bases*. Pour désigner un anhydride, on prend le nom du corps simple que l'on fait suivre de la terminaison *eux* (le moins oxydé) ou de la terminaison *ique* (le plus oxydé, s'il n'y en a que deux), et auquel on ajoute, quand cela est nécessaire, des préfixes destinés à indiquer le degré d'oxydation, *hypo* pour désigner un degré inférieur d'oxydation et *per* ou *hyper* pour désigner un degré supérieur.

Ainsi on dit :

> L'anhydride sulfureux.
> —   sulfurique.
> —   persulfurique.
> —   hypochloreux.
> —   chloreux.

Les anhydrides sont *basiques* ou *acides*, suivant qu'en s'unissant à l'eau ils forment des bases ou des acides. L'anhydride de potassium est un composé oxygéné d'un métal appelé *potassium* qui, en se combinant à l'eau, donnera une base, la potasse.

NOMENCLATURE DES COMPOSÉS TERNAIRES

17. Nomenclature des composés ternaires. Acides oxygénés. — Un *acide oxygéné* est un corps oxygéné, jouissant de la propriété acide et renfermant de l'hydrogène.

Quand un acide ne renferme pas d'oxygène, c'est un composé binaire qu'on appelle *hydracide*. Nous avons vu (13) comment on les désignait. Quand il renferme en plus de l'oxygène, c'est un composé ternaire acide, qu'on appelle *oxacide*.

Pour désigner ces corps, on substitue au mot *anhydride* le mot *acide*. Les anhydrides azoteux, azotique, hypochloreux, sulfurique et persulfurique forment, en s'unissant à l'eau, les acides azoteux, azotique, hypochloreux, sulfurique et persulfurique.

18. Bases. — Les bases sont des composés ternaires qui résultent de l'union d'un anhydride basique avec l'eau; on les désigne sous le nom d'*hydrates métalliques*. Ainsi l'*oxyde de potassium* en s'unissant à l'eau donne l'*hydrate de potassium*.

19. Sels. — Un sel est le résultat du remplacement de tout ou partie de l'hydrogène d'un acide oxygéné par un métal.

Le sel est dit *neutre*, si tout l'hydrogène de l'acide oxygéné a été remplacé par un métal : il est dit *acide*, quand cette substitution n'a été que partielle. Ainsi l'acide sulfurique renferme dans sa molécule 2 atomes d'hydrogène; si les *deux* atomes sont remplacés par un métal, on a un sel *neutre*; si la substitution ne s'est faite que sur *un* atome d'hydrogène, on a un sel *acide*.

On désigne les sels en prenant le nom de l'acide oxygéné qui les a formés, en y remplaçant la terminaison *ique* par *ate*, la terminaison *eux* par *ite* et en unissant par la préposition *de* le mot ainsi formé au nom du métal. Ainsi on dit :

> Azotate de potassium.
> Sulfate de sodium.
> Carbonate de plomb.

Lorsqu'un même métal forme plusieurs oxydes salifiables, il y a lieu de distinguer les séries de sels qu'un même acide forme avec eux. Le fer donne deux séries de sels correspondant à l'oxyde *ferreux* (ou protoxyde) et à l'oxyde *ferrique* (ou sesquioxyde). On dit alors :

> Sulfate ferreux.
> Sulfate ferrique.

20. Notations et formules chimiques. — Pour éviter des longueurs dans le langage, pour simplifier l'expression des nombreuses réactions que la chimie étudie et explique, Lavoisier a proposé de représenter les corps par des symboles. Cette idée ne fut pas acceptée par tous les chimistes, et plus tard Berzélius [1], fécondant l'inspiration de Lavoisier, inventa l'écriture chimique, qui est aujourd'hui généralement en usage et dont nous allons sommairement exposer les principales règles.

Chaque corps est représenté par un symbole, formé ordinairement d'une ou de deux lettres de son nom. L'oxygène a pour symbole O, le chlore Cl, le fer Fe, le zinc Zn, le cuivre Cu, l'argent Ag, etc. Ces symboles ne sont pas seulement une manière abrégée d'écrire les noms des corps, mais ils représentent de plus les poids atomiques de ces corps. O représente 16 d'oxygène, Cl 35,5 de chlore, Zn 65 de zinc, Cu 63,5 de cuivre, Fe 56 de fer, Ag 108 d'argent, etc.

Les composés binaires se représentent par la juxtaposition des symboles de leurs éléments. On est convenu d'écrire le premier le symbole du corps *électro-positif*; dans la nomenclature parlée, c'est le contraire.

L'eau se compose de 2 atomes d'hydrogène et de 1 atome d'oxygène; son symbole est H^2O, et H^2O représente 18 d'eau.

L'anhydride sulfurique se compose de 1 atome de soufre et de 3 atomes d'oxygène; son symbole est SO^3 et représente un poids égal à 80. Le chiffre 3 mis en exposant, à côté et au-dessus de O, indique qu'il a trois atomes d'oxygène.

L'oxyde de potassium, ou potasse anhydre, se compose de 2 atomes de potassium, corps monoatomique saturant 1 atome d'oxygène; sa formule est K^2O.

L'hydrate de potassium ou oxyde hydraté de potassium se compose de 1 atome d'oxygène (*diatomique*), saturé par 1 atome de potassium et 1 atome d'hydrogène; sa formule est KHO.

L'acide sulfurique hydraté a pour formule SO^4H^2, ce

---

1. Berzélius (Jacques), célèbre chimiste suédois, né en 1749, près de Linkœping, mort en 1848. Il était le fils d'un instituteur.

qui exprime que le corps SO^4, que l'on appelle le radical de l'acide, y est saturé par 2 atomes d'hydrogène.

Pour représenter un sel, on écrit à la suite l'un de l'autre le symbole du radical acide du sel et le symbole du métal. Ainsi le sulfate de zinc a pour formule SO^4Zn, ce qui montre que les 2 atomicités de SO^4, corps diatomique, sont saturés par les 2 atomicités de Zn, corps diatomique. Le sulfate neutre de potassium a pour formule SO^4K^2; les 2 atomicités de SO^4 sont saturées par les deux atomicités de K^2. Le sulfate acide de potassium a pour formule SO^4KH; les deux atomicités de K et H y saturent les deux atomicités de SO^4.

Dans l'acide azotique AzO^3H, le radical acide AzO^3 est monoatomique. La formule de l'azotate neutre de potassium sera AzO^3K; dans l'azotate neutre de zinc, il faut au zinc, métal diatomique, deux atomicités du corps AzO^3 et sa formule est $(AzO^3)^2Zn$, le chiffre 2 portant sur Az et sur O^3.

21. Égalités chimiques. — A l'aide de ces symboles, on parvient à représenter d'une manière très simple des réactions très compliquées, et bien plus facilement qu'on ne pourrait le faire en se servant du langage ordinaire ou des légendes que nous avons données dans le cours de première année.

Quand plusieurs corps mis en présence réagissent l'un sur l'autre et donnent lieu à de nouveaux corps, on représente la réaction de la manière suivante : on écrit d'abord les symboles des corps mis en présence en les séparant par le signe $+$; on fait suivre cette énumération du signe $=$ et on écrit à la suite les symboles des corps nouveaux produits dans la réaction, en séparant ces symboles par le signe $+$.

Veut-on exprimer une décomposition, par exemple la décomposition de l'oxyde de mercure, dont le symbole est HgO, en mercure et en oxygène, on écrira :

$$HgO = Hg + O.$$

Il est évident que l'on doit retrouver dans la seconde partie de l'égalité tout ce qui entre dans la première; c'est là une manière de vérifier si l'on ne s'est pas trompé en écrivant l'expression de la réaction.

Les égalités suivantes expriment un certain nombre de réactions précédemment décrites et que nous n'avons pu exprimer que par des légendes :

1° Préparation de l'oxygène par le bioxyde de manganèse :

$$3MnO^2 \quad = \quad Mn^3O^4 \quad + \quad 2O$$

Bioxyde de manganèse. — Oxyde salin de manganèse. — Oxygène.

2° Préparation de l'oxygène par le chlorate de potasse :

$$ClO^3K \quad = \quad KCl \quad + \quad 3O$$

Chlorate de potasse. — Chlorure de potassium. — Oxygène.

3° Préparation de l'hydrogène, par l'eau et le fer :

$$3Fe \quad + \quad 4H^2O \quad = \quad Fe^3O^4 \quad + \quad 8H$$

Fer. — Eau. — Oxyde magnétique de fer. — Hydrogène.

Préparation de l'hydrogène par le zinc et l'acide sulfurique :

$$Zn \quad + \quad SO^4H^2 \quad = \quad SO^4Zn \quad + \quad 2H$$

Zinc. — Acide sulfurique. — Sulfate d'oxyde de zinc. — Hydrogène.

5° Préparation de l'hydrogène par le zinc et l'acide chlorhydrique :

$$Zn \quad + \quad 2HCl \quad = \quad ZnCl^2 \quad + \quad 2H$$

Zinc. — Acide chlorhydrique. — Chlorure de zinc. — Hydrogène.

6° Préparation de l'anhydride carbonique par l'acide chlorhydrique et le carbonate de calcium :

$$CO^3Ca \quad + \quad 2HCl \quad = \quad CaCl^2 \quad + \quad H^2O \quad + \quad CO^2$$

Carbonate de calcium. — Acide chlorhydrique. — Chlorure de calcium. — Eau. — Anhydride carbonique.

7° Décomposition de l'acide oxalique en oxyde de carbone et en anhydride carbonique.

$$C^2O^4H^2 \;=\; CO \;+\; CO^2 \;+\; H^2O$$

Acide oxalique.   Oxyde de carbone.   Anhydride carbonique.   Eau.

8° Préparation de la silice par le silicate de sodium et l'acide chlorhydrique :

$$SiO^3Na^2 \;+\; 2HCl \;=\; 2NaCl \;+\; H^2O \;+\; SiO^2$$

Silicate de sodium.   Acide chlorhydrique.   Chlorure de sodium.   Eau.   Silice.

22. Remarque I. — Nous devons insister ici sur la signification numérique des égalités chimiques. Chaque symbole d'un corps simple représentant la valeur numérique de son poids atomique, quand on écrit O, par exemple, il faut toujours se rappeler que ce symbole ne représente pas seulement un atome d'oxygène, mais 16 d'oxygène, 16 étant le poids atomique de l'oxygène. De même le symbole d'un corps composé représente non seulement sa molécule, mais le poids de sa molécule. H^2O représente une molécule d'eau et son poids moléculaire, qui est $2 \times 1 + 16 = 18$. CO^2 représente la molécule de l'anhydride carbonique et en même temps son poids moléculaire, qui est $12 + 2 \times 16 = 12 + 32 = 44$; 12 et 16 étant les poids atomiques du carbone et de l'oxygène.

Si l'on se place au point de vue des volumes, le symbole d'un corps *simple* représente toujours le volume atomique du corps considéré à l'état gazeux, c'est-à-dire 1; le symbole d'un corps *composé* représente toujours le volume de sa molécule, c'est-à-dire 2.

23. Remarque II. — Il résulte de ce que nous venons de dire que les égalités chimiques représentent des *relations numériques entre les poids des corps considérés*.

L'égalité

$$HgO \;=\; Hg \;+\; O$$

Oxyde de mercure.   Mercure.   Oxygène.

signifie que la molécule HgO pesant Hg = 100 + O = 16 = 116 donne lieu par sa décomposition à 100 de mercure et à 16 d'oxygène.

Il résulte aussi de là qu'une règle de trois simple permettra de calculer le poids d'un corps que l'on pourra préparer avec un poids déterminé du corps composé employé.

Exercices sur l'égalité précédente. — *Combien prépare-t-on d'oxygène en décomposant 348 grammes d'oxyde de mercure?*

348 est égal à 3 fois 116; l'égalité précédente nous apprend donc qu'avec 348 grammes d'oxyde de mercure on obtiendra 3 fois 100 de mercure ou 300 grammes de mercure et 3 fois 16 ou 48 grammes d'oxygène.

Autre exemple. — La formule de la préparation de l'oxygène par le chlorate de potassium est

$$ClO^3K \quad = \quad KCl \quad + \quad 3O$$

Chlorate   Chlorure   Oxygène.
de potassium.   de potassium.

$Cl = 35,5$; $O^3 = 3 \times 16 = 48$; $K = 39$; ClO^3K représente donc $35,5 + 48 + 39 = 122,5$.

Donc avec 122,5 de chlorate de potassium on préparera $39 + 35,5 = 74,5$ de chlorure de potassium et $3 \times 16 = 48$ d'oxygène.

Exercice. — *Combien d'oxygène préparera-t-on avec 1 kilogramme de chlorate de potassium?*

Puisque 122,5 de chlorate donnent 48 d'oxygène, 1000 donneront $\frac{1000}{122,5} \times 48$ c'est-à-dire 391^{gr},68 d'oxygène.

Autre exemple. — La formule de la préparation de l'hydrogène, par l'acide sulfurique et le zinc est

$$Zn + SO^4H^2 = SO^4Zn + 2H.$$

Zn représente 65; $S = 32$, $O^4 = 64$, $2H = 2$

Donc avec 65 de zinc et 68 d'acide sulfurique on préparera 2 d'hydrogène et 161 de sulfate de zinc.

Exercice. — Combien préparera-t-on d'hydrogène avec 1 kilogramme de zinc?

Puisque 65 de zinc donnent 2 d'hydrogène, 1000 donneront $\frac{1000}{65} \times 2$, c'est-à-dire 30gr,76.

24. Remarque III. — On peut aussi, à l'aide des égalités chimiques, déterminer le volume d'un corps gazeux, à 0° et à 760 millimètres de pression, qu'on peut préparer avec un poids donné de corps composé. Il suffira, pour avoir le volume, de diviser le poids donné par la formule, par le poids de 1 litre de gaz à 0° et à 760mm.

Exercice. — Combien préparera-t-on de litres d'oxygène avec 1 kilogramme de chlorate de potassium?

Nous avons vu qu'avec 1 kilogramme de chlorate de potassium on pouvait préparer 391gr,68 d'oxygène. Le poids d'un litre d'oxygène étant 1gr,430, à 0° et à 760mm, le volume d'oxygène préparé sera le quotient de 391gr,68 par 1gr,430, c'est-à-dire 2 litres, 739.

25. Remarque IV. — Toutes les considérations que nous venons d'exposer sont absolument pratiques; on les applique à chaque instant dans les laboratoires de chimie et dans les ateliers.

CHAPITRE II

Propriétés générales des sels. -- Lois de Berthollet.

26. Nous avons souvent parlé des *sels*, dans le cours de première année et dans le chapitre précédent; il est nécessaire de revenir sur ce sujet et d'étudier les propriétés générales des sels, puisque nous avons, à propos de l'étude de chaque, acide, à parler des sels importants auxquels il donne lieu.

PROPRIÉTÉS GÉNÉRALES DES SELS

27. Tous les sels sont solides, d'une densité plus grande que celle de l'eau; tous sont susceptibles de cristalliser en passant peu à peu de l'état liquide à l'état solide.

Ils se présentent à nous sous différentes couleurs; ils sont incolores, quand la base et l'acide sont eux-mêmes incolores. Quand la base et l'acide sont colorés, ou quand l'un d'eux seulement l'est, le sel est coloré.

TABLEAU DE LA COULEUR DES PRINCIPAUX SELS COLORÉS

Les sels de manganèse sont...............	roses.
— de protoxyde de fer...............	verts.
— de sesquioxyde de fer.............	d'un jaune rougeâtre.
— de sesquioxyde de chrome.........	verts d'herbe.
— de cobalt.....................	roses ou d'un bleu violacé.
— de cuivre	bleus ou verts.
— de nickel	verts ou d'un blanc verdâtre.
— d'or.......................	jaune d'or.
— de platine	jaune orangé.

28. Action de l'eau sur les sels. — L'eau dissout un grand nombre de sels, mais il en est qui sont complètement insolubles dans ce liquide. En général, la solubilité d'un sel augmente avec la température; quelques-uns cependant se comportent d'une manière différente. Le sulfate de chaux, ou *plâtre*, est moins soluble à 100° qu'à la température ordinaire; il présente un maximum de solubilité vers 35°; le sulfate de soude présente un maximum à 30°.

Lorsqu'un sel déjà hydraté se dissout dans l'eau, il y a en général abaissement de température; mais, si le sel est anhydre et qu'il ait de l'affinité pour l'eau, la dissolution est accompagnée d'un dégagement de chaleur.

Lorsqu'une dissolution d'un sel saturé à chaud se refroidit lentement, le sel se dépose en général pendant le refroidissement, en affectant des formes géométriques régulières. On dit alors qu'il cristallise. Mais il peut arriver que le refroidissement de la liqueur n'amène pas la cristallisation de la substance. L'eau contient alors plus de sel qu'elle n'en dissout normalement, et l'on dit qu'elle est *sursaturée*. Le phénomène de la sursaturation est analogue à celui de la surfusion. Il a été étudié par M. Gernez.

Lorsqu'une liqueur est sursaturée, il suffit, pour déterminer la cristallisation du sel dissous, de laisser tomber dans la liqueur le plus petit cristal de ce sel. Prenons, par exemple, de l'acétate de soude et faisons-en fondre une certaine quantité, à l'aide de la chaleur, dans la plus petite quantité d'eau possible : si nous laissons refroidir lentement la liqueur, elle ne cristallisera pas; mais, si nous laissons tomber au milieu d'elle un cristal d'acétate de soude, la cristallisation commence immédiatement au point touché et se propage dans toute la masse. On constate une notable élévation de température, due au dégagement de chaleur latente.

Introduisons dans un tube fermé par un bout, effilé à l'autre, une dissolution bouillante et presque saturée de

sulfate de soude; faisons bouillir le liquide dans le tube,
de manière à chasser l'air; puis, après avoir fermé le
tube à la lampe (fig. 1), laissons-le se refroidir lentement

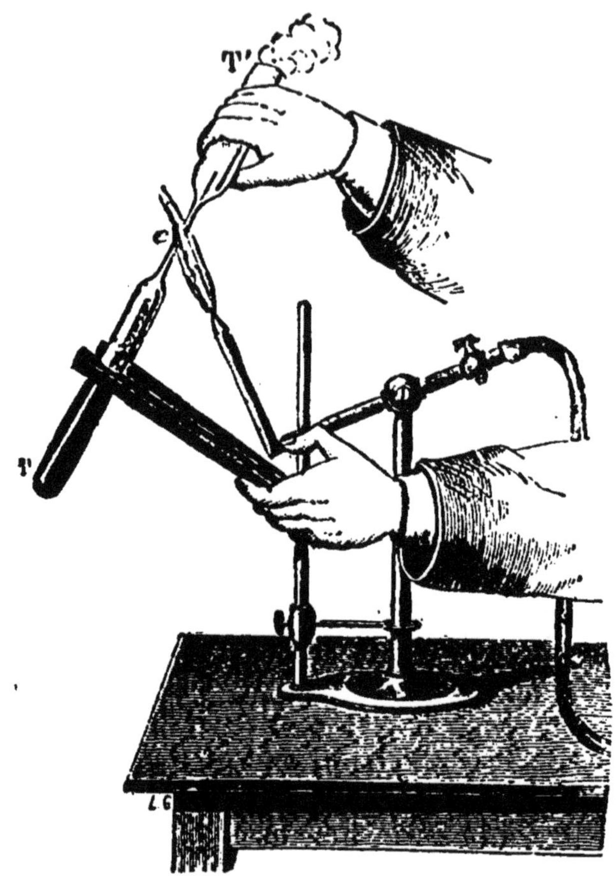

Fig. 1. — Sursaturation du sulfate de soude.

sans l'agiter; le sulfate de soude ne cristallisera pas.
Mais, dès que nous briserons la pointe du tube, l'air
rentrera brusquement et le sel cristallisera immédiatement. M. Gernez pense que le simple contact d'une
substance autre que le sel dissous ne peut déterminer
la cristallisation de la liqueur sursaturée, et que, si elle
cristallise quelquefois au contact d'une baguette de verre

ou d'un autre sel, c'est que cette baguette a touché les sels dissous ou que le sel étranger n'est pas pur et renferme des traces d'autres sels.

29. Eau d'interposition. Eau d'hydratation. — Lorsqu'un sel cristallise dans l'eau, il entraîne toujours avec lui une certaine quantité du liquide. Lorsque l'eau est seulement interposée entre les différentes couches de molécules dont l'ensemble forme le cristal, on l'appelle *eau d'interposition;* c'est elle qui, en se vaporisant, fait décrépiter certains sels quand on les chauffe.

Un grand nombre de sels contiennent l'eau à un autre état qu'à l'état d'interposition ; ils sont combinés avec elle et sont de véritables hydrates. Cette eau est appelée *eau d'hydratation.* C'est ainsi qu'une molécule de sulfate de magnésie cristallisé contient sept molécules d'eau d'hydratation à la température ordinaire.

30. Eau de constitution. — L'eau d'interposition et l'eau d'hydratation peuvent, à l'aide de la chaleur, être enlevées à un sel, sans que ses propriétés chimiques soient modifiées; si on le dissout de nouveau dans l'eau et que l'on fasse cristalliser, il reprendra en cristallisant la quantité d'eau qui lui avait été enlevée.

Mais il peut arriver que l'eau joue un rôle plus essentiel dans la composition des sels, et que, si l'on vient alors à la leur enlever, leurs propriétés soient radicalement modifiées. Elle est dite alors *eau de constitution.* Le phosphate de soude du commerce contient 25 molécules d'eau. Si on le chauffe à 100° degrés, il perd 24 molécules d'eau et ses propriétés ne sont pas changées; mais, si en le chauffant au rouge on lui enlève la vingt-cinquième, il est radicalement modifié; la dernière molécule est l'eau de constitution du sel.

31. Sels efflorescents. Sels déliquescents. — Certains sels exposés à l'air peuvent, comme le carbonate de soude, céder à l'atmosphère une portion de l'eau qu'ils contiennent, perdre en partie leur transparence et se transformer même en poussière. Ils sont dits alors *sels efflorescents.* D'autres, au contraire, comme le carbonate de potasse, absorbent l'humidité de l'air et s'y dissolvent peu à peu; ils sont dits *déliquescents.*

32. Action de la chaleur sur les sels. — La chaleur décompose un grand nombre de sels; mais, avant de se décomposer, ils éprouvent une véritable fusion. Lorsque le sel est hydraté, l'action de la chaleur commence par séparer de lui l'eau d'hydratation, dans laquelle il se dissout. On dit alors qu'il subit la *fusion aqueuse.* — L'action de la chaleur continuant, l'eau s'évapore, le sel devenu anhydre se fond de nouveau et subit ce qu'on appelle la *fusion ignée.*

33. Action de l'électricité sur les sels. — Le courant de la pile décompose tous les sels métalliques en dissolution : *le métal va au pôle négatif, le radical acide se rend au pôle positif,* mais en se décomposant en anhydride et en oxygène. Ainsi le sulfate de cuivre (SO^4Cu) donne au pôle négatif Cu et au pôle positif $SO^3 + O$. L'anhydride se combinant à l'eau donne de l'acide sulfurique. Ce phénomène a été exposé en physique (*Cours de deuxième année,* 247). C'est sur lui que repose la galvanoplastie.

Certains métaux comme le potassium et le sodium, en arrivant au pôle négatif, décomposent l'eau de la dissolution, s'emparent de son oxygène pour former une base, et de l'hydrogène se dégage.

34. Action de la lumière. — La lumière agit sur certains sels, spécialement sur les sels d'argent, pour les décomposer. Cette propriété fait la base des procédés photographiques.

35. Action des métaux. — Les dissolutions salines peuvent être décomposées par les métaux. En général *un métal oxydable remplace toujours un métal moins oxydable.* C'est ainsi qu'une lame de zinc, plongée dans la dissolution d'un sel de cuivre, précipitera le cuivre à l'état métallique et le transformera en sulfate de zinc. L'électricité n'est pas étrangère à ce phénomène. Dès que la première parcelle de cuivre est précipitée, il se forme entre les deux métaux, en présence de l'acide de la dissolution, un couple voltaïque, dans lequel le zinc est l'élément attaqué. Il s'établit dans la liqueur un courant qui décompose le sulfate de cuivre, et met en liberté l'acide sulfurique qui dissout le zinc.

Les expériences connues sous le nom d'expériences d'arbres de Saturne et de Diane sont fondées sur le principe précédent.

Arbre de Saturne. — On dissout 40 grammes d'acétate de plomb dans un litre d'eau; on l'acidule par quelques gouttes d'acide acétique et l'on remplit de cette dissolution un vase à large ouverture. Au bouchon en liège de ce vase (fig. 2) on fixe un morceau de zinc, d'où partent des fils de laiton, qui se dispersent dans la liqueur. Le plomb, que les alchimistes appelaient Saturne, se précipite sur le zinc, qui figure le tronc d'un arbre, puis plus faiblement sur les fils de laiton, qui semblent en être les branches.

Arbre de Diane. — On verse du mercure dans un verre, et on le recouvre d'une dissolution de nitrate d'argent. L'argent se précipite et s'allie au mercure pour donner lieu à un amalgame en longues aiguilles figurant encore une arborescence.

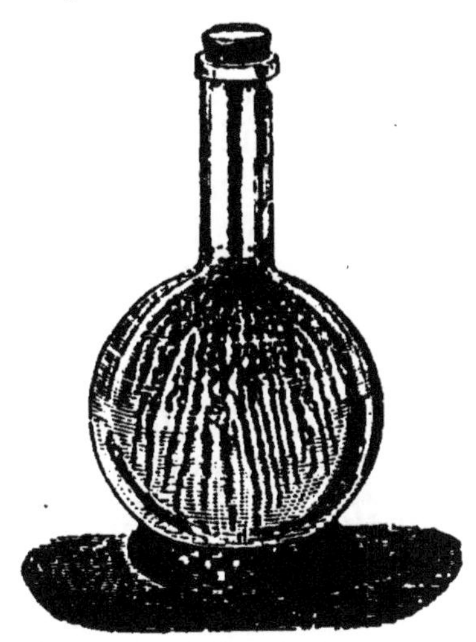

Fig. 2. — Arbre de Saturne.

LOIS DE BERTHOLLET

36. Quand on fait agir sur un sel soit un acide, soit une base, soit un sel, il peut y avoir décomposition du sel et formation d'un nouveau sel. Berthollet faisait

intervenir dans ces phénomènes des questions d'insolubilité et de volatilité des composés qui pouvaient se former. Il les a compris dans un énoncé général, qui est le suivant :

Chaque fois que l'on fait agir sur un sel solide ou en dissolution soit un acide, soit une base, soit un sel, s'il peut se former un composé moins soluble ou plus volatil que les corps mis en présence, ce composé se formera toujours.

Remarquons que dans un certain nombre de cas l'expérience est en contradiction avec la loi générale de Berthollet.

C'est ainsi que le tartrate de chaux étant moins soluble que le sulfate de chaux ne devrait pas être décomposé par l'acide sulfurique, et cependant ce dernier acide agissant sur le tartrate de chaux le décompose, donne du sulfate et met l'acide tartrique en liberté.

On fait intervenir aujourd'hui dans l'étude de ces phénomènes d'autres considérations et en particulier un principe dû à M. Berthelot et qu'on énonce ainsi : *Quand on met en présence l'un de l'autre différents corps, les corps qui se forment sont toujours ceux qui donnent lieu à la plus grande somme de quantités de chaleur dégagée.*

L'énoncé général des lois de Berthollet se trouve alors transformé dans le suivant :

Si l'on fait agir un acide sur un sel, ou une base sur un sel, ou un sel sur un autre sel, le système des corps mis en présence tendra toujours vers le système de corps qui dégagent le plus de chaleur par leur formation.

Cette manière de considérer les phénomènes est en concordance avec l'expérience, non seulement dans les cas qui étaient expliqués par des considérations d'insolubilité ou de volatilité, mais aussi dans ceux qui sont en contradiction avec ces considérations.

Cela posé, nous adopterons l'énoncé donné par Berthollet, tout en faisant intervenir les principes thermochimiques.

37. 1° Action des acides sur les sels. — *Chaque*

fois que du mélange d'un acide et d'un sel pourra résulter un composé moins soluble ou plus volatil que ceux que l'on emploie, ce composé se formera toujours.

Versons de l'acide sulfurique dans de l'azotate de plomb en dissolution; l'acide sulfurique pouvant former avec l'oxyde de plomb un corps insoluble, le sulfate de plomb, la décomposition a lieu; le sulfate de plomb se précipite et l'acide azotique reste dans la dissolution.

$$(AzO^3)^2Pb \quad + \quad SO^4H^2 \quad = \quad SO^4Pb \quad + \quad 2(AzO^3H)$$

| Azotate de plomb. | Acide sulfurique. | Sulfate de plomb. | Acide azotique. |

Si l'on verse de l'acide sulfurique sur du carbonate de sodium, l'anhydride carbonique, corps plus volatil que l'acide sulfurique, se dégage sous forme de gaz et il se forme du sulfate de sodium :

$$CO^3Na^2 \quad + \quad SO^4H^2 \quad = \quad SO^4Na^2 \quad + \quad H^2O \quad + \quad CO^2$$

| Carbonate de sodium. | Acide sulfurique. | Sulfate de sodium. | Eau. | Anhydride carbonique. |

Si l'on verse dans une dissolution de silicate de potassium de l'acide sulfurique, il se formera un précipité de silice hydratée et du sulfate de potassium :

$$SiO^4K^2 \quad + \quad SO^4H^2 \quad = \quad SiO^3H^2O \quad + \quad SO^4K^2$$

| Silicate de potassium. | Acide sulfurique. | Silice hydratée. | Sulfate de potassium. |

Dans les trois exemples que nous venons de citer la réaction est exothermique, c'est-à-dire que la formation des corps qui sont représentés dans les seconds membres des égalités, dégage plus de chaleur que celle des corps qui sont représentés dans les premiers membres.

38. 2° Action des bases sur les sels. — *Chaque fois que du mélange d'une base et d'un sel pourra résulter un composé moins soluble ou plus volatil que ceux que l'on emploie, ce composé se formera toujours.*

Quand on verse une dissolution de potasse dans une dissolution de sulfate de protoxyde de fer, il se forme un précipité d'oxyde de fer insoluble et l'acide sulfurique forme, avec la potasse, du sulfate de potassium :

$$SO^4Fe \; + \; 2(KHO) \; = \; SO^4K^2 \; + \; FeO \; + \; H^2O$$

Sulfate de fer.	Potasse hydratée.	Sulfate de potassium.	Protoxyde de fer.	Eau.

39. 3° Action des sels sur les sels. — *Quand on mélange les dissolutions de deux sels et qu'il peut se former par l'échange de leurs acides et de leurs bases un sel insoluble, ou deux sels insolubles, ou des sels moins solubles que ceux que l'on emploie, ces sels se forment toujours.*

Si l'on verse du sulfate de potasse, sel soluble, dans de l'azotate de plomb, sel soluble, il se forme du sulfate de plomb insoluble et de l'azotate de potasse soluble :

$$(AzO^3)^2Pb \; + \; SO^4H^2 \; = \; SO^4Pb \; + \; 2(AzO^3K)$$

Azotate de plomb.	Acide sulfurique.	Sulfate de plomb.	Azotate de potasse.

Ces réactions vérifient les prévisions thermochimiques.

40. Les lois de Berthollet sont d'une grande importance : elles sont à chaque instant appliquées dans les laboratoires de chimie et dans l'industrie.

CHAPITRE III

Notions sur l'acide azotique et l'ammoniaque.

41. Composés oxygénés de l'azote. — L'azote forme avec l'oxygène plusieurs composés sur lesquels se vérifie la loi des proportions multiples, comme nous l'avons fait voir (4). Ce sont le protoxyde d'azote (Az^2O), le bioxyde d'azote (AzO), l'anhydride (Az^2O^3), d'où dérive l'acide azoteux (AzO^2H), l'oxyde perazotique (AzO^4), qu'on a appelé improprement *acide hypoazotique*, l'anhydride azotique (Az^2O^5), d'où dérive l'acide azotique (AzO^3H), l'anhydride perazotique (AzO^3). Nous n'étudierons que l'anhydride azotique, et l'acide azotique qui en dérive.

ANHYDRIDE AZOTIQUE

Symbole : Az^2O^5. — Poids moléculaire : $Az^2O^3 = 108$.

42. L'anhydride azotique a été découvert en 1850 par Henri Sainte-Claire Deville. On le prépare aujourd'hui en déshydratant l'acide azotique par l'anhydride phosphorique et en distillant. C'est un corps solide, blanc, très instable, fondant à 30° en un liquide qui bout à 47° et se décompose à 80°; c'est un oxydant énergique; il est sans application.

ACIDE AZOTIQUE

Symbole : AzO^3H. — Poids moléculaire : $AzO^3H = 63$.

43. **Historique.** — L'Arabe Geber, philosophe de la fin du viii° siècle, est le premier qui ait fait mention

de l'acide azotique sous le nom d'*eau dissolvante*. Plus tard, Albert le Grand [1] décrivit avec beaucoup d'exactitude la préparation de cet acide, qu'il appela *eau prime*. Raymond Lulle [2], auquel on attribue à tort la découverte de ce corps, l'appela *eau forte*. Ce n'est que vers la fin de 1784 que l'on fut fixé sur sa véritable nature, grâce aux expériences de Cavendish [3]. Il fut appelé *acide nitrique* par Lavoisier, et analysé par Davy [4] et Gay-Lussac.

44. Préparation. — La nature nous offre toutes formées des combinaisons d'acide azotique et d'oxydes métalliques : les azotates de potasse, de soude, de chaux, de magnésie ou d'ammoniaque. C'est ordinairement de l'un des deux premiers que l'on extrait l'acide azotique.

On soumet pour cela l'*azotate de potasse*, ou *nitre*, ou *salpêtre*, par exemple, à l'action de l'acide sulfurique aidée par une élévation de température. L'acide sulfurique décompose l'azotate de potasse, chasse l'acide azotique dont il prend la place et forme du sulfate acide de potasse. La formule de la réaction est la suivante :

$$AzO^3K \quad + \quad SO^4H^2 \quad = \quad SO^4KH \quad + \quad AzO^3H$$

Azotate	Acide	Sulfate acide	Acide azotique
de potasse.	sulfurique.	de potassium.	monohydraté.

Nous ferons remarquer ici la formation du sulfate acide de potassium par la substitution d'un seul atome de potassium, métal monoatomique, à un seul des deux atomes d'hydrogène de l'acide sulfurique (SO^4H^2). A haute température, comme celle que l'on emploie dans l'industrie, on aurait du sulfate neutre SO^4K^2 et la formule de la réaction définitive serait :

1. Albert le Grand, philosophe et théologien scolastique, naquit à Lavingen, en Souabe, en 1173, mourut à Cologne en 1220.

2. Raymond Lulle, alchimiste et philosophe, né en 1235, à Palma, dans l'île Majorque, mourut lapidé par les habitants de Tunis, en 1315.

3. Cavendish (Henry), physicien et chimiste, né à Nice en 1731, mort en 1810.

4. Davy (sir Humphry), chimiste anglais, né en 1778, à Penzance, dans le comté de Cornouailles, mort à Genève en 1829.

$$2(AzO^3K) \quad + \quad SO^4H^2 \quad = \quad SO^4K^2 \quad + \quad 2(AzO^3H)$$

| Azotate | Acide | Sulfate neutre | Acide azotique |
| de potassium. | sulfurique. | de potassium. | monohydraté. |

Dans les laboratoires, l'opération se fait dans une cornue en verre (fig. 3) mise en communication avec un

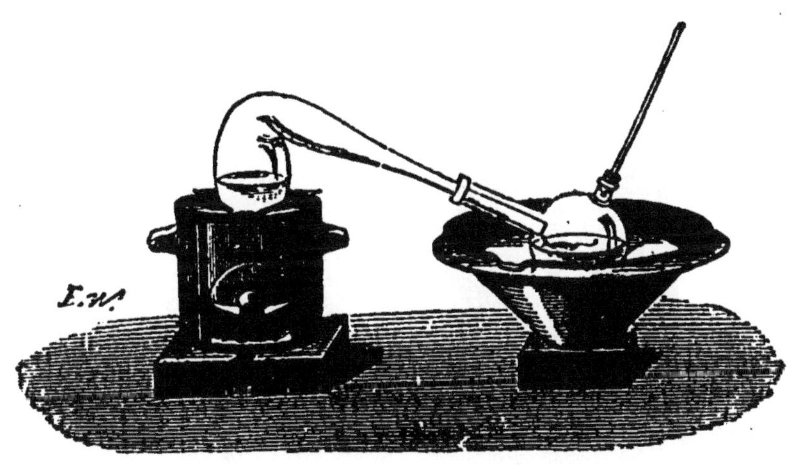

Fig. 3. — Préparation de l'acide azotique.

ballon tubulé plongeant dans l'eau : l'acide azotique produit dans la cornue par l'action de l'acide sulfurique sur l'azotate de potasse se vaporise et va se condenser dans le ballon.

Au commencement et à la fin de l'opération, une certaine quantité d'acide azotique est perdue, parce qu'elle se transforme en gaz rougeâtre appelé *oxyde perazotique*. Au commencement de l'opération, la production du gaz rougeâtre est due à la présence de l'acide sulfurique, qui, n'étant pas encore employé tout entier à décomposer l'azotate de potassium, porte son action sur les vapeurs hydratées d'acide azotique, leur enlève l'eau nécessaire à leur existence et par suite les décompose en oxyde perazotique (AzO^2) et en oxygène. Plus tard, l'acide sulfurique se portant tout entier sur l'azotate laisse dégager l'acide azotique sans le décomposer. Les vapeurs rouges disparaissent, mais elles reparaissent à la fin de l'opération, parce que, pour décomposer les dernières parties d'azotate de potassium, il faut élever la température de manière à maintenir en fusion le sulfate acide formé, et qu'alors l'acide azotique se décompose.

Dans l'industrie on emploie, pour opérer la décomposition de l'azotate, des cylindres C (fig. 4), qui peuvent

Fig. 4. — Préparation industrielle de l'acide azotique.

être chauffés par le combustible d'un fourneau MM, dans lequel ils sont disposés horizontalement par séries de six. On peut les fermer, à leur partie postérieure, à l'aide d'un disque D qu'on fixe au moyen de lut après avoir introduit l'azotate. Un entonnoir E sert à l'entrée de l'acide sulfurique : il est enlevé et remplacé par un bouchon luté après l'introduction de l'acide. Les vapeurs d'acide azotique se dégagent par le tube T, et vont se condenser dans une série de bonbonnes H, H', communiquant entre elles par des tubes T' T". Les vapeurs, qui ne se sont pas condensées dans la première bonbonne, passent dans la seconde, où elles se condensent en partie; l'excès se rend dans la troisième, et ainsi de suite.

Dans quelques usines on remplace les cylindres par

une chaudière C (fig. 5) en fonte, communiquant avec des bonbonnes B, B', etc. : l'azotate et le sel sont introduits en enlevant le couvercle e, que l'on fixe ensuite avec du lut.

Dans l'industrie, on emploie tantôt l'azotate de potassium, tantôt l'azotate de sodium : le fabricant est guidé

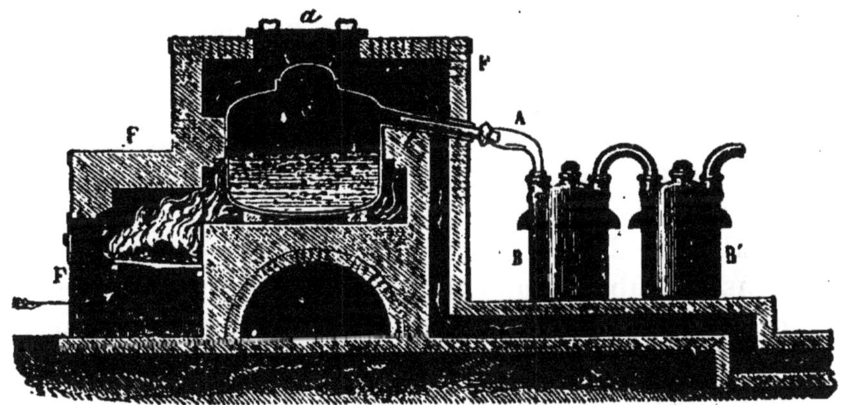

Fig. 5. — Préparation industrielle de l'acide azotique.

dans son choix par le prix courant de la matière première (azotate) et celui du résidu (sulfate). Depuis quelques années, il est préférable d'employer l'azotate de sodium.

45. Propriétés physiques. — L'acide azotique, préparé par les méthodes que nous venons de décrire, est toujours hydraté; à son maximum de concentration, il contient 14 0/0 d'eau.

L'acide azotique pur se présente sous la forme d'un liquide blanc, d'une odeur désagréable, répandant des fumées blanches au contact de l'air. Il est très sapide, très corrosif, colore en jaune les matières animales, comme les plumes, la laine, la soie; lorsqu'il est concentré, il constitue un poison violent. La facilité avec laquelle il désorganise les tissus le fait employer pour détruire les petites excroissances de chair, les verrues, etc.

Quand il est monohydraté (AzO^3H), sa densité est 1,52; il bout à 86° et se solidifie à 50° au-dessous de zéro. Il contient alors 14 0/0 d'eau. Quand il est quadri-hydraté ($Az^2O^5,4H^2O$), il bout à 123°. Sa densité est 1,42. Il renferme 40 0/0 d'eau.

46. Propriétés chimiques. — C'est un acide très énergique, mais la chaleur et la lumière le décomposent facilement. Formé d'éléments qui sont unis par une affinité assez faible, l'acide azotique cède facilement son oxygène aux substances avec lesquelles on le met en contact. Aussi est-ce un oxydant énergique en présence de la plupart des métalloïdes et des métaux.

Avec l'hydrogène, il donne de l'eau et de l'azote sous l'influence de la chaleur. Il suffit pour cela de faire passer dans un tube chauffé au rouge un mélange d'hydrogène et de vapeurs d'acide azotique. Il attaque le charbon et le phosphore et donne avec le premier de l'acide carbonique, avec le second de l'acide phosphorique. Il oxyde tous les métaux, à l'exception de l'or et du platine.

Avec la plupart d'entre eux il forme des azotates.

47. Usages de l'acide azotique. — On consomme annuellement en France près de 5 millions de kilogrammes d'acide azotique. La fabrication de l'acide sulfurique, l'affinage des métaux précieux, le dérochage ou décapage du cuivre et de ses alliages, la préparation de l'acide picrique employé en teinture, de l'acide oxalique, celle des fulminates pour amorces, le secrétage des poils pour la chapellerie, sont les industries qui en consomment les plus grandes quantités.

AZOTATES

48. État naturel. — On ne trouve dans la nature qu'un très petit nombre d'azotates; nous citerons l'azotate de potasse, qui s'effleurit (31) à la surface du sol dans les pays chauds, et l'azotate de soude que l'on rencontre au Pérou en couches très épaisses.

49. Propriétés. — Les azotates sont tous solubles dans l'eau, à l'exception de quelques azotates basiques.

Ils sont tous décomposés par la chaleur, et les produits de la décomposition varient avec la nature de la base et avec la température à laquelle s'effectue la décomposition.

Les azotates alcalins de soude et de potasse se fondent d'abord et se décomposent en azotite et en oxygène, puis l'azotite se décompose, à une température plus élevée, en azote, oxygène et potasse.

Les azotates des autres protoxydes se décomposent à une température qui ne dépasse pas le rouge, et donnent comme produits de leur décomposition l'oxyde métallique, de l'oxyde perazotique et de l'oxygène.

Les azotates des sesquioxydes sont très peu stables et donnent l'acide azotique et la base. Exemple : azotate d'alumine.

La production d'oxygène dans la décomposition des azotates explique le rôle oxydant qu'ils jouent, lorsqu'on les décompose en présence de certains métalloïdes, le soufre et le charbon, par exemple.

50. Action des acides sur les azotates. — Les acides sulfurique et phosphorique, qui sont plus fixes que l'acide azotique, décomposent les azotates et chassent l'acide azotique. C'est encore là une application des lois de Berthollet, qui est utilisée dans la préparation de l'acide azotique. L'acide chlorhydrique, en présence des azotates et à l'ébullition, donne un chlorure et de l'eau régale, qui provient de l'action de l'acide chlorhydrique en excès sur l'acide azotique dégagé.

51. Préparation. — On prépare les azotates en faisant agir l'acide azotique sur un métal ou sur un oxyde, un sulfure ou un carbonate.

52. Caractères distinctifs des azotates. — Quand on jette un azotate sur des charbons ardents, il fond en faisant entendre un sifflement. On dit alors qu'il *fuse*. Mêlé dans un tube à de la tournure de cuivre et à de l'acide sulfurique, il donne du bioxyde d'azote, qui, au contact de l'eau, se transforme en vapeurs rutilantes apparaissant dans le tube.

AMMONIAQUE

Symbole : AzH^3. — Poids moléculaire : $AzH^3 = 17$.

53. Historique. — Connue des anciens chimistes sous le nom d'*alcali volatil*, d'*alcali fluor*, d'*esprit de sel ammoniac*, l'ammoniaque fut confondue avec le carbonate d'ammoniaque jusqu'à Black [1]; c'est à Berthollet (1786) que l'on doit la connaissance de sa composition.

54. Propriétés physiques. — L'ammoniaque est un corps gazeux formé d'azote et d'hydrogène. Il est incolore, a une saveur âcre et caustique, une odeur vive et pénétrante qui provoque le larmoiement. Sa densité est représentée par le nombre 0,591. 1 litre d'ammoniaque pèse 0^{gr}, 768.

Le gaz ammoniac a été liquéfié et solidifié. Il est très soluble dans l'eau, qui en absorbe 1000 fois son propre volume à 0°. La solubilité de l'ammoniaque peut être mise en évidence par les expériences suivantes.

A travers le bouchon d'un flacon A (fig. 6) passe un tube de verre tt' fermé seulement à sa partie extérieure t'. Le flacon est renversé de manière que l'extrémité t' du tube plonge dans l'eau d'un vase B. Si, à l'aide d'une pince en métal, on casse la pointe du tube qui plonge dans l'eau, ce liquide se précipite dans le vase A et le remplit bientôt. Ce phénomène s'explique facilement : à mesure que le gaz se dissout, le vide se fait dans A, et l'eau s'y trouve poussée par la pression atmosphérique, qui s'exerce sur le niveau du liquide contenu dans le vase B.

On peut aussi descendre dans une terrine remplie d'eau (fig. 7) une éprouvette de gaz ammoniac reposant

---

1. Black (Joseph), chimiste écossais, 1728, mort en 1799 à Glascow, où il né de parents écossais, à Bordeaux, en enseigna la chimie et la médecine.

sur du mercure contenu dans une soucoupe. Si l'on soulève l'éprouvette, de manière que son ouverture plongée jusque-là dans le mercure se trouve en contact avec l'eau, ce liquide s'y précipite avec violence. S'il

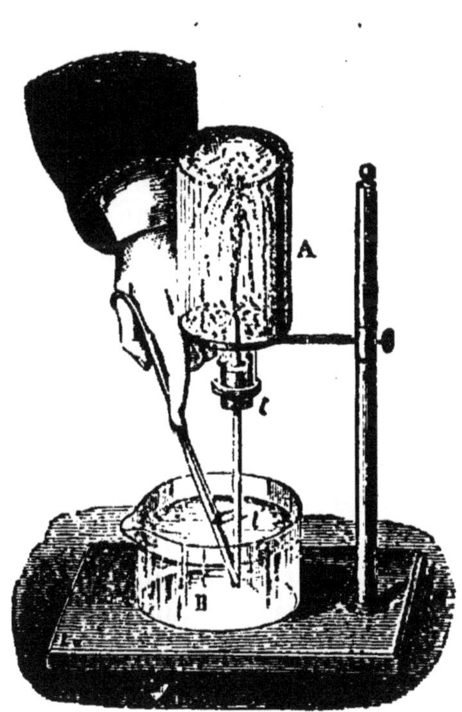

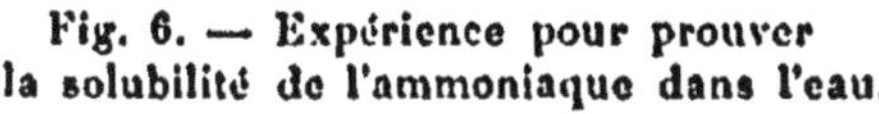

Fig. 6. — Expérience pour prouver la solubilité de l'ammoniaque dans l'eau.

Fig. 7. — Expérience pour prouver la solubilité de l'ammoniaque dans l'eau.

n'y a pas la moindre bulle d'air dans l'éprouvette, il peut arriver qu'elle soit brisée; aussi doit-on prendre la précaution de la tenir avec un linge.

55. Fabrication artificielle de la glace. Appareil Carré. — La solution aqueuse d'ammoniaque laisse dégager le gaz qu'elle contient, lorsqu'on élève sa température. A 138° une dissolution primitivement saturée de gaz ammoniac n'en contient plus que des traces insignifiantes.

M. Carré a utilisé, pour la fabrication artificielle de la glace, cette propriété de la solution ammoniacale ainsi que celle qu'a le gaz liquéfié de se volatiliser facilement en absorbant des quantités considérables de chaleur.

Les appareils construits par M. Carré sont de deux sortes. Les uns sont *intermittents* : ce sont ceux qui peuvent servir dans l'économie domestique; les autres, dits *continus*, sont livrés à l'industrie. Nous ne décrirons que les premiers.

Supposons une chaudière C (fig. 8), remplie aux trois quarts d'une dissolution aqueuse d'ammoniaque et communiquant, par un tube ADE, avec un récipient PP à double paroi, appelé *congélateur*, et qui plonge au milieu d'un baquet plein d'eau froide. Au centre de ce récipient se trouve le vase V où l'on congèle l'eau. En T, se trouve un tube en fer plongeant dans la dissolution et dans lequel on met un thermomètre. Plaçons la chaudière sur un fourneau : le liquide va s'échauffer, et, au bout de peu de temps, le gaz qu'il tenait en dissolution se sera dégagé. Ce gaz s'échappe par la soupape A et par le tube DE qui le conduit entre les parois P, P du congélateur. Il s'y accumule et exerce sur lui-même une pression, qui en liquéfie la plus grande partie. Nous avons alors un liquide d'une extrême fluidité, volatil à la température ordinaire de l'air. Retirons le feu du fourneau : l'eau de la chaudière se refroidit, l'ammoniaque liquéfiée, volatile à la température ordinaire, repasse à l'état de gaz pour aller se dissoudre de nouveau dans le liquide appauvri de la chaudière C. Elle soulève pour cela la soupape B et descend par le tube *tt*, dont la partie inférieure percée de trous l'amène au milieu de l'eau.

Mais cette volatilisation ne pouvant avoir lieu que si le liquide emprunte aux corps environnants une quantité considérable de chaleur, l'eau que l'on a mise dans le vase V fournit cette chaleur, se refroidit et se congèle. Enlevons la glace formée, remplaçons-la par une nouvelle quantité d'eau, replaçons les charbons dans le fourneau, et l'opération recommence avec le même succès.

Ici, comme on le voit, la formation de la glace est

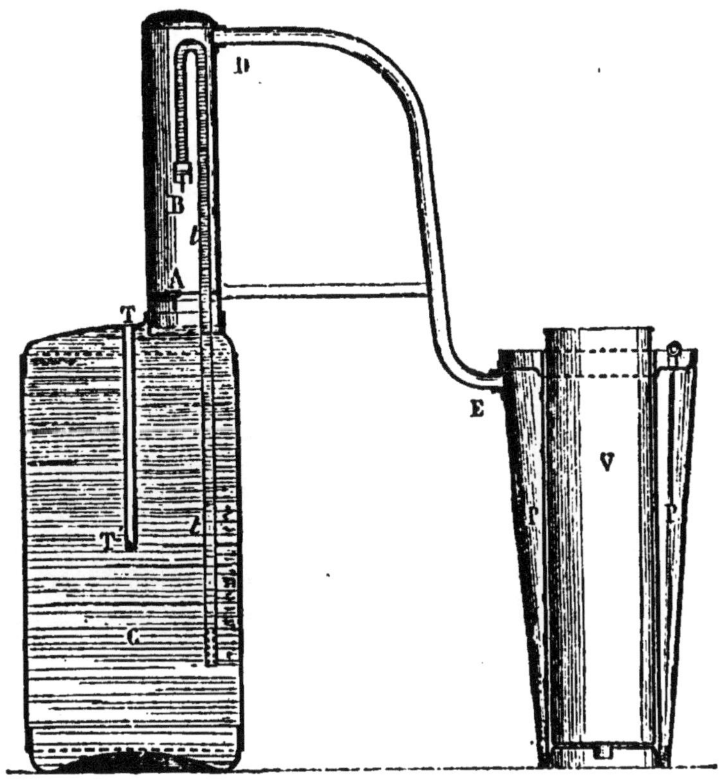

Fig. 8. — Appareil intermittent de M. Carré pour la fabrication de la glace.

intermittente, puisqu'il n'y a congélation que pendant l'évaporation de l'ammoniaque liquéfiée.

Pour éviter cet inconvénient, M. Carré a construit des appareils appelés *continus*, où la glace se forme sans intermittence. Ils ont été modifiés de plusieurs manières, entre autres par MM. Rouart, et sont très employés pour la production artificielle du froid. Ils servent, par exemple, pour refroidir des chambres où l'on conserve

3.

les viandes. Nous en parlerons à propos de la conservation des substances alimentaires.

56. Propriétés chimiques. — Une bougie allumée plongée dans le gaz ammoniac s'y éteint sans l'enflammer. Ce gaz n'entretient pas la respiration. Comme les bases et alcalis, il verdit le sirop de violettes et ramène au bleu le tournesol rougi; ses propriétés basiques lui ont fait donner le nom d'*alcali volatil*.

La chaleur rouge le décompose en azote et en hydro-

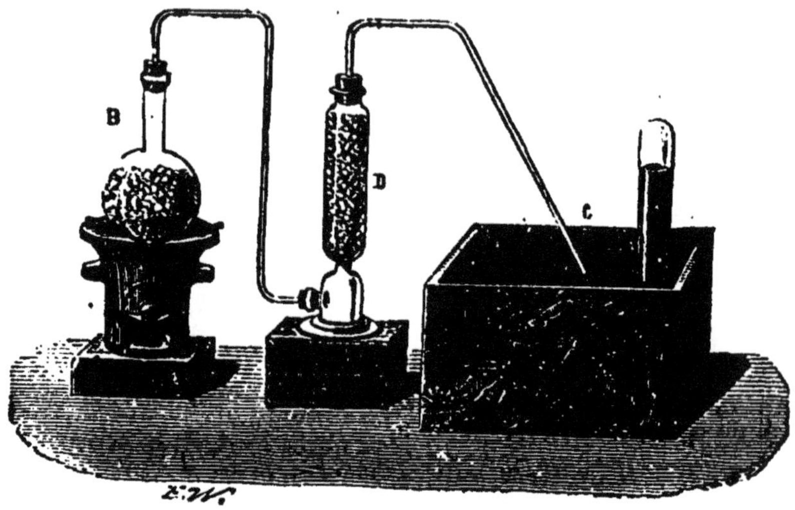

Fig. 9. — Préparation de l'ammoniaque par la chaux et le chlorhydrate d'ammoniaque.

gène. Une série d'étincelles électriques produit le même effet.

Il est combustible en présence de l'oxygène; un mélange à parties égales d'oxygène et de gaz ammoniac s'enflamme avec détonation au contact d'une bougie allumée : il se produit de l'azotate d'ammoniaque.

L'étincelle électrique détermine la même réaction.

Si l'on fait passer un mélange de gaz ammoniac et d'oxygène sur de la mousse de platine, il se produit de l'acide azotique.

L'ammoniaque se combine avec tous les acides et forme avec eux des sels : lorsque l'acide est oxygéné, il faut considérer le sel comme formé par l'acide combiné avec un composé monoatomique, l'ammonium (AzH^4), jouant le rôle de métal. L'azotate d'ammoniaque sera de l'azotate d'ammonium $AzO^3(AzH^4)$, le sulfate d'ammoniaque sera du sulfate d'ammonium $SO^4(AzH^4)^2$. Le chlorhydrate d'ammoniaque sera du chlorure d'ammonium (AzH^4Cl).

57. Préparation. — On prépare le gaz ammoniac en introduisant dans un ballon B (fig. 9) un mélange formé de parties égales de chaux vive (oxyde de calcium) et de chlorhydrate d'ammoniaque en poudre (sel ammoniac) : le ballon communique avec une éprouvette à pied D contenant de la chaux destinée à dessécher le gaz; le bouchon qui ferme la partie supérieure de l'éprouvette, est traversé par un tube abducteur qui se rend sous la cuve à mercure C. On chauffe le ballon et le gaz se dégage.

Voici comment s'explique la réaction : le chlore contenu dans l'acide chlorhydrique du chlorhydrate d'ammoniaque se porte sur le calcium de la chaux et forme avec lui du chlorure de calcium, l'oxygène de la chaux forme de l'eau avec l'hydrogène de l'acide chlorhydrique. Quant au gaz ammoniac resté libre, il se dégage. La formule suivante résume cette explication :

$$2(AzH^4Cl) \; + \; CaO \; = \; 2AzH^3 \; + \; H^2O \; + \; CaCl^2$$

Chlorhydrate d'ammoniaque.	Chaux.	Ammoniaque.	Eau.	Chlorure de calcium.

Quand on n'a pas de cuve à mercure, on fait pénétrer le tube recourbé de bas en haut, de manière à le faire arriver à l'extrémité supérieure de l'éprouvette. Le gaz s'accumule dans l'éprouvette et, en vertu de sa densité plus faible que celle de l'air, il chasse peu à peu l'air par la partie inférieure restée ouverte. On peut aussi supprimer l'éprouvette D en remplissant la partie supé-

rieure du ballon avec de la chaux en morceaux, qui dessèche le gaz ammoniac produit.

**58. Préparation de l'ammoniaque en disso-
lution.** — Quand on veut avoir l'ammoniaque en dissolution, et c'est ordinairement sous cette forme qu'elle
s'emploie dans les laboratoires et dans l'industrie, on
réunit le ballon à une série de flacons communiquant
entre eux et dont l'ensemble constitue ce qu'on appelle
un *appareil de Woolf*. La figure 10 représente la dispo-

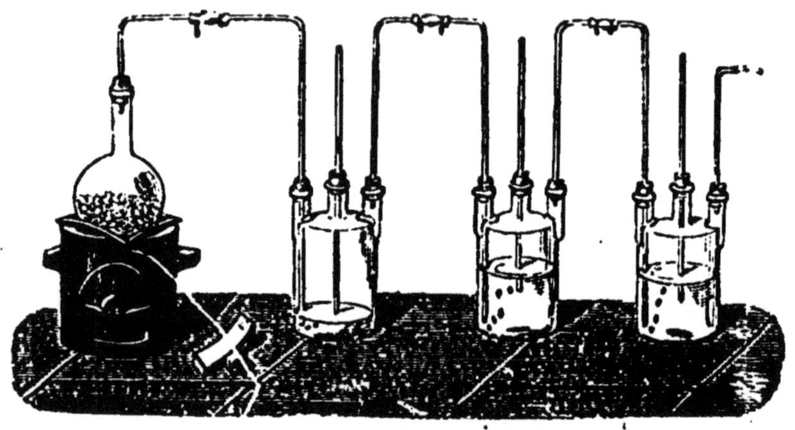

Fig. 10. — Appareil de Woolf pour la préparation de la solution d'ammoniaque.

sition adoptée. Les flacons renferment de l'eau distillée;
ils sont à trois tubulures : celle de gauche laisse passer
un tube qui plonge dans le liquide, celle de droite un
tube qui ne plonge pas dans l'eau et fait communiquer
l'atmosphère du flacon avec le flacon suivant; la tubulure du milieu laisse passer un tube de sûreté par lequel
s'échapperaient le liquide et le gaz, si un excès de pression venait à se déclarer. On voit que par cette disposition le gaz qui se dégage barbote d'abord dans le
premier flacon et s'y dissout en partie, que ce qui a
échappé à l'action dissolvante de l'eau du premier flacon
passe dans le second, et ainsi de suite.

Dans l'industrie, on prépare cette dissolution en chauffant avec de la chaux dans des chaudières en fonte les eaux ammoniacales qui proviennent de la fabrication du gaz d'éclairage. L'ammoniaque gazeuse qui résulte de ce traitement, est dirigée dans une série de bonbonnes réunies entre elles par des tubes et formant un véritable appareil de Woolf.

Quand on veut préparer des sels ammoniacaux, sulfate ou chlorhydrate, au lieu de faire en sorte que le gaz se rende dans des bonbonnes pleines d'eau, on le fait passer dans un réservoir rempli d'acide sulfurique ou d'acide chlorhydrique, qu'il sature peu à peu.

Le traitement des eaux provenant de la vidange des fosses d'aisances fournit aussi au commerce une quantité considérable de sels ammoniacaux.

59. Composition. — 2 volumes de gaz ammoniac renferment 1 volume d'azote et 3 volumes d'hydrogène.

60. Usages et applications de l'ammoniaque. — L'ammoniaque sert à chaque instant comme réactif dans les laboratoires. Elle est souvent employée aussi dans l'industrie. On l'utilise pour dissoudre le carmin, faire virer certains bains de teinture, modifier des teintes, telles que les cramoisis sur soie, les violets au campêche sur laine, pour dégraisser les étoffes, pour revivifier sur les tissus les couleurs rongées par les acides, pour la fabrication des fausses perles, etc.

Cette dernière industrie est assez intéressante pour que nous en disions quelques mots. Lorsqu'on lave dans l'eau le petit poisson connu sous le nom d'*ablette*, il y laisse des lamelles brillantes et nacrées. On fait ramollir ces lamelles dans l'ammoniaque et on délaye dans le liquide un peu de colle de poisson. On a ainsi une composition que l'on insuffle dans des globules en verre creux contre les parois desquels les lamelles se fixent. Ces globules remplis ensuite de cire ont l'aspect des perles naturelles.

La solution ammoniacale appliquée sur la peau y détermine des ampoules et une cautérisation. Aussi les médecins l'emploient-ils soit pour remplacer les vésicatoires, soit pour cautériser les blessures faites par les animaux venimeux, tels que les vipères, les guêpes, les abeilles, les chiens enragés, etc.

Elle est aussi employée pour ranimer les personnes tombées en syncope. Cinq à six gouttes dans un verre d'eau suffisent pour faire cesser les effets de l'ivresse.

Elle sert encore à dissiper les météorisations qui se manifestent chez les bestiaux, lorsqu'ils ont mangé trop de légumineuses fraîches. La météorisation consiste dans un gonflement ayant pour cause la production, à l'intérieur des organes digestifs, d'une quantité anormale de gaz acides. Dès qu'on fait prendre à l'animal un peu d'ammoniaque, ce corps se combine avec les gaz acides, les absorbe et fait cesser la météorisation. 30 grammes environ dans un véhicule mucilagineux suffisent pour guérir un cheval ou un bœuf.

61. Circonstances dans lesquelles se produit l'ammoniaque. — L'ammoniaque se produit dans un très grand nombre de circonstances, où la décomposition de matières organiques azotées met en présence l'azote et l'hydrogène. Dans la putréfaction des matières azotées, l'ammoniaque se combine souvent à l'acide sulfhydrique et à l'acide carbonique qui se produisent en même temps qu'elle; il en résulte du carbonate et du sulfhydrate d'ammoniaque.

C'est ce qui arrive dans la putréfaction de l'urine, des matières excrémentielles : de là l'emploi en agriculture des matières azotées comme engrais. Elles produisent de l'ammoniaque, qui fournit de l'azote aux plantes. Le fumier n'est autre chose qu'un amas de matières azotées.

CHAPITRE IV

Notions sur le phosphore. — Allumettes chimiques. — Notions sur l'acide phosphorique. — Phosphates employés en agriculture.

PHOSPHORE

Symbole : P. — Poids atomique : P = 31.

62. Historique. — Le phosphore a été découvert, en 1669, par un marchand de Hambourg nommé Brandt, qui tint son procédé secret. On sut seulement qu'il le retirait de l'urine. Kunckel [1], après avoir fait de vains efforts pour connaître le mode de préparation, parvint aussi à retirer le phosphore de l'urine. Plus tard, Gahn, chimiste suédois, découvrit du phosphore dans les os, et Scheele [2], son ami, trouva bientôt un moyen de l'extraire des cendres d'os.

63. Préparation. — Les os des animaux sont composés d'une matière organique, la gélatine, et de sels minéraux, le phosphate et le carbonate de calcium. Lorsqu'on les calcine, la matière organique brûle et on a un résidu formé des sels que nous venons de citer. C'est le phosphate que contient ce mélange, qui va nous fournir le phosphore; mais il doit d'abord être transformé. Ce phosphate a pour formule $(PO^4)^2Ca^3$. Nous ferons remarquer que PO^4 est triatomique et Ca diato-

---

1. Jean Kunckel, chimiste, né en 1630, dans le duché de Sleswig, mort à Stockholm en 1702.

2. Scheele (Ch. Guillaume), chimiste suédois, né à Stralsund en 1742, mort en 1786.

mique. Les 6 atomicités de (PO⁴)² sont donc saturées par les 6 atomicités de Ca³. C'est un phosphate neutre. Ce phosphate n'est pas *réductible* par le charbon, et, comme la préparation du phosphore va consister à *réduire* le phosphate par le charbon, on transforme ce sel en un phosphate réductible : pour cela, on fait agir l'acide sulfurique sur le phosphate neutre; il se forme du sulfate de calcium et du phosphate acide de calcium.

$$(PO^4)^2Ca^3 \quad + \quad 2(SO^4H^2) \quad = \quad (PO^4)^2CaH^4 \quad + \quad 2(SO^4Ca)$$

Phosphate neutre de calcium.	Acide sulfurique.	Phosphate acide de calcium.	Sulfate de calcium.

On traite par l'eau, qui dissout le phosphate acide et laisse le sulfate de calcium; on évapore la dissolution après l'avoir mélangée avec du charbon en poudre, et on chauffe le résidu; on obtient un sel, qui est le métaphosphate de calcium (PO³)²Ca, dans lequel PO³ est monoatomique. Ce sel est réductible par le charbon. On concasse le mélange de métaphosphate et de charbon et on le chauffe à une haute température; il se forme du phosphore, du phosphate neutre de calcium et de l'oxyde de carbone.

$$3[(PO^3)^2Ca] \quad + \quad 10C \quad = \quad (PO^4)^2Ca^3 \quad + \quad 10CO \quad + \quad 4P$$

Métaphosphate de calcium.	Charbon.	Phosphate neutre de calcium.	Oxyde de carbone.	Phosphore.

On se sert pour cette préparation, qui ne se fait que dans l'industrie, de cylindres ou de cornues en terre réfractaire (fig. 11), dans lesquelles on met le mélange de métaphosphate et de charbon. Le col des cornues vient entrer dans le bec *a* du récipient en cuivre R, qui contient de l'eau jusqu'au trop-plein *b*. Le récipient R est lui-même plongé dans une bassine B contenant de l'eau froide. On chauffe d'abord doucement, puis au rouge vif; il se dégage de la vapeur d'eau, de l'hydrogène et de l'oxyde de carbone, provenant de l'action du charbon sur l'eau que contient le phosphate acide, et enfin une petite quantité d'un gaz qui est connu sous le nom de *phosphure d'hydrogène*. Le phosphore distille et va se condenser dans un récipient R, où se trouve de l'eau maintenue à 50° environ. Si l'on mettait de l'eau froide, le phosphore, qui se solidifie à 44°, se solidifierait dans le col des cornues et en l'obstruant pourrait donner lieu à des explosions dangereuses.

Aujourd'hui on se sert, dans les usines de M. Coignet, d'un procédé qui con-

Fig. 11. — Préparation du phosphore.

siste à transformer le phosphate des os en acide phosphorique (PO^4H^3), que l'on réduit ensuite par le charbon dans des appareils analogues au précédent.

$$2(PO^4H^3) + 5C = 2P + 5CO + 3H^2O$$

Acide phosphorique.   Charbon.   Phosphore.   Oxyde de carbone.   Eau.

Le phosphore que donne l'opération précédente, est très impur. Pour le débarrasser des matières étrangères qu'il contient, on le fond sous l'eau et on le fait passer à travers une peau de chamois; on le coule ensuite dans des tubes de verre où il se fige.

64. Propriétés physiques. — Le phosphore est solide à la température ordinaire; récemment fondu, il est flexible et peut être rayé par l'ongle. Il est incolore ou légèrement jaune. Son odeur rappelle celle de l'ail; sa densité est 1,83. Il fond à 44° et bout à 290°. Insoluble dans l'eau, il est soluble dans le sulfure de carbone et dans la benzine, où il peut cristalliser; il a la propriété d'être *phosphorescent*, c'est-à-dire de luire dans l'obscurité, ce qui est dû à son oxydation.

65. Le phosphore peut subir des modifications moléculaires assez curieuses.

Abandonné à lui-même sous l'eau, il se recouvre d'une couche opaque, qui n'est qu'une modification moléculaire de la variété douée de transparence.

L'action prolongée de la lumière solaire ou de la chaleur transforme le phosphore ordinaire en phosphore rouge, qui est doué de propriétés particulières. Sa densité est 1,96. Il ne peut cristalliser, est insoluble dans le sulfure de carbone, n'est pas phosphorescent et s'enflamme à 260°, tandis que le phosphore ordinaire s'enflamme à l'air à 60°; il n'a pas les propriétés vénéneuses du phosphore ordinaire.

On prépare le phosphore rouge de la manière suivante : on place le phosphore dans un vase cylindrique en fonte c (fig. 12), qui se trouve plongé dans un second vase également en fonte aa contenant du sable.

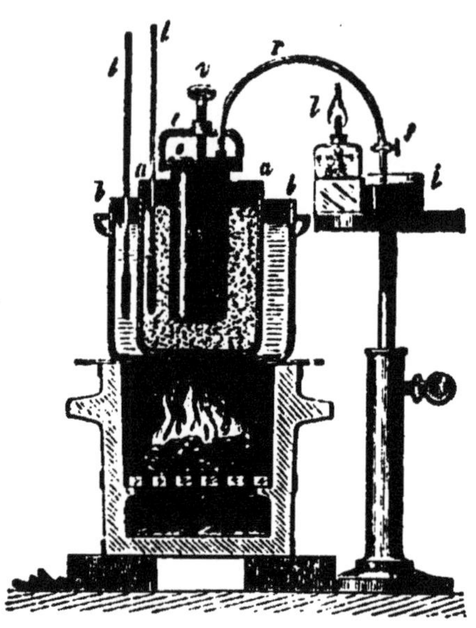

Fig. 12. — Préparation du phosphore rouge.

Ce vase aa est lui-même plongé dans un troisième contenant un alliage fusible formé de parties égales de plomb et d'étain. Le cylindre C est fermé à l'aide d'un couvercle en fonte maintenu par un étrier à vis. De ce couvercle part un tube r, qui se rend dans le mercure. Cet appareil n'est en définitive qu'un double bain-marie, à l'aide duquel on pourra chauffer au degré voulu. On chauffe d'abord graduellement, pour chasser l'air, jusqu'à ce qu'il se dégage à travers le mercure des vapeurs s'enflammant au contact de l'air. Puis on élève la température jusqu'à 270°, et on l'entretient à ce point pendant dix ou douze jours. Au bout de ce temps, la transformation est opérée; il ne reste plus qu'à enlever toute trace de phosphore ordinaire par l'action du sulfure de carbone, qui le dissout en respectant le phosphore rouge.

Le phosphore rouge est employé, comme nous le verrons, dans la préparation des allumettes dites *allumettes au phosphore amorphe.*

66. Propriétés chimiques. — Le phosphore ordinaire a une très grande affinité pour l'oxygène. Exposé humide à l'action de l'air, il y répand des fumées blanches et se transforme en acide phosphoreux. Il s'enflamme à 60°, en donnant lieu à l'anhydride phosphorique. Sa facile inflammation en rend le maniement dangereux. Sa combustion vive, au milieu de l'oxygène, donne lieu à l'anhydride phosphorique. Le phosphore forme avec l'oxygène plusieurs composés acides : l'acide hypophosphoreux, l'acide phosphoreux et les différents acides phosphoriques.

Le phosphore forme avec l'hydrogène trois phosphures : le phosphure gazeux (PH^3), le phosphure liquide (PH^2) et le phosphure solide (P^2H).

67. Usages. — Le phosphore est employé à la fabrication des *allumettes chimiques.* Il sert à la préparation d'un mélange de graisse et de phosphore employé, sous le nom de *mort aux rats*, à empoisonner les rats.

68. Fabrication des allumettes. — Les allumettes ordinaires sont généralement faites en bois de tremble ou de peuplier blanc de Hollande, les allumettes rondes en bois de pin.

On coupe le bois en bûches et on le fait sécher au four. On le débite ensuite en bûchettes cylindriques de 5 à 10 centimètres de hauteur, qu'on refend à leur tour à l'aide d'un outil spécial. Les allumettes rondes sont préparées au moyen d'un rabot mécanique qui débite le bois en longues baguettes. Cette opération se fait principalement en Autriche, en Russie et dans le Wurtemberg.

Ainsi débitées, les allumettes sont placées dans des cadres qui laissent sortir une partie de l'allumette et permettent d'en plonger un grand nombre à la fois, jusqu'à une hauteur de $0^m,005$ à $0^m,006$, dans un bain de soufre fondu. On garnit ensuite l'extrémité soufrée d'une pâte inflammable; il suffit pour cela de poser les cadres sur une table de marbre maintenue tiède et recouverte de la pâte inflammable sur une épaisseur de $0^m,003$.

La composition de la pâte peut varier. Voici deux recettes qui sont employées :

PATE A LA COLLE		PATE A LA GOMME	
Phosphore...............	2,5	Phosphore...............	2,5
Colle forte.............	2,0	Gomme...................	2,5
Eau....................	4,5	Eau....................	3,0
Sable fin..............	2,0	Sable fin..............	2,0
Ocre rouge.............	0,5	Ocre rouge.............	0,5
Vermillon.............	0,1	Vermillon.............	0,1

Les allumettes sont ensuite séchées à l'étuve.

Quand on veut les enflammer, il suffit de frotter l'extrémité garnie de pâte contre un autre corps. Le frottement dégage assez de chaleur pour enflammer le phosphore; sa combustion enflamme le soufre qui, en brûlant lui-même, détermine l'inflammation de l'allumette.

L'odeur désagréable d'anhydride sulfureux, que produit le soufre en brûlant, peut être évitée en remplaçant ce corps par l'acide stéarique ou par la paraffine. Mais, comme ces corps sont moins facilement inflammables que le soufre, on introduit dans la pâte du chlorate de potasse destiné à activer la combustion.

Allumettes au phosphore amorphe. — La facilité avec laquelle les allumettes au phosphore ordinaire s'enflamment, les propriétés toxiques du phosphore qu'elles renferment, constituent un double danger qui peut être évité par l'emploi des allumettes au phosphore rouge ou phosphore amorphe.

L'allumette est garnie d'une pâte composée de six parties de chlorate de potasse, trois parties de sulfure d'antimoine et une partie de colle forte. Pour être enflammée, l'allumette doit être frottée sur un carton recouvert de la composition suivante :

Phosphore amorphe en poudre...................... 10
Sulfure d'antimoine............................... 8
Colle... 3

L'allumette ne peut s'enflammer d'elle-même, puisqu'elle ne contient pas de phosphore. Lorsqu'on la frotte sur le carton, elle en détache des particules de phosphore qui suffisent à l'enflammer.

L'emploi du phosphore rouge conjure le danger d'empoisonnement.

NOTIONS SUR L'ACIDE PHOSPHORIQUE

69. Anhydride phosphorique. — L'anhydride P^2O^5 est un corps blanc, très avide d'humidité, que l'on emploie dans les laboratoires pour dessécher les gaz.

On le prépare en faisant brûler du phosphore dans une coupelle suspendue (fig. 13) au milieu d'un ballon à trois tubulures que traverse un courant d'air sec.

70. Acide phosphorique. — Il y a trois espèces d'acide phosphorique : l'acide *phosphorique ordinaire* ou acide *orthophosphorique* (PO^4H^3), l'acide *pyrophosphorique* $(P^2O^7H^4)$ et l'acide *métaphosphorique* (PO^3H). Nous n'étudierons que le premier d'entre eux, mais à leur propos nous exposerons une idée très importante, celle de la *basicité* des acides.

71. Basicité des acides. — Nous avons vu (17) qu'un acide était un corps hydrogéné, qu'il fût oxygéné ou non. Ainsi l'acide azotique (AzO^3H), l'acide carbonique (CO^3H^2), l'acide sulfurique (SO^4H^2), l'acide orthophosphorique (PO^4H^3), l'acide pyrophosphorique $(P^2O^7H^4)$ sont hydrogénés.

Un acide est dit *monobasique*, quand sa molécule ne renferme qu'*un* atome d'hydrogène remplaçable par *un* atome de métal monoatomique. Tel est l'acide azotique (AzO^3H). Un acide monobasique ne donne donc lieu qu'à *une seule* série de sels. L'acide azotique ne donne qu'un seul sel avec le potassium ; c'est l'*azotate de potassium* (AzO^3K) que nous étudierons sous le nom de *salpêtre*.

Un acide est dit *bibasique*, quand il renferme *deux* atomes d'hydrogène remplaçables en tout ou en partie par un métal monoatomique. Tels sont l'acide carbonique (CO^3H^2) et l'acide sulfurique (SO^4H^2). Un acide bibasique donne lieu à deux séries de sels : l'acide carbonique donne lieu : 1° au carbonate *acide* ou *bicarbonate* de potassium (CO^3HK), où un seul atome d'hydrogène a

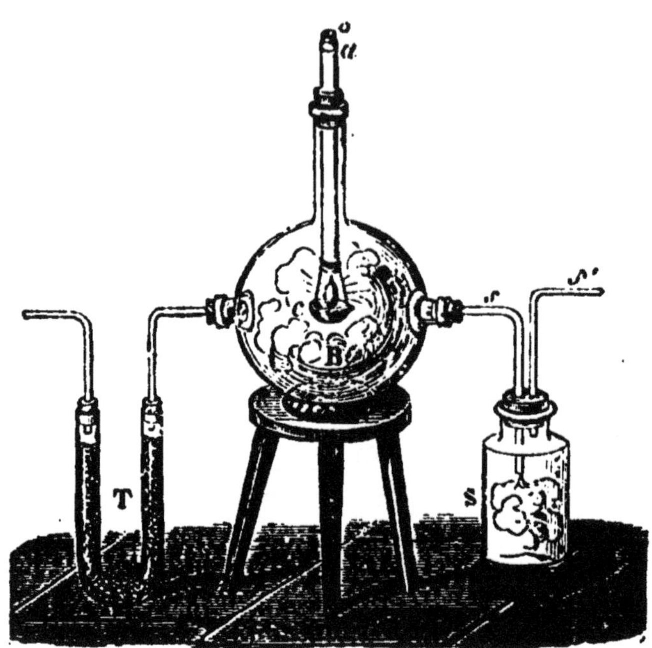

Fig. 13. — Préparation de l'anhydride phosphorique.

été remplacé par le potassium ; 2° au carbonate *neutre* de potassium (CO^3K^2), où les deux atomes d'hydrogène de l'acide ont été remplacés par du potassium. Tel est aussi l'acide sulfurique, qui donne lieu au sulfate acide ou bisulfate de potassium (SO^4KH) et au sulfate neutre (SO^4K^2).

Un acide est *tribasique*, quand il renferme *trois* atomes d'hydrogène remplaçables par un métal monoatomique. Il donne lieu à trois sels. Tel est l'acide orthophosphorique (PO^4H^3), qui donne lieu à trois sels, l'orthophosphate ou phosphate neutre de potassium (PO^4K^3) et les orthophosphates acides (PO^4K^2H) et (PO^4KH^2).

72. Remarque — Ici se place une remarque fort importante. Il y a des acides, qui renferment de l'hydrogène, dont tous les atomes ne sont pas remplaçables par des atomes d'hydrogène. Les atomes non remplaçables sont appelés des atomes d'hydrogène *typique*. Tels sont les acides que nous étudierons en chimie organique. L'acide acétique ($C^4H^4O^2$), qui forme le vinaigre, ne renferme qu'un atome d'hydrogène remplaçable par un métal monoatomique. Il est *monobasique*, quoiqu'il renferme quatre atomes d'hydrogène, et ne donne lieu qu'à une seule série de sels. Avec le potassium, il ne peut donner que l'acétate neutre de potassium ($C^4H^3KO^2$)

L'acide oxalique ($C^2O^4H^2$) ne renferme que deux atomes d'hydrogène remplaçables par un métal monoatomique; il est *bibasique* et donne lieu à deux séries de sels, l'oxalate acide de potassium (C^2O^4HK) et l'oxalate neutre ($C^2O^4K^2$).

73. Acide phosphorique ordinaire ou acide orthophosphorique (PO^4H^3). — On prépare l'acide phosphorique ordinaire en chauffant dans une cornue (fig. 3), communiquant avec un ballon plongé dans l'eau, du phosphore et de l'acide azotique. L'acide se décompose et oxyde le phosphore : d'abondantes vapeurs rutilantes se dégagent et l'acide azotique non décomposé distille dans le ballon; on l'y recueille et on le reverse dans la cornue; c'est ce qu'on appelle *cohober* le liquide. Quant à l'acide phosphorique, qui est fixe à cette température, il reste dans la cornue. Lorsque le phosphore est entièrement dissous, on évapore le liquide dans une capsule de platine jusqu'à consistance sirupeuse et on obtient par refroidissement des cristaux déliquescents d'acide phosphorique.

74. Phosphates employés en agriculture. — Les os des animaux qui contiennent, comme nous l'avons vu (63), du phosphate de calcium, sont depuis longtemps employés en agriculture comme engrais. Leur principal élément fertilisant est le phosphate de calcium. Il en est de même du noir animal qui a été étudié dans le cours de première année (96).

On a trouvé depuis un certain nombre d'années, en différents points de la France, des gisements de phosphate de calcium que l'on exploite comme engrais et qui sont devenus une véritable richesse minérale. Ils présentent diverses variétés plus ou moins riches en acide phosphorique. Nous citerons : 1° le phosphate en *nodules* que l'on trouve sur la falaise normande, du Havre à Fécamp, dans le département de la Somme, dans le département du Nord, dans les Ardennes, etc. ; 2° l'*opalite*, qui est plus riche que les nodules en acide phosphorique et que l'on trouve sur les bords du Rhin, en Italie aux environs de Rome, en Bohême, en Saxe, en Espagne et en Portugal ; 3° les *phosphorites*, très riches aussi en acide phosphorique, que l'on trouve dans les départements du Lot et de Lot-et-Garonne.

On peut employer tous ces phosphates à l'état naturel après les avoir pulvérisés, parce que l'acide carbonique dissous dans l'eau des pluies les transforme dans le sol en un phosphate acide et *soluble*. Si cette transformation n'avait pas lieu, le phosphate naturel, qui est insoluble, ne serait pas absorbé par les racines des plantes.

75. Phosphates artificiels. Superphosphates. — L'emploi des phosphates naturels, qui sont *insolubles*, ne produit pas tout l'effet qu'ils pourraient produire, parce qu'une partie de ces corps échappe à l'action dissolvante de l'acide carbonique. Aussi préfère-t-on aujourd'hui employer des phosphates *artificiels* ou *superphosphates*, qui sont le résultat d'une transformation par l'acide sulfurique. On attaque les phosphates naturels ou le noir animal [*1re année* (96)] par l'acide sulfurique : celui-ci les transforme en phosphate acide et en acide phosphorique, qui sont *solubles* et, par suite, plus facilement assimilables par les végétaux.

CHAPITRE V

Soufre. — Anhydride sulfureux et acide sulfureux.

SOUFRE

Symbole : S. — Poids atomique : S = 32.

76. — Historique. — Le soufre est connu de toute antiquité; il se trouve dans le voisinage des volcans.

77. Propriétés physiques. — Le soufre est un corps solide à la température ordinaire; sa densité est 2 environ. Il présente une belle couleur jaune citron; il est inodore et insipide; cependant il acquiert par le frottement une odeur particulière, qui est celle de l'ozone. Il est mauvais conducteur de la chaleur et de l'électricité. Lorsqu'on tient à la main un morceau de soufre, on entend bientôt des craquements, qui sont ordinairement suivis de la rupture du morceau. Cela tient à ce que les parties extérieures recevant de la main la chaleur, qui n'arrive que difficilement aux parties intérieures, se dilatent et se séparent de ces dernières. Cette rupture n'a pas pour seule cause la mauvaise conductibilité du soufre; elle tient aussi à la structure cristalline de ce corps, dont les cristaux ont très peu d'adhérence les uns avec les autres.

Le soufre est insoluble dans l'eau; son véritable dissolvant est le sulfure de carbone.

Soumis à l'action de la chaleur, il fond à 114° et forme un liquide très fluide de couleur jaune; si l'on élève sa température, le liquide s'épaissit vers 160°, prend une couleur brune, et vers 220° il est tellement épais qu'on peut retourner le vase sans qu'il s'en échappe, ou tout du moins il a la viscosité d'un goudron très peu fluide. Au delà de 250°, il reprend sa fluidité, sans perdre sa couleur brune, et cela jusqu'à 440°, température à laquelle il entre en ébullition et distille.

Lorsqu'on coule dans l'eau froide du soufre épais, il ne redevient pas solide et jaune : il reste mou pendant un certain temps, peut s'étirer en fils ; il a une élasticité comparable à celle du caoutchouc et conserve sa couleur brune. Il ne reprend la consistance et la couleur du soufre ordinaire qu'au bout d'un certain temps; cette variété est désignée sous le nom de *soufre mou*.

Lorsqu'on fond un corps et qu'on le laisse ensuite se refroidir lentement, il peut affecter en se refroidissant des formes géométriques régulières, qu'on appelle *cristaux*. De même une dissolution *saturée* d'un corps solide, c'est-à-dire contenant à l'état dissous tout ce qu'elle peut contenir du corps, peut, lorsqu'on la refroidit ou qu'on l'évapore lentement, laisser cristalliser le corps dissous. Les formes affectées par les cristaux sont très variées; mais l'étude qu'on en a faite a permis de les ramener à six groupes qu'on appelle les *six systèmes cristallisés*.

En général un corps cristallise toujours dans le même système, c'est-à-dire qu'il affecte une forme appartenant à ce système.

Mais il est des substances qui, suivant les circonstances, peuvent cristalliser dans deux systèmes : on dit alors qu'ils sont *dimorphes*.

Le soufre est un corps dimorphe : cristallisé par fusion, il se présente sous forme d'aiguilles transparentes prismatiques, qui dérivent du système du prisme droit à base carrée; sa dissolution dans le sulfure de carbone, abandonnée à l'évaporation, laisse déposer des cristaux octaédriques dérivant du prisme droit à base rectangle.

78. Propriétés chimiques. — Le soufre est inaltérable à l'air, à la température ordinaire; mais, chauffé à

250°, il brûle, et le produit de cette combustion est de l'anhydride sulfureux. C'est le gaz qui se forme quand on enflamme des allumettes soufrées.

Il forme avec l'oxygène plusieurs combinaisons, dont les principales sont les anhydrides et les acides sulfureux et sulfurique.

Il se combine facilement avec les métaux et la nature nous offre un grand nombre de sulfures métalliques : aussi a-t-on appelé le soufre le *grand minéralisateur* des métaux.

79. Le soufre se trouve en grande abondance dans la nature à l'état natif. On le rencontre en général dans les terrains voisins des volcans. Certains terrains en sont tellement imprégnés qu'on leur a donné le nom de *terre de soufre, solfatares, soufrières :* telles sont les solfatares de Pouzzoles près de Naples, celles de la Sicile, de l'île de la Réunion, de la Guadeloupe.

La Sicile, qui nous fournit la plus grande partie du soufre que consomme l'industrie, paraît être un vaste gisement, où l'on rencontre le soufre natif depuis l'Etna jusqu'à Sciacca sur le versant méridional de l'île. La production annuelle des deux cents mines actuellement ouvertes en Sicile pourrait être facilement quintuplée, si l'on perfectionnait les moyens d'extraction. Les mines sont à la profondeur de 10 à 300 mètres : on y pénètre par des galeries inclinées, et c'est par cette voie qu'on extrait le minerai *à dos d'enfants.*

80. On extrait, en Sicile, le soufre que contiennent ces minerais, en le séparant des matières terreuses qui l'accompagnent, par une fusion assez grossière. Pour cela, sur le fond incliné d'excavations circulaires pratiquées dans le sol, on construit, avec de gros morceaux de minerai, une espèce de voûte ou canal qui aboutit à un trou de coulée situé à la partie la plus basse; au-dessus de cette voûte, on empile du minerai jusqu'à une certaine hauteur et on met le feu au tas par la partie supérieure. La chaleur se propage peu

à peu de haut en bas; une partie du soufre brûle, le reste fond, se sépare des matières terreuses et se rend, par le canal dont nous avons parlé, dans le trou de coulée; on le reçoit dans de grands moules en bois humides où il se solidifie. Le soufre ainsi produit est appelé *soufre brut*. La perte en soufre brûlé pour produire la fusion est de 25 à 40 0/0.

On peut diminuer ces pertes en se servant, pour fondre le soufre, de combustibles autres que le soufre lui-même. Un ingénieur anglais, M. Gill, a imaginé une espèce de four voûté, qui contient 200 tonnes de minerai qu'on chauffe avec du coke. Ce four donne des résultats très avantageux.

81. A la solfatare de Pouzzoles, près de Naples, le minerai se compose de sables qui sont imprégnés de soufre et que l'on distille. Ces sables sont introduits dans des pots en terre cuite A (fig. 14), qui sont rangés

Fig. 14. — Distillation du soufre à Pouzzoles.

sur deux banquettes parallèles, dans des fourneaux en briques appelés *galères*. Chaque galère renferme 12 pots. Les pots A communiquent à l'extérieur avec des pots B, où vient se condenser le soufre vaporisé par l'action de la chaleur que produit la combustion du bois brûlé dans la galère.

Dans certains cas, pour la fabrication de l'acide sulfurique, par exemple, le soufre est employé à l'état brut;

mais, pour un grand nombre d'industries, il a besoin d'être purifié. On le soumet alors au raffinage.

82. Raffinage du soufre brut. — Ce raffinage se

Fig. 15. — Raffinage du soufre.

fait par distillation dans un appareil qui permet d'avoir le soufre soit à l'état de masses cylindriques solides qu'on appelle *canons*, soit à l'état de soufre pulvérulent dit *soufre en fleur*. Cet appareil se compose de deux

4.

chaudières ou cornues T (fig. 15), chauffées dans un fourneau F et communiquant par un conduit courbe avec une chambre en maçonnerie. Le soufre brut est fondu dans la chaudière A par la chaleur perdue du foyer; cette chaudière communique avec les cornues par un tube à robinet *r*, qui se voit sur la gauche de la figure. Il suffit d'ouvrir le robinet pour faire couler le soufre liquide dans les cornues. Là il est vaporisé et la vapeur se rend dans la chambre. Au contact des parois d'abord froides, le soufre passe à l'état de poussière solide excessivement fine. C'est le *soufre en fleur*. Mais peu à peu la chaleur latente, qui se dégage au moment de la solidification, échauffe les murs de la chambre et le soufre peut y rester liquide. Il coule alors sur le sol incliné et, en enlevant une tige *t* qui ferme un trou pratiqué à la partie inférieure de la chambre, on le fait passer dans une chaudière B chauffée à part. On le puise dans cette chaudière avec une cuiller et on le verse dans des moules de bois légèrement coniques et refroidis dans des baquets d'eau froide.

Quand on ne veut obtenir que la fleur de soufre, il faut empêcher les parois de la chambre de s'échauffer. Il suffit pour cela d'employer une chambre très grande, ou de ne faire servir qu'une seule des cornues.

83. Usages du soufre. — Le soufre sert à la fabrication de l'acide sulfurique, entre dans la composition de la poudre à canon et de la plupart des poudres d'artifice. Sa fluidité, lorsqu'il est liquide, et sa facile solidification le font employer pour prendre des empreintes de médailles. On commence par couler sur la médaille légèrement huilée du plâtre gâché en bouillie claire; on a ainsi un moule creux dans lequel on verse du soufre liquide. Ces médailles sont colorées soit en rouge par du minium, soit en noir par de la plombagine. Il sert aussi à sceller le fer dans la pierre. Mais ce mode de scellement n'est pas sans inconvénient. La fabrication des allumettes et la vulcanisation du caoutchouc en emploient des quantités considérables. En médecine, il sert au traitement des maladies de la peau. On en fait un grand usage dans le *soufrage* des vignes pour détruire l'oïdium. On se sert, pour insuffler e soufre, du soufflet représenté par la figure 16.

Fig. 16. — Soufflet pour le soufrage des vignes.

La consommation annuelle du soufre en France est d'environ 40 millions de kilogrammes.

ANHYDRIDE SULFUREUX

Symbole : SO^2. — Poids moléculaire : $SO^2 = 64$.

84. Historique. — Connu de toute antiquité, comme le soufre, l'anhydride sulfureux n'a été distingué comme corps particulier que par André Libavius [1], qui l'appela *esprit acide du soufre*. Il fut analysé par Gay-Lussac et Berzélius.

85. Propriétés physiques. — L'anhydride sulfureux est un gaz incolore, doué d'une odeur piquante et provoquant la toux; c'est celle du soufre qui brûle. Sa densité est 2,234.

On le liquéfie facilement par le froid. Il suffit, pour

---

1. André Libavius, savant allemand du xvie siècle, né à Halle, mourut à Cobourg en 1610.

cela, de faire arriver dans un tube CC, entouré d'un mélange réfrigérant, le gaz préparé en A desséché par son passage dans une éprouvette B (fig. 17) remplie de chlorure de calcium. Quand on veut en préparer une certaine quantité et le conserver, on se sert d'un tube en U portant dans la partie inférieure de sa courbure un

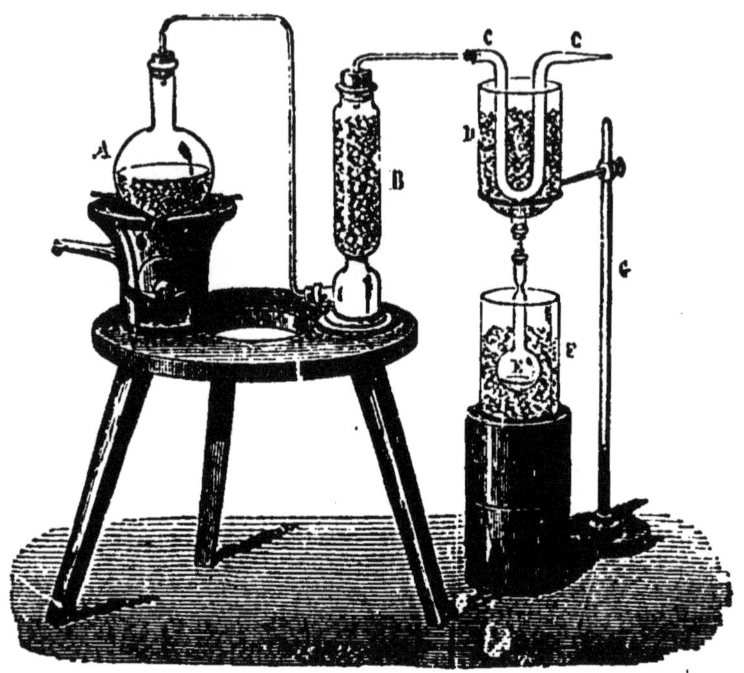

Fig. 17. — Appareil pour liquéfier l'anhydride sulfureux.

tube droit qui descend dans un ballon E, à col étranglé, plongeant aussi dans un mélange réfrigérant F. Pour fermer le ballon, on n'a qu'à diriger la flamme du chalumeau sur sa partie étranglée et à l'étirer pendant le ramollissement du verre. On peut alors enlever le ballon du mélange réfrigérant; une petite quantité d'anhydride sulfureux se vaporise, et la vapeur produite exerce bientôt une pression de deux atmosphères, suffisante pour maintenir le reste à l'état liquide. M. Pictet a appliqué à la fabrication de la glace le froid produit par l'évaporation de l'anhydride sulfureux.

L'anhydride sulfureux est très soluble dans l'eau, qui en dissout 50 fois son volume vers 15°. Pour faire cette dissolution, on se sert d'un appareil de Woolf (fig. 18)

Fig. 18. — Appareil de Woolf pour préparer la solution d'anhydride sulfureux.

terminé par une éprouvette E renfermant de la potasse destinée à absorber l'excès d'acide. On doit faire bouillir l'eau avant de la faire servir à la dissolution, afin d'en chasser l'air dont l'oxygène transformerait l'acide sulfureux en acide sulfurique. Malgré cette précaution, si l'on ne prend le soin de maintenir la dissolution dans des flacons bien pleins et à l'abri du contact de l'air, elle reprend de l'oxygène à l'air et la transformation en acide sulfurique se fait peu à peu.

86. Propriétés chimiques. — Le gaz anhydride sulfureux éteint les corps en combustion; il n'est pas respirable. Il est décomposable par la chaleur en soufre et en oxygène.

Lorsqu'on introduit quelques gouttes d'acide azotique

dans une éprouvette remplie d'anhydride sulfureux, on voit apparaître immédiatement des vapeurs rouges d'oxyde perazotique provenant de la décomposition de l'acide azotique, qui a cédé de l'oxygène à l'anhydride sulfureux et l'a transformé en acide sulfurique. Cette réaction est utilisée dans la fabrication en grand de ce dernier acide. L'anhydride sulfureux est un réducteur énergique.

87. Action sur les matières colorantes. — L'anhydride sulfureux, en vertu de sa tendance à se combiner avec l'oxygène, altère un grand nombre de matières colorantes dont il prend l'oxygène. Un bouquet de violettes introduit dans une éprouvette remplie d'anhydride sulfureux est bientôt décoloré. Cette action décolorante est utilisée dans le blanchiment de la laine, de la soie, etc. Dans certains cas, l'anhydride sulfureux ne semble pas agir par désorganisation de la matière colorante, mais paraît former avec elle un produit incolore.

88. Préparation. — Pour préparer l'anhydride sulfureux, on désoxyde partiellement l'acide sulfurique par le cuivre ou par le mercure. On chauffe, dans un ballon (fig. 19), de l'acide sulfurique et du mercure; une partie de l'acide sulfurique employé se décompose en anhydride sulfureux et en oxygène. L'oxygène forme avec le mercure de l'oxyde de mercure qui, se combinant avec l'acide sulfurique non décomposé, forme avec lui du sulfate d'oxyde de mercure. Voici la formule de la réaction :

$$Hg + 2SO^4H^2 = SO^4Hg + SO^2 + 2H^2O$$

Mercure.		Acide sulfurique.		Sulfate de mercure.		Anhydride sulfureux.		Eau.

Le gaz se recueille sur la cuve à mercure.

Avec le cuivre la réaction est la même; mais, pour l'empêcher de devenir trop vive, il faut avoir soin d'éteindre ou de diminuer le feu, dès que le gaz commence à se dégager.

Quand on n'a pas de cuve à mercure, on profite de ce que le gaz sulfureux est plus dense que l'air et on le recueille par déplacement. A cet effet on renverse une éprouvette, l'ouverture en haut, et on fait arriver au fond le tube qui amène le gaz. Celui-ci déplace peu à peu l'air de bas en haut et remplit l'éprouvette.

On peut aussi désoxyder l'acide sulfurique par le

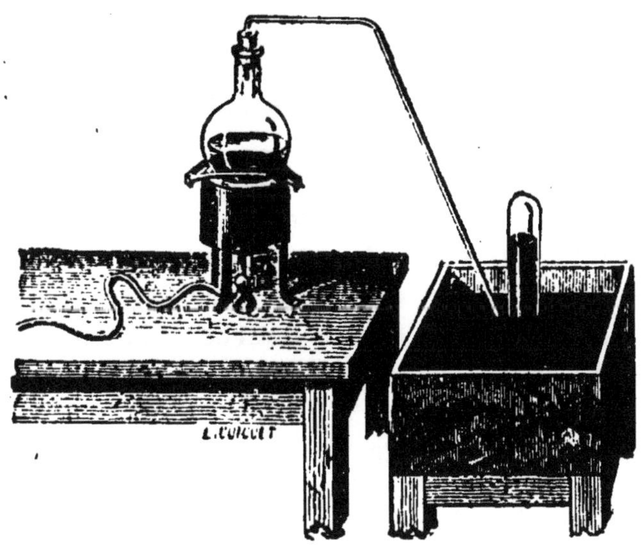

Fig. 19. — Appareil pour préparer l'anhydride sulfureux.

soufre ou par le charbon qui se transforme en anhydride carbonique :

$$C + 2SO^4H^2 = CO^2 + H^2O + 2SO^2$$

Charbon.   Acide sulfurique.   Anhydride carbonique.   Eau.   Anhydride sulfureux.

Ce procédé n'est guère employé que pour préparer la dissolution du gaz sulfureux.

89. Composition. — 2 volumes d'anhydride sulfureux renferment 2 volumes d'oxygène et 1 volume de vapeur de soufre.

90. Applications du gaz sulfureux. — L'anhydride ou gaz sulfureux a un grand nombre d'applications. La plus importante est celle qu'on en fait au blanchiment de la laine et de la soie.

91. Blanchiment de la laine. — La laine, préalablement débarrassée de ses matières grasses par un lavage à l'eau, dit *désuintage*, est suspendue encore humide sur des perches disposées dans une chambre où l'on brûle du soufre. Cette chambre doit présenter, à sa partie supérieure, une ouverture que l'on peut fermer avec un registre. Au bas de la porte se trouve une autre ouverture que peut fermer une petite planche formant chatière et permettant, lorsqu'elle est soulevée, la rentrée de l'air extérieur.

On allume du soufre dans une terrine, on ferme la chatière en laissant ouvert le registre pour permettre la dilatation que l'air subit; lorsque la chambre est remplie d'anhydride sulfureux, on ferme le registre et on abandonne la laine pendant douze heures à l'action du gaz; il se dissout dans l'eau qui mouille les filaments, agit sur la matière colorante et la blanchit. Au bout de douze heures, on crée un tirage en ouvrant la chatière et le registre; les vapeurs acides sortent, et on peut alors entrer dans la chambre pour y prendre la laine, que l'on porte au grand air, afin de dissiper l'odeur du gaz sulfureux.

Après le soufrage, la laine est rude au toucher; on lui rend sa douceur et sa souplesse par un très léger bain de savon.

92. Blanchiment de la soie. — La soie est blanchie par un procédé tout à fait semblable. Mais, avant le soufrage, elle doit être privée de la matière cireuse qu'elle renferme; on la lui enlève soit par des bains acides, soit par des bains de savon, suivant l'usage auquel elle est destinée. A la sortie de ces bains, la matière a subi déjà un commencement de blanchiment.

93. On emploie aussi l'anhydride sulfureux, gazeux ou dissous, pour blanchir les plumes, la baudruche, les chapeaux de paille, etc.

94. Il sert aussi pour assainir les lieux infectés par la

présence de miasmes putrides, pour détruire les insectes qui attaquent les blés, pour soufrer les tonneaux dans lesquels on doit conserver le vin, la bière, et empêcher ces liqueurs de s'y aigrir.

95. Son pouvoir décolorant est employé pour enlever les taches de vin ou de fruits Il suffit pour cela de faire un petit cornet de papier troué à son sommet et de brûler à sa base quelques allumettes soufrées ou un morceau de soufre; l'anhydride sulfureux, entraîné par le tirage dans cette espèce de cheminée, sort par l'ouverture supérieure, au-dessus de laquelle on expose la partie tachée que l'on a imbibée d'eau. On doit ensuite laver le linge, sans quoi la tache reparaîtrait.

96. Le gaz sulfureux sert en fumigations dans le traitement des maladies de peau et de la gale en particulier.

97. Il est aussi employé pour éteindre les feux de cheminée. Pour cela faire, on jette une grande quantité de soufre dans le foyer, dont on bouche l'ouverture avec des draps mouillés. La cheminée se trouve bientôt remplie de gaz sulfureux impropre à entretenir la combustion et le feu s'éteint.

98. **Acide sulfureux.** — La dissolution aqueuse de l'anhydride sulfureux rougit la teinture de tournesol et présente tous les caractères d'un acide. On admet qu'elle contient un hydrate SO^3H^2, qui serait l'*acide sulfureux*. On n'a pu l'isoler. Mais la dissolution mise en présence des bases donne lieu à des sels appelés *sulfites*. Cet acide est *bibasique* (71) et donne lieu à deux séries de sels : par exemple, le sulfite acide de sodium ou bisulfite (SO^3HK) et le sulfite neutre de sodium (SO^3Na^2).

99. **Sulfites.** — Les sulfites sont des sels qui s'oxydent facilement à l'air et s'y transforment en sulfates. Leurs dissolutions traitées par un acide laissent dégager l'odeur d'anhydride sulfureux et ne donnent pas lieu à un dépôt de soufre. Le sulfite de sodium est employé en photographie et dans le blanchiment de la laine et de la soie.

CHAPITRE VI

Acide sulfurique. — Applications principales. — Acide sulfhydrique.

ANHYDRIDE SULFURIQUE

Symbole : SO^3. — Poids moléculaire : $SO^3 = 80$.

100. L'anhydride sulfurique est un corps solide, fumant à l'air, au contact duquel il s'hydrate instantanément. Il est employé dans la fabrication des matières colorantes artificielles.

On le prépare en chauffant dans une cornue (fig. 3) de l'acide sulfurique de Nordhausen, qui peut être considéré comme une dissolution d'anhydride sulfurique dans l'acide sulfurique ordinaire. Sous l'influence de la chaleur, l'anhydride distille et va se condenser en aiguilles blanches dans le ballon refroidi par de la glace.

ACIDE SULFURIQUE NORMAL OU HUILE DE VITRIOL

Symbole : SO^4H^2. — Poids moléculaire : $SO^4H^2 = 98$.

101. **Historique.** — L'acide sulfurique ne fut pas connu des anciens; il en est question pour la première fois dans les ouvrages d'Abou-bekr-Alrhasès, mort en 740. Albert le Grand le désigna sous les noms de *soufre des philosophes*, *d'esprit de vitriol romain*. Basile Valentin [1]

---

1. Basile Valentin, célèbre alchimiste qui vivait au XIVe siècle.

exposa imparfaitement ses propriétés. Gérard Dornœus décrivit, le premier, ses caractères distinctifs en 1750.

102. Propriétés physiques. — L'acide sulfurique ordinaire est un liquide incolore et inodore, quand il est pur ; sa consistance oléagineuse lui a fait donner le nom d'*huile de vitriol*, parce qu'on l'a extrait d'abord du sulfate de fer ou vitriol vert. Sa densité est 1,844. Il marque 66° à l'aréomètre de Baumé ; il se congèle à 34° au-dessous de zéro, n'émet pas de vapeurs à la température ordinaire, mais entre en ébullition à 325°.

Quand on veut distiller de l'acide sulfurique dans une cornue de verre, il faut prendre quelques précautions ;

Fig. 20. — Appareil pour la distillation de l'acide sulfurique.

sans quoi son ébullition, à cause de la viscosité du liquide et de son adhérence pour le verre, se fait avec des soubresauts qui peuvent amener la rupture de la cornue. Pour éviter cet inconvénient, au lieu de chauffer le vase par le fond, on le chauffe latéralement à l'aide de la grille annulaire que représente la figure 20 ; le dôme D entretient, à la partie supérieure de la cornue, une chaleur suffisante pour empêcher la condensation des vapeurs avant leur arrivée dans le col.

103. Propriétés chimiques. — L'acide sulfurique est un acide excessivement énergique ; il rougit ncore le tournesol, alors même qu'il est étendu de mille fois son poids d'eau.

En présence du charbon, du soufre et de certains métaux, comme le cuivre et le mercure, nous avons vu (88) qu'il se désoxydait partiellement et donnait lieu à la production d'anhydride sulfureux.

L'acide sulfurique a une grande tendance à se combiner avec l'eau. Aussi s'en sert-on pour dessécher les gaz. Exposé à l'air humide, il peut absorber 15 fois son poids d'eau. Lorsqu'on le mélange avec l'eau, il se produit une élévation de température qui peut aller jusqu'à 100°. On doit toujours, lorsqu'on fait ce mélange, verser l'acide sulfurique dans l'eau; si l'on versait l'eau dans l'acide sulfurique, il pourrait y avoir projection du liquide en dehors du vase.

L'affinité de l'acide sulfurique pour l'eau suffit pour déterminer la fusion de la glace. Il se produit ici deux phénomènes distincts : 1° dégagement de chaleur par suite de la combinaison de l'acide et de l'eau; 2° absorption de chaleur par la fusion de la glace. Suivant que l'un ou l'autre de ces effets l'emporte, il y a abaissement ou élévation de température; 1 kilog. de glace et 4 kilog. d'acide donnent un mélange dont la température s'élève jusqu'à 100°, tandis qu'en mélangeant, au contraire, 4 kilog. de glace et 1 kilog. d'acide, on obtient un froid de 20° au-dessous de zéro.

L'acide sulfurique est un acide *bibasique* (71) et donne lieu à deux séries de sels : par exemple le sulfate acide de sodium (SO^4NaH) et le sulfate neutre SO^4Na^2.

104. Sulfates. — L'acide sulfurique donne lieu à des sulfates. Ces corps sont solubles dans l'eau, sauf les sulfates de baryum, de strontium et de plomb. Soumis à l'action de la chaleur, ils donnent lieu à des produits qui diffèrent avec la nature du métal entrant dans la composition du sel.

Au point de vue de leurs applications, les plus importants des sulfates sont : le sulfate neutre de potassium, qui sert dans la fabrication de l'alun; le sulfate de sodium, qui sert dans la fabrication de la soude artificielle et du verre; le sulfate de calcium, qui sert à faire le plâtre; le sulfate de magnésium, employé comme purgatif; le sulfate ferreux, qui est employé en teinture, à la fabrication de l'encre, à la désinfection des fosses d'aisances; le sulfate de cuivre, qui sert en teinture et au chaulage des blés; le sulfate d'aluminium, employé en teinture et dans la fabrication de l'alun; le sulfate de zinc, qui sert à la désinfection des fosses d'aisances, à l'impression des tissus et dans le traitement des maladies d'yeux.

Les aluns sont des sulfates doubles très importants : ils forment une classe de corps dont la formule est : SO^4M+3SO^4,M'^2+12H^2O, M désignant un métal diatomique et M' un métal monoatomique.

Dans le commerce on désigne spécialement sous le nom d'*alun* soit le sulfate double d'alumine et de potasse $(SO^4K^2+3SO^4,Al^2+12H^2O)$, soit le sulfate double d'alumine et d'ammoniaque $(SO^4(AzH^4)^2+3SO^4,Al^2+12H^2O)$.

L'alun de potasse est un sel blanc qui cristallise en octaèdres réguliers ou en cubes transparents. Il a une saveur astringente; à froid, il est peu soluble; à chaud, il l'est davantage. Sous l'influence de la chaleur, il fond d'abord dans son eau de cristallisation et donne, par le refroidissement, une masse vitreuse appelée *alun de roche;* chauffé plus fortement, il perd toute son eau, se boursoufle et forme, au-dessus du creuset où se fait la fusion, une espèce de champignon. Il se présente alors sous la forme d'une matière pulvérulente anhydre, appelée *alun calciné*, que les médecins emploient comme caustique. Une plus haute température le décompose et laisse pour résidu un mélange d'alumine et de sulfate de potasse.

L'alun d'ammoniaque cristallise en octaèdres. Il est blanc et a tout à fait l'aspect de l'alun de potasse. Trituré avec de la chaux et un peu d'eau dans un mortier, il laisse dégager une odeur ammoniacale, qui permet de le distinguer facilement de l'alun de potasse. Soumis à la calcination, il se décompose et laisse un résidu d'alumine. L'alun ammoniacal est maintenant le plus employé dans l'industrie.

105. *Usages de l'alun.* — La principale application de l'alun est celle qu'en font les teinturiers et les imprimeurs sur tissus. Il leur sert de *mordant*, c'est-à-dire de substance capable de créer entre le tissu et la matière colorante une affinité plus grande et de former avec cette dernière un composé *insoluble* et coloré, qui se fixe sur l'étoffe.

L'alun est aussi employé pour la conservation des gélatines, pour la préparation des peaux, pour l'encollage de la pâte à papier, pour l'épuration des suifs, etc.

106. Préparation de l'acide sulfurique normal. — La préparation de l'acide sulfurique repose sur les réactions suivantes :

1° L'anhydride sulfureux se transforme en acide sulfurique au contact de l'acide azotique, qu'il désoxyde partiellement et qu'il transforme en oxyde perazotique :

$$4(AzO^3H) \quad + \quad 2SO^2 \quad = \quad 2SO^4H^2 \quad + \quad 4AzO^3$$

Acide azotique.	Anhydride sulfureux.	Acide sulfurique.	Oxyde perazotique.

2° L'oxyde perazotique au contact de la vapeur d'eau se transforme en acide azoteux et en acide azotique :

$$4AzO^3 \quad + \quad 2H^2O \quad = \quad 2(AzO^2H) \quad + \quad 2(AzO^3H)$$

Oxyde perazotique.	Eau.	Acide azoteux.	Acide azotique.

3° L'acide azoteux et l'acide azotique réagissent l'un et l'autre sur l'anhydride sulfureux :

$$2(AzO^3H) \quad + \quad SO^2 \quad = \quad 2AzO^2 \quad + \quad SO^4H^2$$

Acide azotique.	Anhydride sulfureux.	Oxyde perazotique.	Acide sulfurique.

$$2(AzO^2H) \quad + \quad SO^2 \quad = \quad 2AzO \quad + \quad SO^4H^2$$

Acide azoteux.	Anhydride sulfureux.	Bioxyde d'azote.	Acide sulfurique.

4° Le bioxyde d'azote au contact de l'oxygène de l'air se transformé en oxyde perazotique :

$$2AzO \quad + \quad 2O \quad = \quad 2AzO^3$$
Bioxyde d'azote.   Oxygène.   Oxyde perazotique.

Nous ferons remarquer que l'oxyde perazotique, produit par la première réaction, est régénéré par la troisième et par la cinquième. On voit donc que théoriquement avec une quantité limitée d'acide azotique on pourra transformer en acide sulfurique des quantités illimitées d'anhydride sulfureux, à condition d'introduire dans

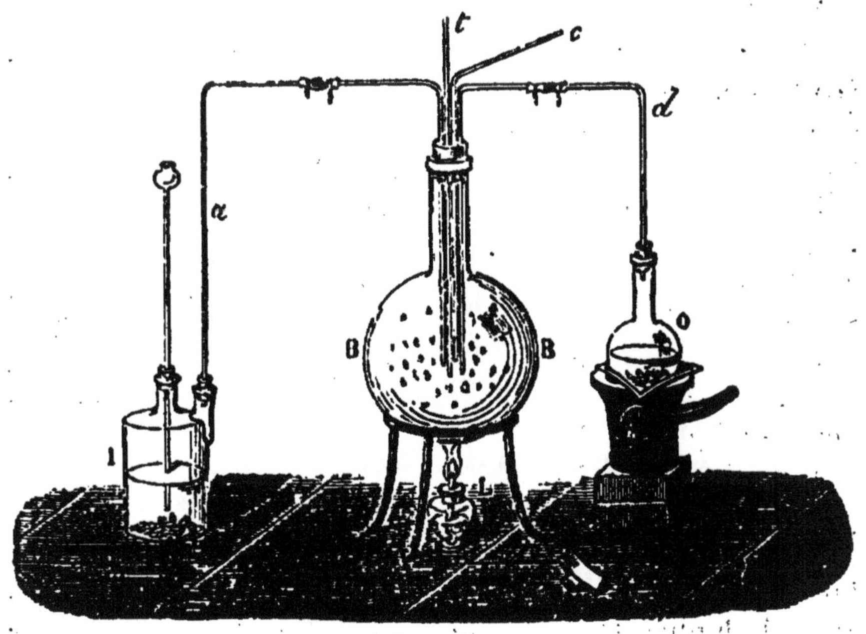

Fig. 21. — Préparation de l'acide sulfurique dans les laboratoires.

l'appareil où se produisent les réactions, l'air et la vapeur d'eau nécessaires aux transformations précédentes.

On démontre toutes ces réactions dans les cours en faisant arriver dans un ballon B, contenant un peu d'eau (fig. 21), du bioxyde d'azote préparé dans le flacon A, de l'anhydride sulfureux préparé dans le ballon O; le tube *c* amène de l'air, le tube *t* est un tube de dégagement. Le bioxyde d'azote entrant dans le ballon y donne immédiatement des vapeurs rutilantes d'oxyde perazotique. Si l'on chauffe un peu, de manière à vaporiser l'eau, le dédoublement de l'oxyde perazotique se produit et l'anhydride sulfureux s'oxyde. L'acide sulfurique ruisselle bientôt sur les parois du ballon.

Cette expérience a souvent produit des accidents graves, par suite de l'absorption des gaz par les voies respiratoires. Il est préférable de verser quelques gouttes d'acide azotique et d'eau dans un flacon que l'on a rempli d'anhydride sulfureux gazeux, et que l'on referme aussitôt.

107. Fabrication industrielle de l'acide sulfurique. — Au point de vue industriel, l'acide sulfurique est un des corps les plus importants que nous connaissions : aussi croyons-nous devoir donner quelques détails sur sa préparation industrielle. Cette fabrication s'est transformée d'une manière presque complète dans ces derniers temps et diffère un peu dans la pratique, suivant que l'on veut fabriquer de l'acide marquant 60° à l'aréomètre de Baumé et directement employé dans l'usine de production ou d'autres, ou suivant que l'on veut fabriquer de l'acide à 66° ou acide normal.

108. Fabrication de l'acide à 60°. — L'anhydride sulfureux est ordinairement produit dans des fours à tablettes F, F' (fig. 22), dus à M. Michel Perret. Ces tablettes sont disposées en chicanes, comme le représente la figure. On étale des morceaux de pyrite de fer ou sulfure de fer (FeS^2) sur ces tablettes : elles sont disposées au-dessus d'un foyer; l'air appelé par le tirage circule en serpentant et entretient la combustion des pyrites en produisant de l'anhydride sulfureux, qui sort du four à 300° et entre dans un appareil appelé *tour Glover*, et composé d'un cylindre de 30 mètres de haut et de 3 à 5 mètres de diamètre. Il est formé de lames de plomb montées sur charpente et rempli intérieurement de fragments de silex.

Dans la tour Glover, pendant que l'anhydride sulfureux et l'air y arrivent en bas, coule de haut en bas, sur les briques, un mélange d'acide sulfurique à 53° Baumé, tel que le fourniront les chambres, et d'acide sulfurique à 60° chargé de produits nitreux et qui vient d'un cylindre placé au bout de l'appareil et appelé *condenseur de Gay-Lussac*. On y fait aussi couler l'acide azotique nécessaire à la fabrication. L'anhydride sulfureux chaud réagit sur les produits nitreux de l'acide à 60° et sur l'acide azotique introduit; il se forme ici déjà une quantité notable d'acide sulfurique à 60° (environ les 15 0/0 de la fabrica-

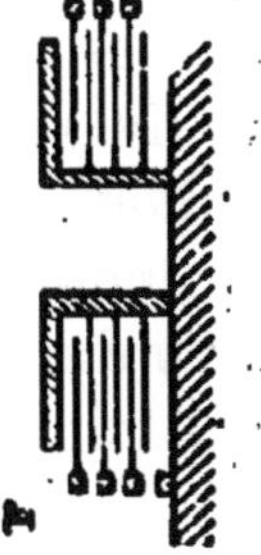

Fig. 22. — Fabrication industrielle de l'acide sulfurique.

tion totale). En même temps la chaleur produite élève la température et concentre l'acide à 53°, qui monte à 60°. La vapeur d'eau produite par cette concentration s'en va avec les produits nitreux dans la suite de l'appareil et il coule au bas du Glover de l'acide à 60°.

A la sortie du Glover, l'anhydride sulfureux, l'air, les gaz nitreux et la vapeur d'eau, dégagés dans la tour, entrent dans une série de chambres A, B, C, faites avec des lames de plomb montées sur charpente. C'est dans ces chambres que va se faire l'acide sulfurique.

La première chambre A est la plus grande.

A la suite de la dernière chambre se trouve le cylindre de plomb appelé *condenseur Gay-Lussac*, rempli de fragments de coke sur lesquels coule du haut en bas de l'acide sulfurique à 60° chargé d'absorber les vapeurs nitreuses, qui se dégagent de la dernière chambre. Cet acide sulfurique sera envoyé à la tour Glover. De cette manière, on évite la perte des gaz nitreux et on les empêche de se rendre au dehors, où ils produiraient des dommages.

C'est dans la première chambre que la réaction doit être la plus intense et que se produit la plus grande partie de l'acide sulfurique.

L'acide produit dans les chambres marque 53°; il est soutiré de chacune d'elles et envoyé, comme nous l'avons dit, à la tour Glover, qui l'amène à 60° et permet d'éviter la concentration que l'on faisait autrefois dans des appareils spéciaux. La puissance de concentration est telle que le Glover peut concentrer, en un temps donné, plus d'acide à 53° que n'en produisent les chambres. Aussi est-on quelquefois obligé de modérer son action par l'introduction d'un peu d'eau. Nous ajouterons que la quantité de vapeur d'eau qui s'y produit est le plus souvent suffisante à l'entretien des réactions dans les chambres. L'introduction directe de vapeur d'eau est maintenant fort minime.

L'acide à 60° donné par le procédé Glover ne peut le plus souvent servir à la fabrication de l'acide à 66° par la concentration, parce qu'il y a toujours une certaine quantité d'oxyde de fer entraîné mécaniquement depuis les fours jusqu'au Glover. Cet oxyde se transforme en sulfate, qui se dissout et, lors de l'évaporation, on obtiendrait des incrustations qui attaqueraient les appareils de concentration. Cet acide peut du reste contenir aussi de l'alumine venant des briques du Glover. On peut diminuer ces inconvénients en faisant passer les gaz dans des chambres chaudes, où l'oxyde de fer tombe en vertu de son poids, et en choisissant convenablement les briques.

109. Fabrication de l'acide sulfurique à 66°. — Dans cette fabrication on supprime le Glover et on le remplace par un appareil nitrificateur, où coule de l'acide azotique. L'acide produit est à 53°. On le chauffe dans des appareils d'évaporation, qui se concentrent par la volatilisation de l'eau en excès. Autrefois on commençait l'évaporation dans des cuves en plomb, où l'on menait l'acide jusqu'à 60°; puis, comme à partir de 60° l'acide attaque le plomb, on achevait la concentration jusqu'à 66° dans des appareils en platine, d'installation dispendieuse et sujets à de fréquentes réparations.

110. Concentration de l'acide sulfurique. — On est arrivé à pouvoir concentrer l'acide dans la porcelaine. Voici l'appareil inventé à cet effet par M. Négrier :

Des plaques de fonte pp', $p_1p'_1$, $p_2p'_2$, etc. (fig. 23), présentant chacune un renflement hémisphérique, r_1, r_2... etc., sont disposées en escalier et peuvent être portées au rouge à l'aide de la flamme d'un foyer. Sur chacune d'elles sont installées des capsules de porcelaine de 30 centimètres de diamètre et de 12 centimètres de profondeur, qui ne touchent pas le bord du renflement, mais en sont isolées par un bourrelet annulaire en feutre d'amiante. Les capsules sont placées de manière que le bec de chacune aboutisse au-dessous de la capsule immédiatement inférieure. On fait couler l'acide de haut en bas d'une capsule à l'autre : les plaques de fonte portées au rouge par la flamme du foyer F chauffent les capsules par rayonnement et l'acide se concentre. La vapeur d'eau se dégage par le tube T, en entraînant toujours un peu d'acide ; elle est condensée et recueillie.

Fig. 23. — Concentration de l'acide sulfurique.

111. Usages de l'acide sulfurique. — Au point de vue de ses applications, l'acide sulfurique est peut-être le plus important des corps que la chimie ait à étudier. Il n'est presque pas d'industries qui n'en fassent usage. Dumas a prétendu qu'on peut se rendre compte du développement de l'industrie générale d'une nation par la quantité d'acide sulfurique qu'elle consomme.

L'acide sulfurique sert à la fabrication des autres acides, du sulfate de soude, des aluns, des sulfates industriels, des eaux minérales, des bougies stéariques; il est employé pour l'affinage de l'argent, le décapage du fer et d'autres métaux, pour la fabrication du sucre de fécule, l'épuration des huiles, etc., etc.

112. État naturel. — L'acide sulfurique se trouve très répandu dans la nature à l'état de sulfate. À l'état libre, on le rencontre dans les sources qui avoisinent les volcans de l'Amérique du Sud.

ACIDE SULFURIQUE FUMANT DE SAXE
OU DE NORDHAUSEN

113. Préparation. — La préparation de l'acide fumant a été localisée longtemps à Nordhausen, en Saxe. Mais plus tard les circonstances de la production de cet acide sont devenues tellement favorables en Bohême que c'est maintenant des usines de ce pays qu'on expédie en Saxe l'acide, qui est exporté ensuite en France et en Angleterre.

On prépare cet acide en distillant du sulfate ferreux. Ce sulfate est lui-même produit par l'oxydation à l'air des sulfures de fer ou pyrites, et principalement de la pyrite blanche.

La distillation du sulfate de fer s'opère dans des cornues en terre placées les unes à côté des autres sur un fourneau de galère (fig. 24).

Le four porte ordinairement deux cents cornues placées sur deux étages. La calcination du sulfate produit d'abord de l'eau et de l'anhydride sulfureux; lorsque ce premier résultat est atteint, on abouche chaque cornue avec un récipient en terre incliné, qui contient un peu d'acide sulfurique ordinaire. L'anhydride sulfurique distille et se dissout dans l'acide des récipients. On continue l'opération jusqu'à ce que l'acide ordinaire, par la dissolution de l'anhydride, se soit transformé en acide de Nordhausen. Après l'opération, on retrouve dans les cornues du colcothar ou sesquioxyde de fer (Fe^2O^3).

Fig. 24. — Préparation de l'acide sulfurique de Nordhausen.

114. Propriétés. — L'acide de Saxe est oléagineux, fumant à l'air, et laisse dégager, quand on le chauffe, des vapeurs d'anhydride sulfurique. On le considère aujourd'hui comme un mélange d'acide sulfurique normal et d'un acide appelé acide *pyrosulfurique* $S^2O^7H^2$.

Sous l'influence de la chaleur, celui-ci se décomposerait en vapeurs d'anhydride sulfurique et en acide normal :

$$S^2O^7H^2 \quad = \quad SO^3 \quad + \quad SO^4H^2$$

Acide pyrosulfurique.   Anhydride sulfurique.   Acide normal.

115. Usages. — Il sert à la fabrication de l'alizarine artificielle, celle du sulfate d'indigo ou acide sulfo-indigotique, employé en teinture. On le préfère pour ce dernier usage à l'acide ordinaire, parce qu'il ne contient pas de vapeurs nitreuses, qui ont la propriété de transformer l'indigo en une substance jaune.

ACIDE SULFHYDRIQUE OU HYDROGÈNE SULFURÉ

Symbole : H^2S. — Poids moléculaire : $H^2S = 34$.

116. Historique. — L'acide sulfhydrique a été étudié par Rouelle jeune [1], qui l'appela *air puant*, à cause de

1. Rouelle (Hilaire-Marie), savant près de Caen, en 1718, mourut à Paris chimiste, naquit au bourg de Mathieu, en 1779.

sa mauvaise odeur. Scheele reconnut, en 1777, qu'il était composé de soufre et d'hydrogène.

117. Propriétés physiques. — L'hydrogène sulfuré ou acide sulfhydrique est un gaz incolore, doué

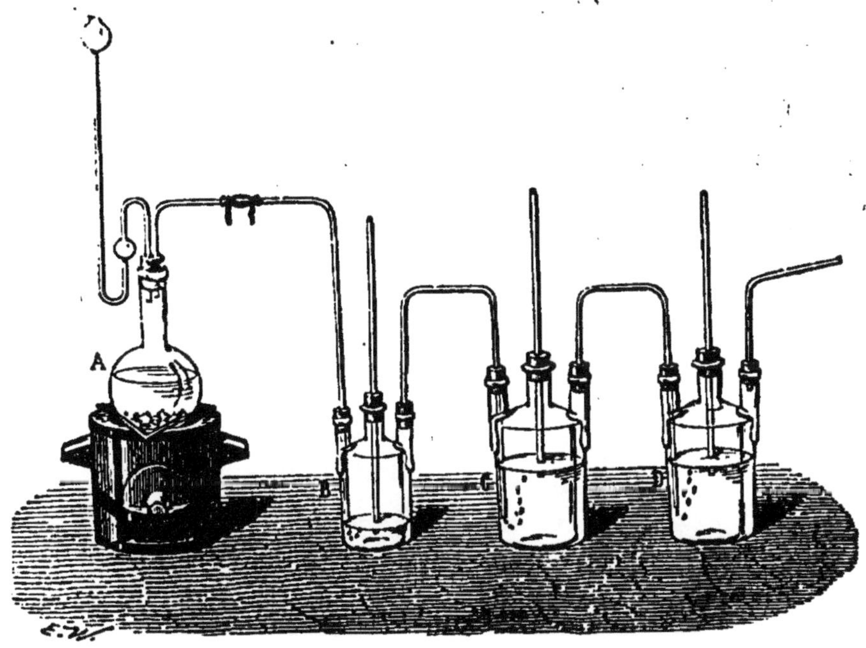

Fig. 25. — Appareil de Woolf pour préparer la solution d'acide sufhydrique.

d'une odeur fétide; c'est celle qu'exhalent les œufs pourris. Sa densité est égale à 1,1912. 1 litre de ce gaz pèse 1^{gr}, 540.

Il a pu être liquéfié par une pression de 16 atmosphères. L'eau en dissout trois fois son volume, et l'on prépare sa dissolution en faisant passer dans un appareil de Woolf, contenant de l'eau récemment bouillie, le gaz préparé dans le ballon A (fig. 25).

L'hydrogène sulfuré est très délétère; un oiseau périt dans une atmosphère qui en contient $\frac{1}{1500}$.

118. Propriétés chimiques. — Il s'enflamme au contact d'une bougie allumée et donne une flamme bleue. Les produits de sa combustion sont l'eau et l'anhydride sulfureux; quand il brûle dans une éprouvette, il se dépose un peu de soufre sur les parois de l'éprouvette, parce que, par suite du défaut d'oxygène, la combustion est incomplète.

L'oxygène sec n'a pas d'action sur lui à la température ordinaire; mais l'oxygène et l'air humides le décomposent; il se forme de l'eau et un dépôt de soufre.

En présence des corps poreux, l'action est plus complète : le soufre se combine aussi avec l'oxygène et

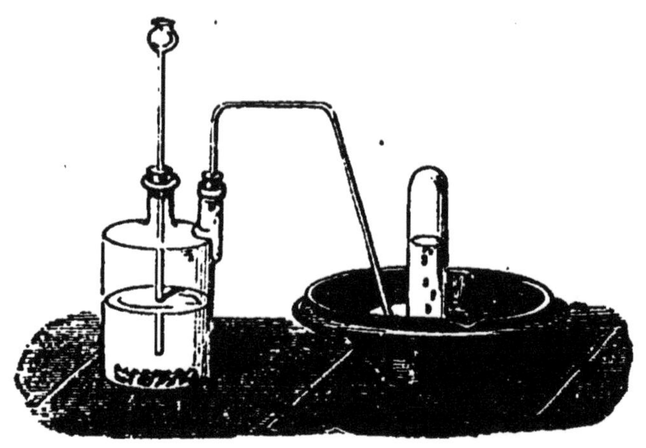

Fig. 26. — Préparation de l'acide sulfhydrique.

forme de l'acide sulfurique. C'est à la production de cet acide sulfurique qu'est due la destruction rapide des linges qui servent aux baigneurs dans les établissements de bains sulfureux.

Le chlore décompose l'acide sulfhydrique pour former de l'acide chlorhydrique avec l'hydrogène qu'il contient. Cette propriété fait employer le chlore pour combattre les empoisonnements par l'hydrogène sulfuré.

119. Préparation. — L'hydrogène sulfuré peut se préparer de deux manières :

1° *Par le sulfure de fer et l'acide sulfurique.* — On met dans un flacon à deux tubulures (fig. 26) du sulfure de fer et de l'acide sulfurique hydraté; le fer du sulfure remplace l'hydrogène de l'acide et forme du sulfate de fer; quant au soufre du sulfure, il forme, avec l'hydrogène du sulfure, de l'hydrogène sulfuré :

$$FeS \quad + \quad SO^4H^3 \quad = \quad SO^4Fe \quad + \quad H^2S$$

Sulfure de fer.   Acide sulfurique.   Sulfate de fer.   Hydrogène sulfuré.

2° *Par le sulfure d'antimoine et l'acide chlorhydrique.* — On chauffe dans un ballon de l'acide chlorhydrique concentré et du sulfure d'antimoine; l'hydrogène de l'acide chlorhydrique forme de l'hydrogène sulfuré avec le soufre du sulfure, le chlore se combine avec l'antimoine et produit du chlorure d'antimoine :

$$Sb^2S^3 \quad + \quad 6HCl \quad = \quad 3H^2S \quad + \quad 2SbCl^3$$

Sulfure   Acide   Hydrogène   Chlorure
d'antimoine.   chlorhydrique.   sulfuré.   d'antimoine.

Comme le gaz pourrait entraîner avec lui un peu d'acide chlorhydrique, on le fait passer (fig. 27) dans un flacon F contenant de l'eau, qui retient l'acide chlorhydrique.

120. Composition. — 2 volumes d'hydrogène sulfuré renferment 2 volumes d'hydrogène et 1 volume de vapeur de soufre.

121. Etat naturel. — L'acide sulfhydrique est en dissolution dans les eaux minérales *sulfureuses* d'Aix en Savoie, de Barèges, d'Enghien, de Bagnères-de-Luchon, etc. Ces eaux sont employées dans le traitement des maladies de peau et dans celui des affections du larynx.

Dans les régions volcaniques, notamment près du lac d'Agnano et à la solfatare de Pouzzoles, l'hydrogène sulfuré se dégage du sol et produit des fumées appelées *fumerolles,* résultant de la décomposition de l'hydrogène sulfuré et de la production, au contact de l'air humide, d'eau et de soufre divisé.

L'acide sulfhydrique est un produit de la putréfaction

des matières organiques contenant du soufre ; de là son dégagement permanent dans les fosses d'aisances. Il forme avec l'ammoniaque, qui s'y dégage, un sulfhydrate

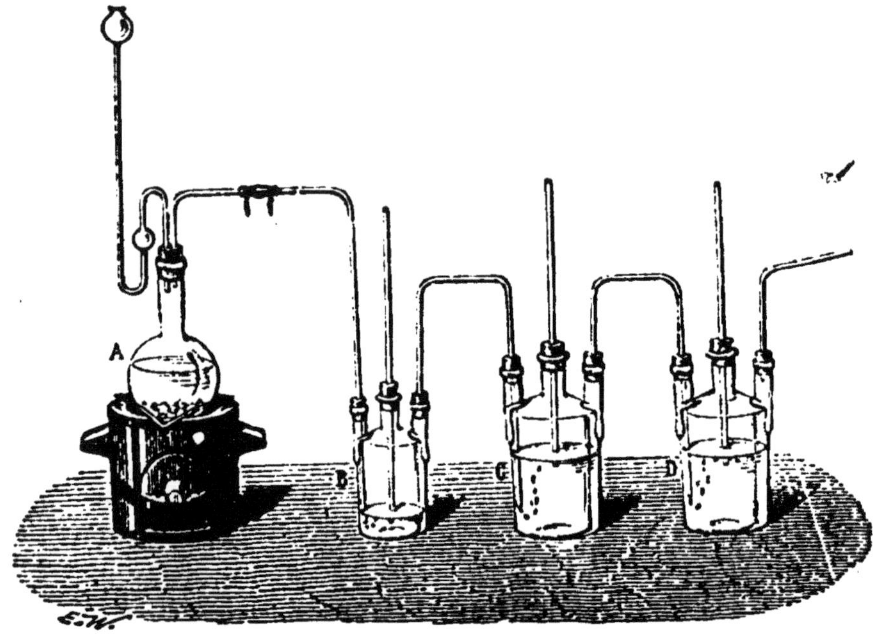

Fig. 27. — Préparation et purification de l'acide sulfhydrique.

volatil, qui est très dangereux et peut faire périr les ouvriers employés à la vidange des fosses d'aisances.

On rend cette opération moins dangereuse, en versant dans les fosses, avant d'y laisser descendre les ouvriers, une dissolution de sulfate de fer ou *vitriol vert*. Le sulfate de fer et le sulfhydrate d'ammoniaque se décomposent mutuellement pour donner lieu à du sulfure de fer et à du sulfate d'ammoniaque.

L'hydrogène sulfuré prend aussi naissance dans les eaux qui sont soustraites au contact de l'air et contiennent du sulfate de chaux et des matières organiques. C'est pour cela que les eaux naturelles se putréfient dans les citernes mal construites.

CHAPITRE VII

Chlore. — Application au blanchiment du lin et du coton. Acide chlorhydrique.

CHLORE

Symbole : Cl. — Poids atomique : Cl = 35,5.

122. Historique. — Le chlore a été découvert, en 1774, par Scheele, qui le prit pour un acide auquel il donna le nom d'*acide marin* ou *acide muriatique déphlogistiqué*. Plus tard, Lavoisier et Berthollet, se trompant aussi sur sa nature, l'appelèrent *acide muriatique oxygéné*. Mais, en 1811, Gay-Lussac et Thénard [1] en France, Davy en Angleterre, démontrèrent que ce corps est un élément; Ampère lui donna le nom de *chlore*, tiré d'un mot grec qui signifie *vert*.

123. Propriétés physiques. — Le chlore est un gaz jaune verdâtre; son odeur est très désagréable. Il provoque la toux et exerce une action très irritante sur les organes respiratoires. Sa densité est 2,44. 1 litre de ce gaz pèse 3^{gr}, 15.

Il a pu être liquéfié; il est soluble dans l'eau, avec laquelle il forme vers zéro un hydrate $(Cl + 5H^2O)$; le maximum de solubilité a lieu à 8°; à cette température, 1 litre d'eau dissout 3^l,07 de gaz. La dissolution se prépare à l'aide d'un appareil de Woolf (fig. 28), qui se

---

1. Baron L.-J. Thénard, célèbre chimiste, né à Sens, mort à Paris en 1857, membre de l'Académie des sciences et professeur de chimie à la Faculté des sciences de Paris.

termine par une éprouvette D remplie d'une dissolution de potasse destinée à absorber l'excès de gaz non dissous. Le premier flacon B est un flacon laveur. Le

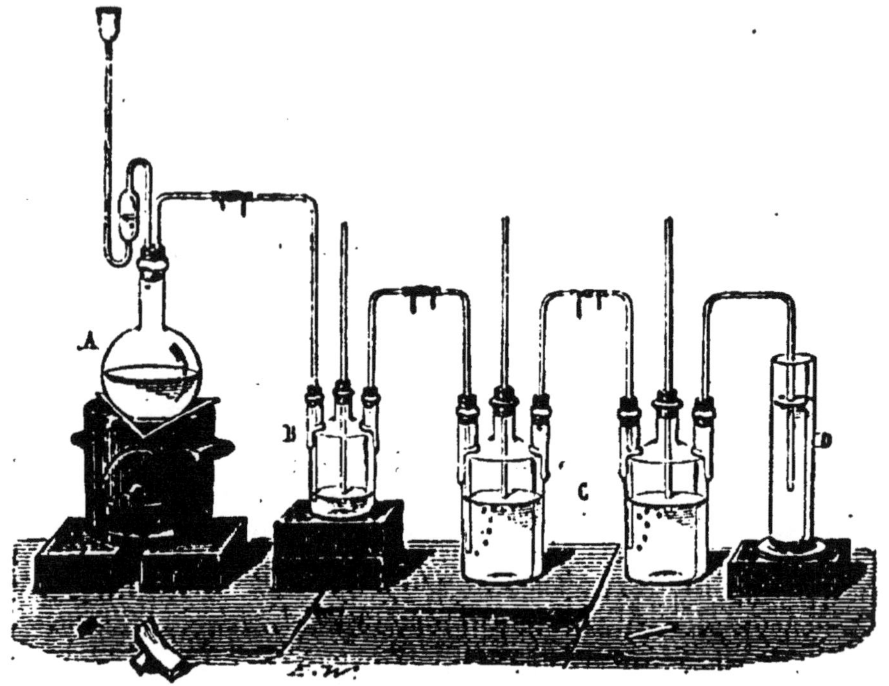

Fig. 28. — Préparation de la solution de chlore.

ballon A renferme les substances qui doivent produire le chlore.

124. Propriétés chimiques. — Le chlore n'entretient pas la combustion : la flamme d'une bougie que l'on y plonge, s'y étale, rougit et s'éteint.

Il n'a guère de tendance à se combiner à l'oxygène; il forme cependant avec lui des composés instables et détonant facilement. Ce sont : l'anhydride hypochloreux (Cl^2O), l'oxyde perchlorique (ClO^2); les acides hypochloreux ($ClOH$), chloreux (ClO^2H), chlorique ClO^3H et perchlorique ClO^4H.

Il y a une grande tendance à se combiner à l'hydrogène; il se combine directement à lui pour former de l'acide chlorhydrique. A la lumière diffuse, quelques jours suffisent pour que la combustion s'effectue. Elle est instantanée à la lumière directe du soleil et se produit avec détonation.

Une bougie enflammée, une tige de fer rougie au feu, plongées dans le mélange déterminent aussi la détonation.

Cette affinité du chlore pour l'hydrogène est telle que, pour conserver la dissolution du chlore dans l'eau, il faut la mettre dans des flacons noirs; quand on néglige cette précaution, l'action de la lumière fait combiner le chlore dissous avec l'hydrogène de l'eau et met l'oxygène en liberté.

Ce dernier fait explique le *pouvoir oxydant* du chlore. Versons, par exemple, dans une dissolution d'anhydride sulfureux quelques gouttes d'une dissolution de chlore; l'anhydride sulfureux est bientôt transformé en acide sulfurique, parce que le chlore décompose l'eau de la dissolution, s'empare de son hydrogène et met en liberté l'oxygène, qui oxyde l'anhydride sulfureux.

On a donc tort de dire que le chlore est un *oxydant*, c'est un *déshydrogénant*; l'oxydation qu'il produit est un effet indirect de son action sur l'eau.

Le chlore se combine directement avec le phosphore, le soufre, le fer, le cuivre, l'antimoine, etc.

Un morceau de phosphore placé dans une petite coupelle de terre et descendu dans le chlore, se combine avec ce gaz, se transforme en chlorure de phosphore, et la réaction est tellement énergique qu'elle se fait avec flamme.

L'antimoine, en poudre très fine, projeté dans le chlore se combine avec lui; les grains deviennent incandescents et produisent l'effet d'une pluie de feu. L'arsenic produit le même effet.

Quand on fait agir le chlore sur de la chaux, il se forme un corps qu'on a appelé improprement *chlorure de chaux*. C'est un mélange de chlorure de calcium et d'hypochlorite de calcium :

$$2CaO + 4Cl = CaCl^2 + (ClO)^2Ca$$

Chaux.   Chlore.   Chlorure de calcium.   Hypochlorite de calcium.

On aurait la même réaction avec la potasse et la soude. Ces chlorures de chaux, de potasse et de soude sont employés comme désinfectants : le chlorure de chaux s'appelle aussi *eau de Javelle*, le chlorure de soude *liqueur de Labarraque*. Le chlorure de chaux est très employé, comme nous allons le voir, dans le blanchiment du lin et du coton. Ces corps agissent par le chlore qu'ils dégagent sous l'influence de l'anhydride carbonique qui se trouve dans l'air. L'anhydride s'empare de la chaux de l'hypochlorite et forme du carbonate de calcium ; quant à l'anhydride hypochloreux dégagé, il réagit sur le chlorure de calcium et donne lieu à la formation de chaux et au dégagement du chlore. Ces deux réactions sont exprimées par les formules suivantes :

$$(ClO^2)Ca + CO^2 = CO^3Ca + Cl^2O$$

Hypochlorite   Anhydride   Carbonate   Anhydride
de calcium.   carbonique.   de calcium.   hypochloreux.

$$CaCl^2 + Cl^2O = CaO + 4Cl$$

Chlorure de calcium.   Anhydride hypochloreux.   Chaux.   Chlore.

125. Pouvoir décolorant et désinfectant du chlore.

— L'affinité du chlore pour l'hydrogène explique son pouvoir décolorant. Si l'on verse du chlore en dissolution dans une teinture végétale (tournesol, campêche, bois rouge, etc.), elle perd bientôt sa couleur. Voici pourquoi : les matières végétales se composent essentiellement de trois ou quatre principes : l'oxygène, l'hydrogène, le carbone et l'azote ; dès que le chlore vient à enlever l'un d'eux, l'hydrogène, la matière végétale se trouve détruite et perd sa couleur.

Nous verrons plus loin ces propriétés décolorantes appliquées au blanchiment du lin et du coton.

On explique de la même manière le pouvoir désinfectant du chlore. Ce gaz agit sur les miasmes putrides d'origine organique répandus au milieu de l'air, et les détruit en s'emparant de leur hydrogène.

126. Préparation. — 1° *Par le bioxyde de manganèse et l'acide chlorhydrique.* — On met dans un ballon du bioxyde de manganèse et de l'acide chlorhydrique. Le chlore de l'acide chlorhydrique peut être considéré comme divisé en deux parties. La première forme du chlorure de manganèse avec le manganèse du bioxyde, et la seconde se dégage. Quant à l'hydrogène de l'acide chlorhydrique et à l'oxygène du bioxyde, ils se combinent ensemble pour former de l'eau :

$$MnO^2 \quad + \quad 4HCl \quad = \quad MnCl^3 \quad + \; 2H^2O \; + \quad 2Cl$$

| Bioxyde de manganèse. | Acide chlorhydrique. | Chlorure de manganèse. | Eau. | Chlore. |

On se sert pour cette réaction d'un ballon D (fig. 29),

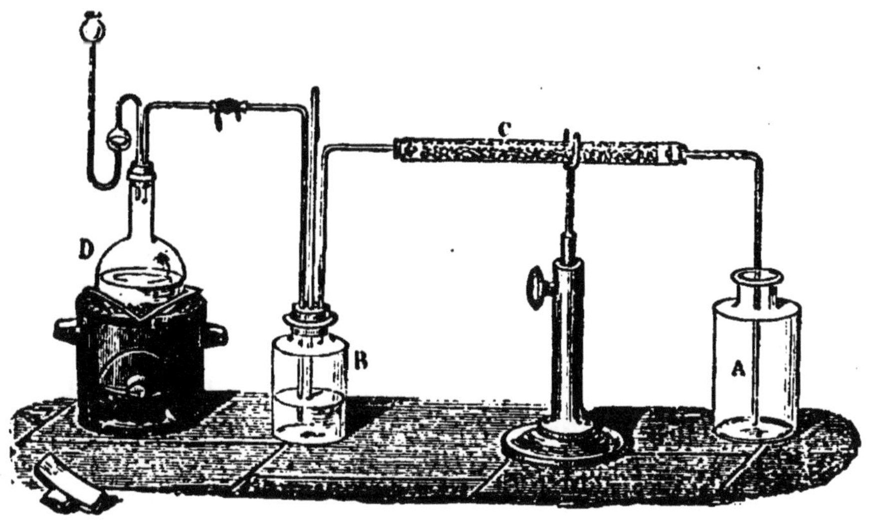

Fig. 29. — Préparation du chlore gazeux et sec.

qui communique avec un flacon laveur destiné à arrêter l'acide chlorhydrique que le gaz pourrait entraîner. Ce flacon communique avec un tube C, rempli de chlorure de calcium, qui sert à dessécher le chlore. Celui-ci ne pouvant être recueilli ni sur l'eau, dans laquelle il se dissoudrait, ni sur le mercure qu'il attaquerait, on fait plonger un tube abducteur au fond d'un flacon A. Le chlore chasse graduellement l'air qui est plus léger que lui et finit par remplir tout le flacon. On arrête l'opération lorsque l'atmosphère intérieure a pris la couleur du chlore.

2° Au moyen du sel marin, de l'acide sulfurique et du bioxyde de manganèse. — On peut aussi préparer le chlore sans employer directement l'acide chlorhydrique. Si l'on introduit dans le ballon D du sel marin ou chlorure de sodium, de l'acide sulfurique et du bioxyde de manganèse, et qu'on chauffe, il se forme du sulfate de manganèse, de l'eau et du chlore.

$$MnO^2 + 2NaCl + 2SO^4H^2 = SO^4Mn$$

Bioxyde de manganèse.   Chlorure de sodium.   Acide sulfurique.   Sulfate de manganèse.

$$+ SO^4Na^2 + 2H^2O + 2Cl$$

Sulfate de sodium.   Eau.   Chlore.

Industriellement, on prépare ce corps par le procédé précédent, modifié par Weldon, chimiste anglais, mort en 1885. Le procédé Weldon consiste à régénérer le bioxyde : on reprend la dissolution de chlorure de manganèse ; on la traite par la chaux, qui en précipite du protoxyde, que l'on transforme ensuite en bioxyde par l'action oxydante de l'air. Le bioxyde ainsi produit peut servir à nouveau.

127. Usages du chlore. — La principale application du chlore consiste dans le blanchiment des tissus de lin et de coton. Encore ce corps est-il remplacé maintenant par le chlorure de chaux. Il sert au blanchiment du papier ainsi qu'à la fabrication des chlorures de chaux, de potasse et de soude.

Il est employé comme désinfectant. Guyton de Morveau a imaginé un appareil portatif pour faire les fumigations de chlore.

Cet appareil se compose d'un flacon de cristal F (fig. 30), qui contient du bioxyde de manganèse et de l'acide chlorhydrique. Ce flacon est enfermé dans un étui BB, dont le couvercle est traversé par une vis V, qui se termine par une espèce d'étrier, auquel est fixé le bouchon *b* du flacon en verre. Ce bouchon, au lieu de remplir exactement le goulot cylindrique du flacon F, est conique et sa base supérieure a pour diamètre le diamètre du goulot; l'autre base est plus petite, de telle sorte que, lorsqu'il est complètement entré dans le goulot de F, celui-ci est fermé; mais, si l'on vient à le soulever en dévissant V, le chlore produit dans F s'échappe par l'espace laissé libre entre lui et le goulot. Des ouvertures *oo*, pratiquées dans l'étui en buis, laissent sortir le gaz au dehors.

Cet appareil n'est utile que lorsqu'il s'agit d'assainir un espace assez restreint, une chambre, par exemple. Pour des locaux plus vastes, on fait la réaction dans des vases ouverts, terrines ou pots de terre, dans lesquels on place le bioxyde de manganèse et l'acide chlorhydrique.

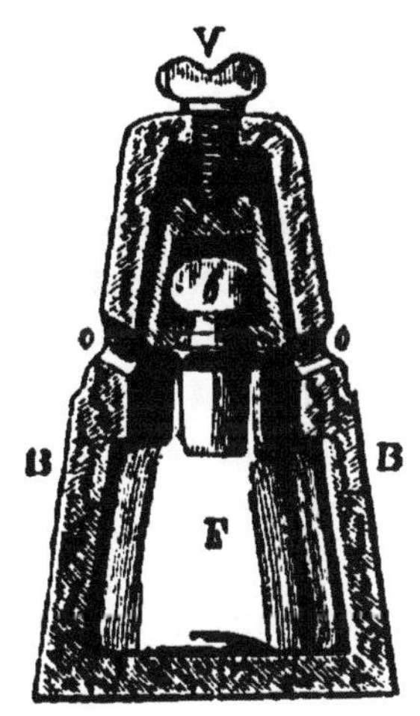

Fig. 30. — Appareil de Guyton de Morveau pour les fumigations de chlore.

Du reste, ces fumigations sont souvent remplacées par des aspersions faites avec des dissolutions de chlorure de potasse ou de soude, mais plus ordinairement de chlorure de chaux.

BLANCHIMENT DES TISSUS DE LIN, DE CHANVRE ET DE COTON

128. Le blanchiment a pour but d'enlever aux fibres textiles ou aux tissus les matières agglutinatives qui les colorent ou peuvent être un obstacle aux opérations de la teinture. Nous avons déjà vu (91 et 92) le traitement auquel étaient soumises dans ce but la laine et la soie. Pour les étoffes de lin, de chanvre et de coton, les procédés sont différents. Ils consistent à oxyder la matière colorante

pour la rendre soluble dans des lessives de carbonate de soude.

Le procédé le plus anciennement connu et qui est encore pratiqué dans un certain nombre de localités, surtout pour le lin et le chanvre, consiste à exposer les tissus sur un pré à l'action de l'air et de la rosée. En alternant ces expositions sur le pré avec des passages dans des lessives étendues et bouillantes de carbonate de soude, en arrosant de temps en temps les pièces pour les maintenir toujours humides, on arrive à les blanchir parfaitement. L'oxygène de l'air, dissous par l'eau qui mouillait les fibres du tissu, s'est combiné lentement, pendant l'exposition sur le pré, au principe colorant et l'a transformé en une substance qui s'est dissoute dans les lessives alcalines.

Ce procédé présente de graves inconvénients ; il exige un temps assez long, ne peut être pratiqué que pendant la belle saison et enlève de vastes prairies à l'agriculture, qui pourrait en tirer meilleur parti.

Vers 1785, Berthollet proposa un procédé plus rapide et n'ayant pas les inconvénients que nous venons de signaler. Ce procédé substitue à l'oxydation par l'air une oxydation beaucoup plus rapide produite sous l'influence du chlore en dissolution. Aujourd'hui on a remplacé le chlore dissous par le chlorure de chaux en dissolution. Sans entrer dans des détails trop techniques sur ces opérations, nous allons cependant les indiquer rapidement.

129. Blanchiment des tissus de lin et de chanvre. — Avant de procéder au blanchiment, on commence par enlever au tissu la colle, ou parement, dont on a enduit les fils de chaîne, c'est-à-dire les fils longitudinaux, pour leur donner une certaine raideur nécessaire à l'opération du tissage. Pour cela, on fait macérer les tissus dans de vieilles lessives ou dans de l'eau tiède.

130. Quant au blanchiment proprement dit, les opérations sont assez multiples et varient avec la nature de l'étoffe. Nous nous contenterons d'indiquer leur marche générale. On soumet d'abord les tissus à un bain d'eau de chaux, qui a pour effet de les gonfler, d'en relever le grain, de tuméfier la matière colorante et de la préparer à l'oxydation. L'étoffe est ensuite passée alternativement dans des bains de chlorure de chaux, qui oxy-

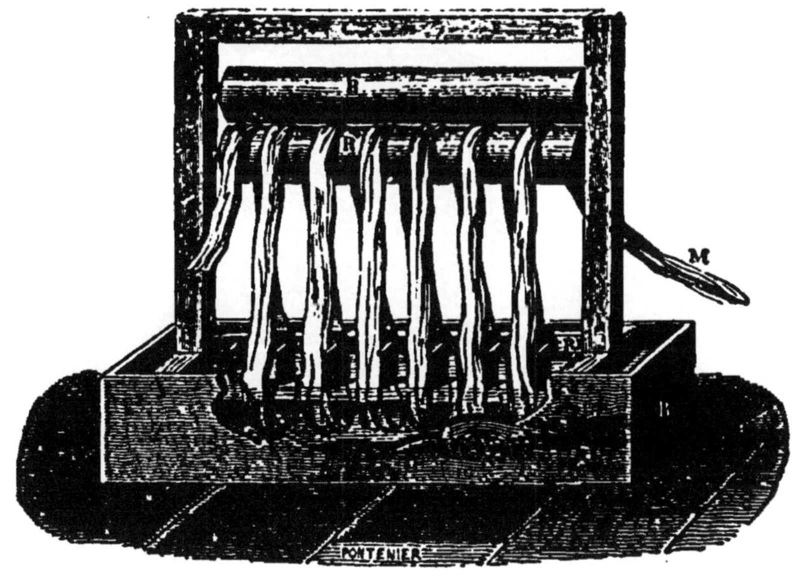

Fig. 31. — Clapot pour le blanchiment des tissus de lin.

dent la matière colorante, et dans des bains de soude, qui dissolvent le produit de cette oxydation.

Pour faciliter la décomposition du chlorure de chaux, on fait sortir l'étoffe du bain et on la fait passer entre deux rouleaux R et R' (fig. 31), qui tournent en sens inverse et dont les axes reposent sur un bâti placé au-dessus de la cuve. Cet appareil est appelé *clapot*. Les rouleaux entraînant l'étoffe dans leur mouvement de rotation la font sortir du bain pour l'y replonger ensuite. Pendant qu'elle est hors du liquide, le gaz carbonique de l'air décompose la dissolution de chlorure de chaux dont elle est imprégnée, et le chlore, mis à l'état naissant dans les mailles mêmes du tissu, agit d'une manière très efficace.

On ne doit pas oublier qu'avant d'entrer dans un bain, l'étoffe doit être parfaitement débarrassée du liquide qu'elle a pris au bain précédent. Pour cela, on la rince à l'eau et on la fait passer entre des rouleaux compresseurs

Fig. 32. — Squeezer pour exprimer l'eau des tissus.

R, R' (fig. 32), appelés *squeezers*, qui expriment le liquide.

131. Blanchiment des tissus de coton. — Le procédé de blanchiment des étoffes de coton ne diffère guère de ceux qui sont employés pour le lin et pour le chanvre. Les pièces écrues sont d'abord passées, à l'aide du clapot, dans un bain d'acide chlorhydrique marquant 1°,1/2 à l'aréomètre de Baumé : à ce bain succèdent un rinçage à l'eau et un lessivage à la chaux.

Après le lessivage, les pièces sont lavées au clapot et abandonnent toutes les matières rendues solubles ou peu adhérentes par l'action de la chaux. Cette action est complétée par des bains d'acide chlorhydrique et des

passages en lessive de soude. A la sortie de ces derniers, les tissus sont prêts à recevoir l'action blanchis-
sante des bains de chlorure de chaux. Quand on est
arrivé à la blancheur voulue, on passe en acide chlorhydrique et on rince avec soin.

Les tissus fins, comme la mousseline, ne sont pas
rincés au clapot, mais dans une roue à laver qui fatigue
moins les étoffes. Cette roue (fig. 33) présente quatre

Fig. 33. — Roue à laver les tissus fins.

ouvertures circulaires, par lesquelles on introduit les
pièces; l'eau arrive par le tube T, qui traverse l'axe
autour duquel tourne la roue.

ACIDE CHLORHYDRIQUE

Symbole : HCl. — Poids moléculaire : HCl = 36,5.

132. Historique. — L'acide chlorhydrique fut connu
de Basile Valentin, qui le désigna sous le nom d'*esprit
de sel*. Vers la fin du XVIIe siècle, Glauber [1] simplifia le

1. Glauber (Jean-Rodolphe), chimiste   Hollande, après avoir beaucoup voyagé,
et médecin du XVIIe siècle, se fixa en   et mourut à Amsterdam en 1668.

procédé d'extraction suivi jusqu'à lui. C'est Priestley qui le recueillit le premier à l'état de gaz, mais c'est à Gay-Lussac et à Thénard qu'on doit de savoir qu'il est composé de chlore et d'hydrogène.

Il portait autrefois le nom d'acide *muriatique*, qui souvent encore lui est donné dans le commerce.

133. Propriétés physiques et chimiques. — L'acide chlorhydrique est un gaz incolore d'une odeur piquante et suffocante; il rougit le tournesol et éteint les corps en combustion. Sa densité est 1,247. 1 litre de ce gaz pèse 1^{gr},612. L'eau en dissout 480 fois son volume. On peut, pour prouver sa grande solubilité, répéter avec lui les expériences que nous avons faites avec le gaz ammoniac (54). Faraday l'a liquéfié en le soumettant à un froid de 50° au-dessous de zéro. Une pression de 40 atmosphères peut aussi le liquéfier à la température ordinaire.

On s'en sert ordinairement à l'état de dissolution dans l'eau. Cette dissolution se prépare dans un appareil de Woolf.

Le gaz acide chlorhydrique répand à l'air des fumées très denses; ces fumées sont produites par la combinaison de l'acide et de la vapeur d'eau que contient l'air. Le corps qui résulte de cette combinaison, ne peut rester à l'état de vapeur et se condense sous forme de fumées.

Lorsqu'on applique la main sur l'ouverture d'une éprouvette remplie d'acide chlorhydrique, on éprouve, dans la région qui est en contact avec l'acide, une sensation de chaleur occasionnée par la condensation du gaz dans la légère couche d'humidité dont la main est toujours recouverte.

Un grand nombre de métaux, comme le fer, le zinc, l'étain, décomposent l'acide chlorhydrique et se transforment à son contact en chlorures; l'hydrogène se dégage.

134. Préparation. — On prépare l'acide chlorhydrique en introduisant dans un ballon du chlorure de sodium (sel marin, sel gemme [1]) et de l'acide sulfurique. L'eau de l'acide sulfurique se décompose; son oxygène oxyde le sodium et forme avec lui de la soude, qui se combine à l'acide sulfurique pour donner du sulfate acide de sodium. L'hydrogène de l'eau forme de l'acide chlorhydrique avec le chlore du chlorure de sodium :

$$NaCl \quad + \quad SO^4H^2 \quad = \quad SO^4HNa \quad + \quad HCl$$

Chlorure de sodium.	Acide sulfurique.	Sulfate acide de sodium.	Acide chlorhydrique.

La réaction a lieu à la température ordinaire; on l'active par l'action de la chaleur.

Le gaz doit se recueillir sur le mercure à cause de sa grande solubilité dans l'eau.

135. Fabrication industrielle de l'acide chlorhydrique. — Pour fabriquer dans les arts l'acide chlorhydrique, on emploie aussi le chlorure de sodium et l'acide sulfurique. Le chlorure de sodium s'emploie, suivant les convenances commerciales, soit à l'état de sel marin, soit à l'état de sel gemme [1]. Dans les arts, la température employée est plus élevée et il se forme, au lieu de sulfate acide de sodium, du sulfate neutre :

$$2NaCl \quad + \quad SO^4H^2 \quad = \quad SO^4Na^2 \quad + \quad 2HCl$$

Chlorure de sodium.	Acide sulfurique.	Sulfate neutre de sodium.	Acide chlorhydrique.

La réaction est pratiquée par deux méthodes différentes, désignées, d'après les appareils qu'elles comportent, sous les noms de *méthode des cylindres* et *méthode des fours* ou *bastringues*.

136. Méthode des cylindres. — L'appareil se compose de deux cylindres en fonte accouplés sur un même foyer. Chacun de ces cylindres (fig. 34 et 35) est

1. Le sel marin est extrait des eaux de la mer, comme son nom l'indique. Le sel gemme est extrait des mines que nous offrent l'Allemagne, la Hongrie, la Pologne, les départements de la Meurthe, de la Moselle, du Jura, des Basses-Pyrénées, etc.

ouvert à ses deux extrémités et peut être fermé au moyen
de disques en fonte C, C'. Le disque de derrière est

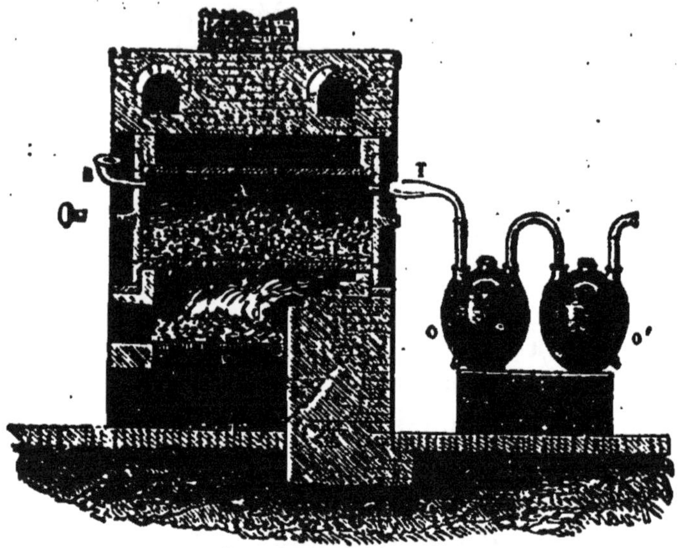

Fig. 34. — Préparation industrielle de l'acide chlorhydrique
(méthode des cylindres).

placé à demeure et reçoit un entonnoir en plomb par

Fig. 35. — Méthode des cylindres pour la préparation de l'acide chlorhydrique.

lequel on verse l'acide sulfurique, qui doit être à 60°
Baumé. L'acide à 66° attaquerait trop la fonte des cylin-

dres. Les cylindres reposent sur la maçonnerie seulement par leurs extrémités, de telle sorte que la flamme du foyer puisse circuler autour d'eux, comme l'indiquent les flèches de la figure 35.

L'acide chlorhydrique dégagé se condense dans des appareils que nous étudierons après avoir exposé la méthode des fours, qui est maintenant beaucoup plus employée que celle que nous venons de décrire.

137. Méthode des fours ou bastringues. — Les fours dans lesquels s'effectue la décomposition du

Fig. 36. — Fours ou bastringues pour la préparation industrielle
de l'acide chlorhydrique.

chlorure de sodium par l'acide sulfurique, sont construits en briques; ils se composent de trois compartiments A, E, G (fig. 36). A est le foyer; la flamme du combustible arrive par l'ouverture *e* dans le deuxième compartiment E; de là, les produits de la combustion peuvent passer en G, si le registre R laisse libre le canal *d*; dans le cas contraire, ils viennent échauffer le compartiment G en passant au-dessous de lui et se rendent dans la cheminée de l'usine par le conduit FF'F". La sole du compartiment G est une cuvette en plomb ou en fonte. On voit en MM' un tuyau, qui communique avec l'appareil condenseur et par lequel l'acide chlorhydrique se dégage.

Le sel marin et l'acide sulfurique (l'acide employé est à 60°) sont chargés dans la cuvette du compartiment G; le registre R est fermé et l'acide chlorhydrique se dégage par le tuyau MM'; au bout d'un certain temps, on ouvre le registre, et on amène, à l'aide de râbles, le sulfate de soude du compartiment G dans le compartiment E, où il est soumis à une plus haute température et où la réaction s'achève. Dès que ce transvasement est opéré, on referme le registre.

138. Appareils de condensation. — Les appareils de condensation sont le plus souvent des séries de

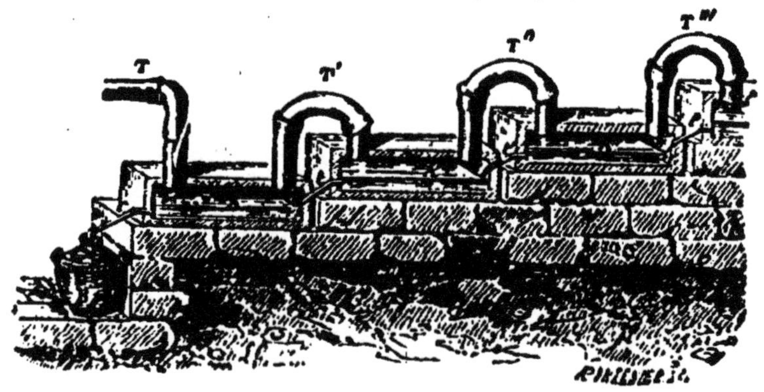

Fig. 37. — Appareil de condensation pour l'acide chlorhydrique.

bonbonnes ou dames-jeannes contenant de l'eau et formant appareil de Woolf, comme on le voit en *o*, *o'* sur la figure 34.

Dans les usines des Vosges et du Midi, on remplace les bonbonnes, qui ont l'inconvénient d'être fragiles et de ne présenter qu'une surface restreinte à la condensation, par des sortes de boîtes rectangulaires A, A'A" (fig. 37), faites avec des pierres inattaquables à l'acide chlorhydrique et fournies par la région. Elles sont dis-

posées en gradins : l'eau y circule de haut en bas par
les tubes t, t', etc., et le gaz de bas en haut par les
tubes T,T', etc. Quel que soit le système employé, l'ap-

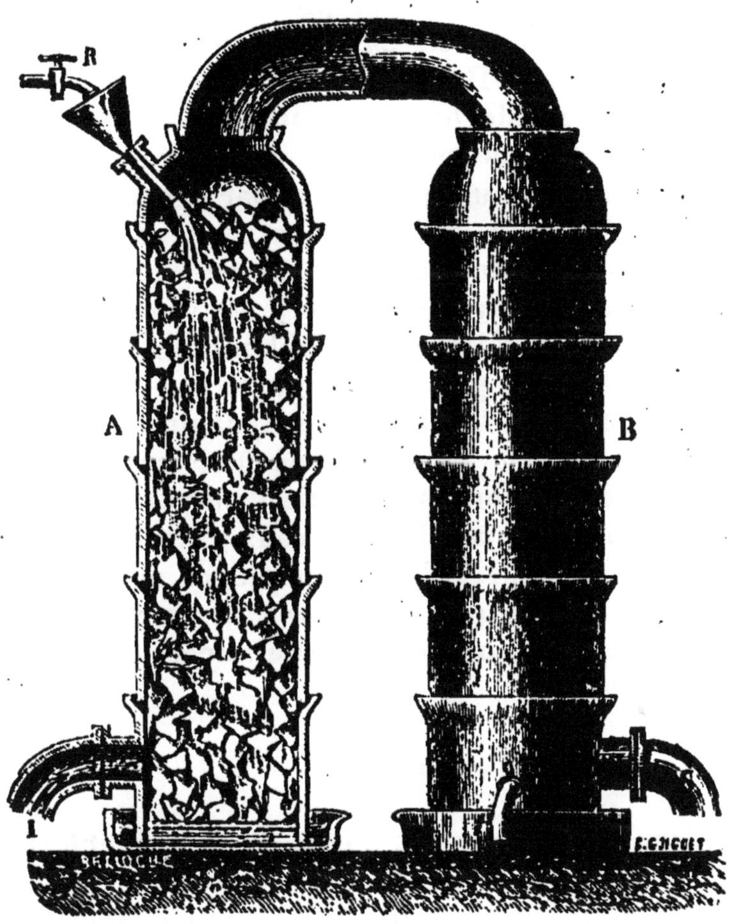

Fig. 38. — Appareil de condensation pour l'acide chlorhydrique.

pareil de condensation doit toujours, à son extrémité
postérieure, communiquer avec la cheminée la plus haute
de l'usine, pour que les vapeurs soient emportées au
loin.

Pour achever la condensation, on fait communiquer
l'extrémité des séries de bonbonnes avec une colonne
double A B (fig. 38) formée de tronçons cylindriques en

terre cuite, évasés à leur partie supérieure et s'emboîtant l'un dans l'autre. Ils sont réunis par un lut argileux. Le dernier tronçon plonge dans une cuvette pleine d'eau, qui forme fermeture hydraulique. Les colonnes sont remplies de fragments de poteries. La colonne A est traversée, de haut en bas, par un courant d'eau qu'amènent le robinet R et le tube à entonnoir *t*, de bas en haut par le gaz chlorhydrique non encore condensé qui arrive en I. La colonne B est aussi traversée, de haut en bas, par un courant d'eau et par le gaz chlorhydrique qui vient de A. Les gaz non condensés sortent en S et se rendent dans la cheminée de l'usine. L'eau dissout les gaz, et la dissolution, arrivant dans les cuvettes inférieures, s'échappe au dehors par des ouvertures que l'on ne voit pas sur la figure.

139. Usages. — L'acide chlorhydrique sert à la fabrication du chlore et des hypochlorites, de l'eau régale, dont nous allons parler, de l'anhydride carbonique destiné à la préparation des eaux gazeuses, du sel ammoniac, des chlorures d'étain employés en teinture, des chlorures de zinc; il sert, dans l'extraction de la gélatine des os, à dissoudre la partie minérale du tissu osseux, etc., etc.

EAU RÉGALE

140. L'eau régale est un mélange d'acide chlorhydrique et d'acide azotique. Elle a la propriété de dissoudre l'or et le platine, qui sont inattaquables par chacun de ces acides séparés. Du mélange des deux acides résulte du chlore à l'état naissant, qui transforme le métal en chlorure soluble. Elle doit son nom à cette propriété de dissoudre l'or, que l'on a longtemps appelé le *roi des métaux*.

MÉTAUX ET LEURS COMPOSES LES PLUS IMPORTANTS

CHAPITRE VIII

Propriétés générales et classification des métaux.

141. Nous avons vu que les métaux sont des corps possédant, quand ils sont en masse suffisante, un éclat particulier, appelé *éclat métallique*; qu'ils conduisent bien la chaleur et l'électricité et ont pour caractère essentiel de former, avec l'oxygène, au moins une base.

142. **Opacité et couleur des métaux.** — Les métaux présentent, en général, une opacité très grande, car ils ne laissent point passer de lumière, même lorsqu'ils sont réduits en feuilles d'une épaisseur extrêmement petite. Cependant l'or, à l'état de feuilles très minces, telles que celles dont se servent les doreurs, laisse passer une quantité notable de lumière d'une belle couleur verte.

La plupart des métaux ont une couleur grise, plus ou moins foncée, lorsqu'ils sont pulvérulents; quand ils sont agrégés et polis, ils deviennent plus blancs. Quelques métaux ont une couleur prononcée : le cuivre est rouge, l'or est jaune.

143. **Malléabilité des métaux.** — Lorsqu'on soumet les métaux au choc du marteau, on reconnaît que les uns s'aplatissent en lames, que les autres se brisent;

les premiers sont appelés *métaux malléables*; les seconds, *métaux cassants*.

On réduit les métaux en lames, soit par le battage au marteau, soit en les faisant passer au *laminoir*.

Le laminoir se compose de deux cylindres d'acier ou de fonte de fer (fig. 39), dont la surface, unie et polie,

Fig. 39. — Laminoir.

est très dure. Ils sont placés horizontalement l'un au-dessus de l'autre et marchent en sens contraire, par suite du mouvement de roues d'engrenage mues par l'action d'un moteur. Les cylindres peuvent être placés à des distances différentes l'un de l'autre par l'action des vis que représente la figure, et que l'on peut faire monter ou descendre à l'aide des clefs dont elles sont armées. On leur donne un écartement moindre que l'épaisseur de la lame métallique que l'on veut étirer. On amincit celle-ci sur l'un de ses bords, de manière qu'on puisse l'introduire d'une petite quantité entre les deux cylindres. Lorsqu'elle est ainsi engagée dans l'intervalle qui les sépare, elle est obligée de les suivre dans leur mouvement et de s'étendre, de manière à ne conserver que l'épaisseur égale à leur écartement. On peut ensuite la faire passer de nouveau entre les cylindres que l'on a rapprochés davantage en serrant les vis, et on obtient ainsi des feuilles de plus en plus minces.

Quelques métaux peuvent être laminés à froid; d'autres ont besoin d'être portés à une température plus ou moins élevée.

Pendant son passage au laminoir, le métal éprouve souvent, dans sa structure moléculaire, un changement qui altère sa malléabilité et le rend cassant; et, si l'on voulait continuer le laminage, les feuilles se gerceraient et se déchireraient. On dit alors que le métal s'est *écroui*. On lui rend ses propriétés primitives en le *recuisant*, c'est-à-dire en le chauffant au rouge et en le laissant ensuite refroidir lentement.

Les métaux usuels peuvent être rangés, au point de vue de leur malléabilité, dans l'ordre suivant :

Or,	Platine,
Argent,	Plomb,
Aluminium,	Zinc,
Cuivre,	Fer,
Étain,	Nickel.

144. Ductilité des métaux. — La ductilité est la faculté qu'ont les métaux de pouvoir s'étirer en fils plus ou moins fins. Il n'y a de *ductiles* que les métaux malléables; mais il faut, de plus, qu'ils soient capables de ne pas se rompre sous l'effort de la traction qu'il faut exercer sur eux pour les étirer en fils.

Pour fabriquer les fils métalliques, on se sert de la *filière*. C'est une plaque d'acier trempé percée de trous de grandeur décroissante. En forçant un morceau de métal à passer successivement à travers ces différents trous, on en diminue de plus en plus le diamètre et l'on fait un fil qui va en s'allongeant à chaque passage. L'opération s'exécute sur un *banc à tirer* ou *table de tréfilerie*, représentée par la figure 40.

Sur une table sont fixées verticalement, de distance en distance, des filières F placées entre des montants verticaux : derrière ces filières sont disposées des bobines A, sur lesquelles est enroulé le fil à étirer, qui a été fabriqué à l'aide d'un laminoir à gorges. En avant, on

voit d'autres bobines pouvant tourner autour d'un axe
vertical qu'une machine à vapeur met en mouvement par
les engrenages. E que l'on voit sous la table. L'extrémité du rouleau de fil est amincie, de manière à pouvoir
passer dans l'un des trous de la filière, le plus gros, par
exemple; on l'y engage, et elle est serrée de l'autre côté
par une pince placée à la partie inférieure de la bobine
correspondante B : dès que celle-ci est mise en mouve-

Fig. 40. — Table de tréfilerie.

ment, elle entraîne le fil et le force à passer dans le trou
et à s'enrouler ensuite sur elle. Quand le fil a passé à
travers le premier trou, on l'enroule de nouveau sur la
première bobine et on le force à passer dans le second
trou, et ainsi de suite.

Les métaux s'écrouissent pendant cette opération,
comme pendant le laminage, et, de temps en temps, on
est obligé de les recuire pour leur rendre leur ductilité
primitive.

Au point de vue de la ductilité, les métaux usuels
peuvent être rangés dans l'ordre suivant :

Or,	Cuivre,
Argent,	Zinc,
Platine,	Étain,
Aluminium,	Plomb.
Fer.	

145. Ténacité des métaux. — La ténacité des métaux est la propriété qu'il possèdent de résister à des efforts assez considérables sans se rompre. On peut représenter la ténacité du métal par le nombre de kilogrammes, dont il faut charger un fil de 1 millimètre carré de section pour en déterminer la rupture. On a trouvé les nombres suivants :

Nickel....	80	kilogrammes.	Or.........	16,5	kilogrammes.
Fer	62,3	—	Zinc	12,4	—
Cuivre ...	34,4	—	Étain	3,9	—
Platine...	31,2	—	Plomb.....	2,4	—
Argent...	21,1	—			

146. Dureté des métaux. — Les métaux peuvent être considérés au point de vue de leur dureté ou de la facilité avec laquelle ils rayent certains corps et sont rayés par eux.

Le chrome raye et coupe le verre.

Le fer, le nickel et le zinc sont rayés par le verre, mais rayent le spath d'Islande ou carbonate de chaux.

Le platine, le cuivre, l'or, l'argent, l'étain sont rayés par le carbonate de chaux.

Le plomb est rayé par l'ongle.

Le potassium et le sodium peuvent être pétris entre les doigts.

Le mercure est liquide à la température ordinaire.

147. Fusibilité des métaux. — Tous les métaux, à l'exception de l'osmium, ont été fondus.

Le tableau suivant indique leur point de fusion :

TEMPÉRATURE DE FUSION

Mercure	— 39°	Aluminium..	tempér. rouge?
Potassium...........	+ 55°	Argent.......	1000° (rouge vif).
Sodium.............	00°	Cuivre.......	1150°
Étain	228°	Or	1200°
Plomb	330°	Fer forgé....	1500°
Zinc	450°	Platine......	2000°

148. Volatilité. — Il n'est aucun métal qui soit absolument fixe. Tous ont pu être volatilisés; le platine lui-même l'a été par Henri Sainte-Claire Deville.

CLASSIFICATION

149. Les métaux ont été groupés en six classes par Thénard, qui a fondé sa classification sur l'affinité de ces corps pour l'oxygène.

Cette affinité peut être appréciée par trois caractères :

1º Par la manière dont les métaux se comportent aux différentes températures, en présence de l'oxygène et de l'air. Le potassium et le sodium s'oxydent rapidement en présence de l'air sec. L'or, le platine et l'argent résistent à l'oxydation à toutes les températures. Les autres métaux s'oxydent, soit lentement à l'air humide, soit rapidement aux températures élevées.

2º Par la facilité plus ou moins grande avec laquelle la chaleur décompose les oxydes métalliques.

3º Par l'action que les métaux exercent aux diverses températures sur l'eau, soit en présence des acides, soit en présence des bases.

Depuis Thénard, les propriétés des différents métaux ont été mieux étudiées et on a dû modifier la classification qu'il en avait faite. Nous adopterons celle que Debray a donnée dans son *Traité de chimie* pour les métaux les plus connus et nous la résumerons dans le tableau suivant, où les noms des métaux les plus importants sont imprimés en caractères plus gros.

PREMIÈRE FAMILLE. — MÉTAUX COMMUNS.					DEUXIÈME FAMILLE. — MÉTAUX INTERMÉDIAIRES.	TROISIÈME FAMILLE. — MÉTAUX PRÉCIEUX.	
Ils s'oxydent à une température plus ou moins élevée. Leurs oxydes sont irréductibles (du moins complètement) par la chaleur seule.					Ils ne s'oxydent pas sensiblement à l'air ; leurs oxydes sont irréductibles par la chaleur et même par le charbon et l'hydrogène seuls.	Leurs oxydes se décomposent facilement par la chaleur et le métal est régénéré.	
1re SECTION.	2e SECTION.	3e SECTION.	4e SECTION.	5e SECTION.	6e SECTION.	7e SECTION.	8e SECTION.
Ils décomposent l'eau à la température ordinaire.	Ils décomposent l'eau vers 100°.	Ils décomposent l'eau vers le rouge et à froid en présence des acides énergiques.	Ils décomposent l'eau au-dessus du rouge, mais pas à froid en présence des acides énergiques. Leur tendance à former des oxydes acides fait qu'ils décomposent l'eau en présence des bases énergiques.	Ils ne décomposent l'eau qu'à une température très élevée et encore très faiblement. Ils ne la décomposent ni en présence des bases, ni en présence des acides énergiques.		Ils s'oxydent à une température peu élevée ; mais une tempér. plus élevée réduit l'oxyde formé.	Ils sont inaltérables à toutes les températures.
Potassium. Sodium. Lithium. Cæsium. Rubidium. } Métaux alcalins. Baryum. Strontium. Calcium } Métaux Alcalino-terreux.	Magnésium. Manganèse.	Fer. Nickel. Cobalt. Chrome. Zinc. Vanadium. Uranium. Thallium.	Tungstène. Molybdène. Osmium. Tantale. Etain. Titane. Antimoine.	Cuivre. Plomb. Bismuth.	Aluminium. Glucinium.	Mercure. Palladium. Rhodium. Ruthenium.	Argent. Platine. Or. Iridium.

CHAPITRE IX

Actions de l'oxygène, du soufre, du chlore et des acides sulfurique, chlorhydrique et azotique sur les métaux. — Oxydes. — Sulfures, chlorures et sels importants par leurs applications.

150. Action de l'oxygène et de l'air secs. — L'oxygène n'a d'action, *à froid*, que sur le potassium; tous les autres résistent à son action comme à celle de l'air. Mais, à une température élevée, tous les métaux s'oxydent, en présence de l'oxygène sec ou de l'air sec, à l'exception toutefois de l'or, de l'argent et du platine.

En général, l'absorption de l'oxygène est accompagnée d'un dégagement de chaleur plus ou moins considérable, qui se manifeste quelquefois par une vive incandescence; tel est le cas du zinc qui, chauffé dans un creuset ouvert, brûle avec flamme; de l'antimoine qui, coulé dans l'air, rejaillit sur le sol en gouttelettes incandescentes, brûlant avec éclat et produisant des fumées d'oxyde d'antimoine.

Pour que la combustion soit complète, il faut qu'il y ait toujours contact entre l'oxygène et le métal, ce qui arrive lorsque celui-ci est volatil, comme le zinc, ou lorsque son oxyde, facilement fusible, se détache de lui-même et met constamment sa surface à nu. Ce dernier cas se présente dans la combustion vive du fer au milieu de l'oxygène.

151. Action de l'oxygène humide. — L'oxygène humide n'exerce d'action, à la température ordinaire, que sur les métaux de la première section, qui ont la propriété de décomposer l'eau à froid pour se combiner, avec son oxygène. Il n'a d'action sur les autres métaux que lorsqu'il renferme des acides; la présence des plus dilués suffit pour déterminer l'oxydation. Dans ce cas, le métal s'oxyde d'autant plus facilement que l'oxyde, qui tend à se former, a plus d'affinité pour l'acide.

152. Action de l'air humide. — A l'exception de l'or, de l'argent et du platine, tous les métaux s'oxydent à l'air humide.

Le gaz carbonique que renferme l'air est la cause déterminante de l'oxydation. Le fer, par exemple, qui s'oxyde si facilement dans l'air humide, ne s'oxyde pas dans l'eau privée d'acide carbonique. Il ne s'altère même pas dans l'eau ordinaire, lorsqu'elle contient une matière capable de fixer cet acide. On sait que dans les savonneries les instruments en fer restent parfaitement brillants, parce qu'ils sont ordinairement plongés dans des liquides contenant en dissolution des alcalis qui se combinent à l'acide carbonique.

Les fabricants de glaces, lorsqu'ils ne travaillent pas, préservent les plaques de fonte dont ils se servent dans l'étamage, en les recouvrant d'une bouillie de chaux capable d'absorber l'acide carbonique et de détourner son action.

Pour certains métaux, l'oxydation n'est jamais profonde : tels sont, par exemple, le zinc, le plomb, le cuivre, qui se recouvrent, à l'air humide, d'une couche adhérente de carbonate hydraté de zinc, de cuivre ou de plomb. Cette couche agit alors comme un vernis protecteur et les préserve d'une oxydation plus profonde.

Pour le fer, au contraire, non seulement l'oxyde formé est perméable, non adhérent et ne protège pas le métal; mais il se crée une action secondaire qui fait que l'oxydation, d'abord lente à se produire, se propage avec rapidité, dès qu'elle est commencée. L'oxygène de l'air, en présence du gaz carbonique, oxyde le fer qui tend à se transformer en carbonate de protoxyde. Mais ce carbonate se transforme bientôt lui-même en sesquioxyde de fer, ou *rouille*, qui forme, avec le fer encore métallique, un couple voltaïque dans lequel le métal joue le rôle de pôle négatif. Ce couple décompose l'eau, dont l'oxygène s'unit au fer. Quant à l'hydrogène naissant, il se dégage ou se combine pour former de l'ammoniaque. C'est ce qui explique la présence de ce dernier corps dans la rouille qui recouvre le fer.

153. Moyens de préserver les métaux de l'oxydation. — L'importance et le grand nombre des applications industrielles des métaux, et surtout du fer, ont fait rechercher les moyens de les préserver de l'oxydation.

On recouvre le fer et le cuivre d'une couche d'étain, métal moins oxydable et moins attaquable par les acides. Le fer recouvert d'étain est appelé *fer-blanc* ou *fer étamé*.

Il y a deux sortes d'étamages : le premier, qu'on dit brillant, pour lequel on n'emploie que de l'étain pur; le second, qui est terne, est fait avec un alliage formé de 1/4 d'étain et de 3/4 de plomb. Voici comment sont fabriquées les lames de fer-blanc livrées au commerce :

On prend des lames de fer rectangulaires, appelées *bidons;* on les chauffe à une température intermédiaire entre le blanc et le rouge cerise, et on les lamine. Après un premier laminage, les bords, qui sont *criqués*, sont régularisés à la cisaille; puis on procède au *dérochage*, qui a pour but de dissoudre l'oxyde formé à la surface des lames de tôle par l'action de l'air et de la température à laquelle elles ont été portées. Ce dérochage se fait en les plongeant dans un bain d'eau acidulée avec 1/4 d'acide chlorhydrique. Au bout de cinq minutes environ, on les retire pour les mettre dans des bâches métalliques, que l'on ferme hermétiquement et que l'on introduit dans un four. Après un séjour qui varie de six à trois heures, suivant le mode de chauffage, on les retire et on les polit en les faisant passer cinq ou six fois sous des cylindres lamineurs travaillés avec le plus grand soin. Après les avoir recuites et décapées encore une fois, on les trempe sans les sécher dans un bain de suif, qui a pour effet de détacher du métal la couche d'air adhérente à sa surface. Elles sont alors plongées dans un premier bain d'étain fondu, où elles restent deux minutes environ; puis elles passent dans un second bain d'étain, qui est moins chaud que le précédent. A la sortie de ce bain, chaque lame est déjà recouverte d'une certaine épaisseur d'alliage; on enlève l'excès d'étain avec une brosse de laine, et on achève l'étamage en les plongeant, sans les y laisser séjourner, dans un bain d'étain qui n'a pas encore servi; ensuite on les fait égoutter dans un bain de suif. Mais, dans cet égouttage, l'étain s'accumule à la partie inférieure de chaque lame et forme un bourrelet que l'on fait disparaître en le fondant dans un bain d'étain, profond seulement de 7 à 8 millimètres. Enfin on enlève la couche de suif, qui reste à la surface des lames, en les passant dans des caisses remplies de son.

On fabrique aussi, pour les besoins de l'industrie, du fil de fer que l'on recouvre d'une couche de zinc et qu'on appelle *fer galvanisé*.

La galvanisation se fait de la manière suivante : le fil de fer se déroule d'une bobine et passe dans un bain d'acide sulfurique étendu, puis dans un bain de chlorhydrate d'ammoniaque où il achève de se décaper. A la sortie de ces bains de décapage, il traverse un bain de zinc fondu, à la surface duquel on a mis une couche de petits morceaux de coke pour empêcher que le métal en fusion ne s'enflamme. Le fer s'allie au zinc, et à la sortie du bain s'enroule sur une bobine.

154. Souvent aussi la tôle de fer est, dans le même but, recouverte de zinc. On l'appelle alors *fer galvanisé*. Ce dernier est supérieur au fer-blanc, parce que, dans le fer-blanc, le fer et l'étain forment un couple voltaïque dans lequel le fer est l'élément oxydable. Aussi, lors-

qu'en coupant une lame de fer-blanc on a mis quelques points du fer en contact avec l'air, on voit ce métal s'altérer rapidement. Le fer galvanisé résiste mieux, parce que, dans le couple voltaïque formé par le fer et le zinc, c'est ce dernier qui est l'élément oxydable.

C'est aussi pour les garantir de l'oxydation que l'on recouvre d'émail certains ustensiles de ménage en fer ou en fonte, que l'on recouvre de plombagine la fonte et le fer, que l'on peint le fer avec du minium.

155. **Propriétés des oxydes métalliques.** — Les oxydes métalliques sont tous solides à la température ordinaire, tous inodores, excepté l'acide osmique; d'une couleur variable, d'une densité plus grande que celle de l'eau, ordinairement insolubles dans l'eau, à l'exception des oxydes des métaux de la première section, de la magnésie, des oxydes de plomb et d'argent.

156. **Actions des principaux métalloïdes.** — Quelques oxydes peuvent, lorsqu'on les chauffe au con-

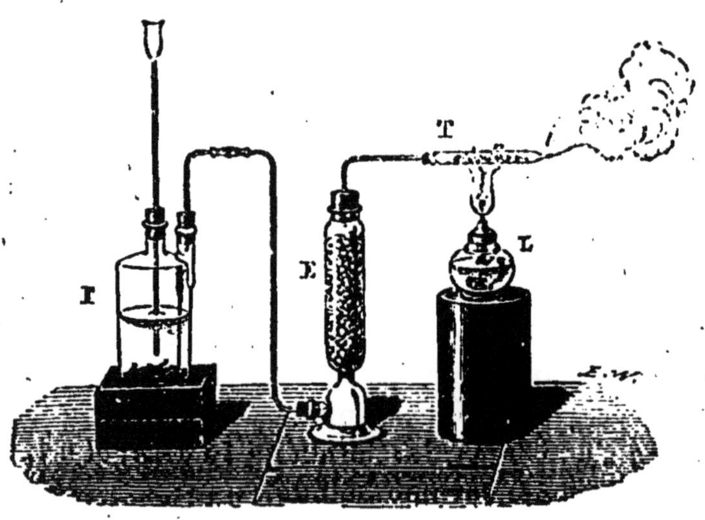

Fig. 11. — Décomposition de l'oxyde de cuivre par l'hydrogène.

tact de l'air, se suroxyder avec incandescence : tels sont le protoxyde de fer (FeO), qui passe à l'état d'oxyde magnétique (Fe^3O^4); le protoxyde d'étain, qui est brun et qui passe à l'état de bioxyde blanc (SnO^2).

157. L'hydrogène décompose les oxydes des métaux des quatre dernières sections, forme de l'eau avec leur oxygène, et le métal est mis à nu.

Si l'on fait arriver de l'hydrogène sec sur de l'oxyde de cuivre en poudre contenu dans un tube à extrémité effilée (fig. 41), et qu'après l'expulsion de l'air de l'appareil on chauffe le tube avec une lampe à alcool, on voit aussitôt de la vapeur d'eau sortir du tube et l'oxyde de cuivre, qui était noir, prendre la couleur rouge du cuivre.

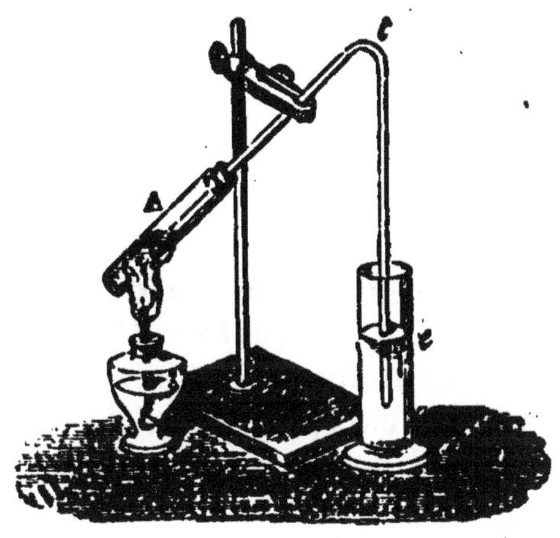

Fig. 42. — Décomposition de l'oxyde de cuivre par le charbon.

Le sesquioxyde de fer réduit dans les mêmes circonstances se transforme en fer *pyrophorique* qui, projeté dans l'air, s'oxyde instantanément avec incandescence.

Fig. 42 *bis*. — Décomposition de l'oxyde de zinc par le charbon.

158. Le charbon a, plus que l'hydrogène encore, la propriété de réduire les oxydes métalliques; la plupart d'entre eux ne peuvent échapper

à son action réductrice, que subissent même la potasse et la soude. Les produits de la réaction sont :

1° L'anhydride carbonique, lorsque l'oxyde est facile à réduire, comme l'oxyde d'argent et l'oxyde de cuivre;

2° L'oxyde de carbone, lorsque l'oxyde est difficile à réduire et qu'il exige une température élevée. L'oxyde de zinc est dans ce cas. La figure 42 *bis* montre l'appareil employé pour le réduire. C'est une cornue en grès contenant le mélange d'oxyde de zinc et de charbon. Elle est chauffée dans un fourneau à réverbère. *a* est une allonge, où se condense du zinc métallique; *t* un tube abducteur, par lequel se dégage l'oxyde de carbone.

159. Le soufre décompose, à chaud, les oxydes métalliques, à l'exception de l'alumine et du sesquioxyde de chrome. Il donne naissance à des sulfures et à des sulfates.

160. Le chlore les décompose aussi et produit des chlorures, des chlorates et des hypochlorites, suivant les cas.

161. **Classification des oxydes.** — On divise les oxydes en cinq classes :

1° Les oxydes *basiques* qui, comme la potasse, la soude, le protoxyde de fer, etc., s'unissent aux acides pour former des sels;

2° Les *oxydes acides* qui, comme le bioxyde d'étain, l'acide chromique, jouent le rôle d'acides vis-à-vis des bases et se combinent avec elles pour former des sels;

3° Les *oxydes indifférents*, qui peuvent jouer le rôle de base ou d'acide. Ainsi l'alumine, vis-à-vis de la soude, joue le rôle d'acide et forme avec elle l'aluminate de soude; vis-à-vis de l'acide sulfurique, elle joue le rôle de base et forme avec lui le sulfate d'alumine;

4° Les *oxydes singuliers*, qui ne se combinent ni avec les acides ni avec les bases. Mis en présence des acides forts, ils perdent de l'oxygène et se transforment en protoxydes basiques, qui se combinent à l'acide; mis en présence des bases, ils se suroxydent et se transforment en oxydes acides, qui se combinent à la base. Tel est le bioxyde de manganèse qui, chauffé avec l'acide sulfurique, donne du sulfate de protoxyde de manganèse et de l'oxygène :

$$MnO^2 \quad + \quad SO^4H^2 \quad = \quad SO^4Mn \quad + \quad O \quad + \quad H^2O$$

Bioxyde   Acide   Sulfate   Oxygène.   Eau.
de manganèse.   sulfurique   de protoxyde
          hydraté.   de manganèse.

Chauffé avec de la potasse, il se suroxyde et donne du manganate de potasse (MnO^4K^2) ;

5° Les oxydes *salins*, que l'on peut regarder comme le résultat de la combinaison d'un oxyde basique et d'un oxyde acide.

Exemple :

Oxyde magnétique de fer : $Fe^3O^4 = FeO,Fe^2O^3$.
Minium : $Pb^3O^4 = (2PbO),PbO^2$.

162. Préparation. — Les oxydes métalliques se préparent :

1° *Par l'oxydation du métal.* — Exemple : Oxydes de zinc, de plomb ;

2° *Par la décomposition d'un sel par voie sèche.* — Exemples : La chaux se prépare en décomposant par la chaleur le carbonate de chaux; l'oxyde de cuivre peut se préparer en décomposant son azotate;

3° *Décomposition d'un sel par voie humide.* — On obtient plusieurs oxydes métalliques en les déplaçant, par une autre base, de leurs sels dissous dans l'eau. Si l'on verse de la potasse dans une dissolution de sulfate de cuivre, il se forme du sulfate de potassium et il se précipite de l'oxyde de cuivre.

OXYDES MÉTALLIQUES IMPORTANTS AU POINT DE VUE DE LEURS APPLICATIONS

163. Potasse anhydre ou protoxyde de potassium (K^2O). — On peut obtenir le protoxyde de potassium en faisant brûler du potassium dans une quantité convenable d'oxygène parfaitement sec : si l'oxygène était en excès, il se formerait du peroxyde de potassium. Le protoxyde de potassium anhydre est blanc grisâtre : il entre en fusion au rouge et se volatilise à une température très élevée.

164. Potasse hydratée ou hydrate de potassium. — Le corps auquel on donne le nom de *potasse*, est un hydrate de potassium, corps solide, blanc, se présentant ordinairement sous forme de plaquettes. Il est très soluble dans l'eau; la dissolution de ce corps est ordinairement accompagnée de chaleur, parce qu'il se forme alors un nouvel hydrate que l'on peut obtenir par cristallisation en faisant dissoudre le monohydrate dans une petite quantité de potasse et laissant refroidir. Les cristaux qui se déposent ont pour formule $(KHO + 2H^2O)$.

La potasse fond au-dessous du rouge; la chaleur peut lui enlever une partie de son eau, mais le dernier équivalent reste, quelle que soit la température employée.

La potasse constitue une base énergique, très caustique, capable de ronger les chairs : son affinité pour l'eau en fait un corps très déliquescent, qui se transforme rapidement à l'air en carbonate de potassium.

165. Préparation. — On prépare la potasse en traitant par la chaux une dissolution bouillante de carbonate de potassium. Le carbonate est décomposé : il se forme du carbonate de calcium insoluble, et la potasse reste dissoute. On évapore la liqueur filtrée et on a comme résidu la potasse dite *potasse à la chaux*. En cet état, elle contient des sels étrangers, des chlorures, des sulfates qui se trouvaient dans le carbonate employé, et un peu de carbonate qui s'est formé pendant l'évaporation à l'air. Pour l'avoir plus pure, on la dissout dans l'alcool, qui ne dissout pas les corps étrangers, et l'évaporation de la liqueur alcoolique donne comme résidu la potasse pure, dite *potasse à l'alcool*.

166. Usages. — La potasse caustique sert en médecine, sous le nom de *pierre à cautère*. On lui donne alors la forme de baguettes, en la coulant dans un moule semblable à celui que représente la figure 43. A l'état de dissolution obtenue par la précipitation du carbonate de potasse par la chaux, elle sert à la fabrication des savons mous.

Elle est souvent employée dans les laboratoires pour précipiter les oxydes métalliques.

Fig. 43. — Moule à couler la potasse.

167. Soude anhydre protoxyde de sodium (Na^2O). — Ses propriétés et sa préparation sont les mêmes que celles du protoxyde de potassium.

168. Soude hydratée ou hydrate de sodium $(NaHO)$. — On prépare ce corps comme l'hydrate de potassium. Ses propriétés sont à peu près les mêmes.

169. Chaux vive (CaO). — Le protoxyde de calcium ou *chaux vive* s'obtient par la décomposition au rouge du carbonate de calcium. Il est peu soluble dans l'eau, avec laquelle il se combine en dégageant de la chaleur et en formant un hydrate. Nous en verrons les applications en étudiant les chaux industrielles.

170. Chaux hydratée (CaH^2O^2). — On obtient la chaux hydratée en délayant de la chaux vive dans l'eau : on obtient ainsi un *lait de chaux*. Une partie de la chaux se dissout et en laissant déposer le lait de chaux, on a une liqueur limpide, qu'on appelle *eau de chaux* et qui est employée dans les laboratoires et en pharmacie.

En mélangeant à parties égales de l'eau de chaux et de

l'huile d'olive, on peut préparer soi-même le *liniment oléo-calcaire* très efficace contre les brûlures. Il suffit d'en recouvrir la partie brûlée et d'appliquer un tampon d'ouate.

L'eau de chaux doit être conservée en flacons bouchés, afin d'éviter l'action de l'air dont l'anhydride carbonique agirait sur la chaux et formerait du carbonate de calcium.

La chaux hydratée perd son eau sous l'influence de la chaleur, tandis que la potasse et la soude hydratées la conservent. C'est un caractère qui distingue les métaux *alcalins* des métaux *alcalino-terreux*. Voir le *Tableau de classification des métaux* (149).

171. Protoxyde de baryum ou baryte (BaO). — La baryte est un protoxyde de baryum qui sert à extraire l'oxygène de l'air. Voir *Cours de 1re année* (35). C'est un corps solide, blanc grisâtre, que l'on obtient en chauffant au rouge de l'azotate de baryum. Il forme un hydrate (BaO, 5H²O).

172. Protoxyde de magnésium ou magnésie (MgO). — La magnésie est un corps blanc que l'on obtient en calcinant au-dessous du rouge la *magnésie blanche* des pharmaciens ou *hydrocarbonate* de magnésie. C'est un corps blanc, infusible même dans la flamme du chalumeau oxhydrique, un peu soluble dans l'eau. Elle forme un hydrate (MgO, H²O).

Quand elle a été légèrement calcinée, elle sert à combattre les empoisonnements par l'acide arsénieux et les aigreurs d'estomac.

173. Sesquioxyde d'aluminium ou alumine (Al²O³). — L'aluminium forme, avec l'oxygène, un sesquioxyde appelé *alumine.*

L'alumine pure est blanche; elle constitue une poudre légère, qui happe à la langue. L'alumine est indécomposable par la chaleur et par le charbon seul; un mélange d'alumine et de charbon chauffé au rouge se décompose par un courant de chlore et donne du chlorure d'aluminium anhydre. L'alumine est difficilement soluble dans les acides : hydratée, elle s'y dissout facilement; avec la potasse, la soude et la baryte elle forme des aluminates solubles. Elle a une grande affinité pour les matières colorantes, avec lesquelles elle forme des composés insolubles, appelés *laques*. Pour montrer cette affinité, on peut faire bouillir une décoction de cochenille avec de l'alumine en gelée obtenue en précipitant par l'ammoniaque un sel soluble d'alumine, l'alun par exemple. Si l'on filtre ensuite la liqueur, qui était rouge de carmin avant l'ébullition, elle passe incolore et on recueille sur le filtre une laque rouge formée d'alumine et de carmine.

A l'état de pureté, l'alumine est assez rare dans la nature; cristallisée et incolore, elle constitue la pierre précieuse appelée *corindon;* colorée par des oxydes métalliques, elle constitue le *rubis*, qui est rouge de feu, la *topaze orientale*, qui est jaune, le *saphir oriental*, qui est bleu, l'*améthyste orientale*, qui est pourpre ou violette.

L'*émeri* n'est autre que du corindon pulvérisé.

On prépare l'alumine en précipitant l'alun (sulfate double d'aluminium et de potassium) par le carbonate d'ammoniaque. On obtient un précipité gélatineux d'hydrate d'alumine.

Les sels d'alumine sont employés en teinture.

174. Oxydes de fer. — Les principaux oxydes de fer sont : 1° le *protoxyde de fer* ou *oxyde ferreux*, qui entre dans la composition de la *couperose verte* ou *sulfate ferreux;* 2° le *sesquioxyde anhydre* ou *fer oligiste* (Fe^2O^3), que l'on trouve cristallisé dans la nature; 3° l'*ocre rouge*, qui est du sesquioxyde de fer non cristallisé; 4° l'*hématite rouge*, qui est du sesquioxyde de fer fibreux; 5° l'*hématite brune*, la *limonite*, le *fer oolithique*, qui sont des hydrates de sesquioxyde de fer $2(Fe^2O^3), 3H^2O$; 6° l'*oxyde magnétique* de fer (Fe^3O^4) qui forme la pierre d'aimant.

A l'exception de l'oxyde ferreux, tous ces oxydes naturels sont employés comme minerais de fer.

175. Oxyde de zinc (ZnO). — Le zinc chauffé au contact de l'air se convertit en protoxyde de zinc, qui se répand dans l'air en flocons légers. Cet oxyde a été

Fig. 44. — Fabrication du blanc de zinc.

désigné sous le nom de *nihil album, pompholix, lana philosophica*. La grande combustibilité du zinc est mise à profit par les artificiers : les étoiles brillantes projetées dans l'air par les chandelles romaines sont dues à la combustion vive du zinc pulvérulent; cette combustion est rendue plus active par l'oxygène, que lui cède le salpêtre qui est mélangé avec lui.

L'oxyde de zinc est connu dans le commerce sous le nom de *blanc de zinc*; il est employé en peinture et remplace souvent le blanc de plomb ou carbonate de plomb.

Il se fabrique par l'oxydation directe du zinc chauffé à une température suffisante. La figure 44 représente les appareils employés à Asnières par la compagnie de la Vieille-Montagne. Des cornues A sont disposées dans un fourneau : on les emplit de zinc. Le métal fond et se vaporise; la vapeur, en arrivant à l'ouverture de la cornue, y rencontre un courant d'air qui l'oxyde; une partie de l'oxyde retombe en D, mais la plus grande partie est emportée dans des chambres qu'il traverse en serpentant, et où il se dépose si bien que l'air qui s'échappe n'en emporte que des quantités minimes.

L'oxyde de zinc a, sur le blanc de plomb, l'avantage de ne pas noircir, à l'air, au contact des émanations sulfureuses; cela tient à ce que le sulfure de zinc est blanc, tandis que le sulfure de plomb est noir. Il n'a pas les propriétés vénéneuses du blanc de plomb. La peinture au blanc de zinc peut remplacer la peinture au blanc de plomb pour l'intérieur des bâtiments; mais pour l'extérieur elle paraît lui être inférieure.

176. Bioxyde de manganèse (MnO^2). — Le bioxyde de manganèse est un corps noir que l'on trouve dans la nature. Il sert à la préparation de l'oxygène et surtout à celle du chlore.

177. Oxydes d'étain. — Quand on chauffe de l'étain fondu à l'air, la surface du bain liquide se recouvre d'une poussière grise, qu'on appelle *crasse d'étain* et qui est un mélange de protoxyde (SnO) et de bioxyde (SnO^2). Le bioxyde d'étain calciné est employé pour donner de l'opalescence aux verres; il entre dans la composition des émaux et du vernis de la faïence. La *potée* d'étain, dont on se sert pour polir les objets durs, est du bioxyde d'étain que l'on prépare en calcinant à l'air de l'étain, ou mieux un alliage d'étain et de plomb, qui est plus facile à oxyder.

178. Protoxyde de plomb (PbO). — Il est connu dans le commerce sous les noms de *massicot* et de *litharge*.

Le massicot se produit quand on chauffe au contact de l'air le plomb liquéfié; c'est un oxyde jaune, très fusible : chauffé dans un creuset de terre, il s'unit à la silice et à l'alumine de ses parois, et forme à la surface de celles-ci un enduit vitreux très éclatant. Le creuset se perce souvent pendant cette réaction. Le massicot, qui a subi la fusion et se trouve cristallisé en petites lames, s'appelle *litharge*. Sa couleur est jaune rougeâtre. La litharge sert à la préparation des sels de plomb; elle entre dans la composition de quelques verres; elle est la base des emplâtres pharmaceutiques. On prépare avec elle plusieurs couleurs jaunes, qui sont employées dans la peinture à l'huile.

L'une d'elles est connue sous le nom de *jaune minéral;* c'est un composé de chlorure et d'oxyde de plomb, que l'on obtient en fondant de la litharge, du minium ou de la céruse avec du sel marin ou du sel ammoniac. Il y en a plusieurs variétés connues sous les noms de *jaune de Turner, jaune de Kassler* ou *de Cassel, jaune de Paris, jaune de Vérone.*

Le *jaune de Naples* est une combinaison d'acide antimonique et d'oxyde de plomb, obtenue en calcinant à l'air un mélange de plomb et d'antimoine.

179. **Minium** (Pb^3O^4). — Le minium est le résultat de l'oxydation du massicot. Pour le fabriquer, on transforme d'abord le plomb en massicot en le fondant dans un fourneau à réverbère, où il s'oxyde. Puis, après avoir séparé le métal non oxydé de l'oxyde par un broyage entre deux meules sous un courant d'eau, on met le massicot dans des caisses couvertes en tôle, et on le soumet à l'action de l'air à une température inférieure à celle à laquelle le plomb s'est oxydé. Il se suroxyde et se transforme en une substance rouge, appelée *minium :* on a du minium à un, à deux, à trois, à cinq, à huit feux, suivant qu'il a été calciné un nombre de fois plus ou moins grand.

Le minium est, en raison de sa belle couleur, employé

pour colorer les papiers de tenture, les cires molles et les cires à cacheter. Il sert à la fabrication du stras, du cristal, du flint-glass : on l'emploie pour le vernis des poteries communes. Avec l'huile et la céruse, il forme un mastic rouge qui est employé pour luter les joints des machines à vapeur, des chaudières, des pompes.

180. Oxyde de cuivre (CuO). — C'est un corps noir que l'on obtient en chauffant du cuivre à l'air. Il est employé en verrerie pour colorer les verres en rouge.

ACTION DU SOUFRE SUR LES MÉTAUX.
SULFURES MÉTALLIQUES

181. Le soufre sec n'agit pas sur les métaux à la température ordinaire ; mais, chauffé, il se combine avec eux, et souvent même il y a dégagement de chaleur, comme nous l'avons vu à propos du cuivre.

En présence de l'eau, la combinaison du soufre et du métal se fait à la température ordinaire. Ainsi, deux parties de limaille de fer et une partie de fleur de soufre, mélangées avec un peu d'eau tiède, se combinent bientôt avec dégagement de chaleur et avec vaporisation de l'eau introduite dans la pâte.

182. Propriétés. — Les sulfures métalliques sont solides ; ils sont cassants ; la plupart d'entre eux sont opaques, et conduisent mal la chaleur et l'électricité. Presque tous sont doués de l'éclat métallique ; la *blende* (sulfure de zinc) et le *cinabre* (sulfure de mercure) sont dépourvus de l'éclat métallique et sont transparents.

Les sulfures sont en général colorés : le sulfure de fer, ou *pyrite*, est jaune ; le sulfure de mercure, ou *cinabre*, est rouge ; le sulfure de plomb, ou *galène*, est d'un gris noirâtre. Leur couleur varie du reste avec l'état moléculaire : c'est ainsi que le sulfure de zinc naturel est jaune brun, tandis que celui que l'on obtient par l'action d'un sulfure alcalin sur un sel de zinc est blanc sale; le sulfure d'antimoine obtenu par l'action de l'acide sulfhydrique sur un sel d'antimoine est jaune orangé, tandis que le sulfure naturel est gris.

Les sulfures sont insolubles dans l'eau, à l'exception des sulfures des métaux alcalins, alcalino-terreux et du sulfure de magnésium.

La chaleur peut fondre les sulfures. Certains d'entre eux, les sulfures de mercure et d'arsenic par exemple, se volatilisent sans se décomposer. A l'exception du sulfure d'argent, les sulfures des métaux précieux se décomposent au rouge vif. Les sulfures des métaux communs sont ordinairement ramenés à un degré de sulfuration moindre.

L'oxygène agit sur les sulfures; le résultat de cette action dépend de la stabilité des corps qui peuvent se former :

1° Au contact de l'air et de l'oxygène, et à une température élevée, les sulfures capables de donner des sulfates indécomposables par la chaleur se transforment en sulfates. Tels sont les sulfures des métaux alcalins et alcalino-terreux et le sulfure de magnésium.

2° Les sulfures des métaux ordinaires donnent, en présence de l'air et de l'oxygène, à une température peu élevée, un mélange de sulfate et d'oxyde, en même temps qu'un dégagement d'anhydride sulfureux. A une température plus élevée, le sulfate lui-même se décompose et on n'obtient que l'oxyde. Tels sont les sulfures de fer et de cuivre.

L'oxygène humide agit plus énergiquement que l'oxygène sec; le sulfure de fer, par exemple, se transforme à l'air humide en sulfate de fer. La réaction se fait avec un dégagement de chaleur tel qu'elle peut déterminer l'inflammation de la houille, au milieu de laquelle le sulfure se trouve quelquefois disséminé. Les sulfures alcalins et alcalino-terreux se transforment à l'air humide en hyposulfites.

183. Préparation des sulfures. — 1° On peut chauffer directement le soufre avec le métal (sulfures de fer et de cuivre).

2° On peut décomposer un sulfate par le charbon (sulfures de potassium, de sodium et de baryum).

3° On peut faire agir l'acide sulfhydrique sur les sels dissous dans l'eau (sulfures de cuivre, d'argent, de plomb, d'étain, etc.); ou bien un sulfure alcalin sur un sel (sulfures de fer, de zinc, etc.).

184. Classification des sulfures. — Les sulfures peuvent être divisés en sulfures *basiques, acides, salins* et *singuliers.*

Les sulfures des métaux alcalins et alcalino-terreux peuvent être considérés comme des sulfures basiques. Mis en présence des sulfures acides, formés par le soufre et les métaux qui donnent des oxacides, ils se combinent avec ces sulfures acides pour former des *sulfosels* analogues aux *oxysels* et n'en différant que par la substitution du soufre à l'oxygène. Le sulfure d'or se dissout dans le potassium.

L'or, le platine, l'étain et l'antimoine produisent des sulfures acides.

Parmi les sulfures salins nous citerons les sulfures de fer Fe^3S^4 et le sulfure double d'antimoine et d'argent (Ag^3S,Sb^3S^3).

Le bisulfure de fer (FeS^2) est un sulfure singulier.

185. Principaux sulfures. — La nature et les laboratoires nous offrent un grand nombre de sulfures.

Le potassium forme plusieurs sulfures que l'on trouve dans les eaux minérales sulfureuses. La substance appelée *foie de soufre,* dont on se sert pour la préparation des bains sulfureux, est un mélange de sulfure de potassium (KS^5) et de sulfate neutre de potassium.

Le fer forme avec le soufre : 1° le protosulfure de fer (FeS), corps noir que l'on emploie à la préparation de l'hydrogène sulfuré; 2° le bisulfure de fer (FeS^2), ou *pyrite* de fer, que l'on emploie à l'extraction du soufre ou à la préparation de l'anhydride sulfureux dans la fabrication industrielle de l'acide sulfurique (107).

Le zinc forme avec le soufre un sulfure (ZnS) que l'on trouve dans la nature et qu'on appelle *blende*. C'est de la blende qu'on extrait le zinc.

L'étain forme deux sulfures, le protosulfure (SnS) et le bisulfure d'étain (SnS^2). Ce dernier a une couleur jaune d'or, il est onctueux. On l'appelle aussi *or mussif*. Il sert à bronzer le plâtre et le bois. On s'en servait autrefois pour enduire les coussins des machines électriques.

Le protosulfure de plomb (PbS) est un corps que l'on trouve dans la nature et auquel on a donné le nom de *galène*. Il a l'aspect métallique et une couleur grise. C'est de la galène qu'on extrait le plomb.

Le cuivre forme avec le soufre deux sulfures, le sous-sulfure (Cu^{2}S) et le sulfure de cuivre (CuS). Le premier sert de minerai de cuivre ainsi que la pyrite de cuivre, qui est un sulfure double de cuivre et de fer (Cu^{2}S + Fe^{2}S^2).

Le sulfure de mercure (HgS) est un corps rouge, quand il est cristallisé. Il constitue le *cinabre*, qui est le minerai de mercure. Le *vermillon* est une variété de cinabre, que l'on emploie en peinture et que l'on fabrique en chauffant dans un vase en fer du mercure, du soufre et une dissolution de potasse.

Le sulfure d'argent (Ag^{2}S) constitue le principal minerai d'argent. Il est souvent associé dans la nature à la galène et constitue les *galènes argentifères*, dont on extrait aussi l'argent.

ACTION DU CHLORE SUR LES MÉTAUX.
CHLORURES MÉTALLIQUES

186. Tous les métaux sont attaqués par le chlore, à l'exception du platine et de quelques métaux analogues.

La combinaison se fait souvent à froid et produit un dégagement de chaleur considérable. Si l'on introduit de l'antimoine en poudre dans un flacon, il y a combinaison instantanée avec dégagement de chaleur et de lumière.

187. Propriétés des chlorures métalliques. — La plupart des chlorures métalliques sont solides ; quelques-uns, comme le bichlorure d'étain, sont liquides. Leur couleur est variable. Ils sont en général capables de se volatiliser sous l'influence de la chaleur. La plupart sont très solubles ; le chlorure de plomb l'est peu ; le chlorure d'argent et le protochlorure de mercure (calomel) sont insolubles.

L'oxygène décompose quelques-uns d'entre eux par suite de son affinité pour le métal.

L'hydrogène peut en décomposer un certain nombre par suite de son affinité pour le chlore.

188. Préparation. — Les chlorures métalliques peuvent se préparer soit par l'action du chlore, soit par celle de l'acide chlorhydrique sur le métal, sur les oxydes, les sulfures ou les carbonates.

189. Principaux chlorures. — Les principaux chlorures sont le chlorure d'ammonium, le chlorure de potassium, le chlorure de sodium qui sera étudié plus loin, le chlorure de calcium, les chlorures d'étain, d'argent, de mercure et d'or.

Chlorure d'ammonium (AzH^4Cl), ou *chlorhydrate d'ammoniaque* ou *sel ammoniac*. — La fiente et l'urine des chameaux étaient autrefois la seule source de ce sel, qu'on extrait aujourd'hui des eaux de condensation obtenues dans la fabrication du gaz d'éclairage ou bien en transformant le sulfate d'ammoniaque des urines de vidange. Il sert à décaper les surfaces métalliques oxydées et à la préparation de l'ammoniaque.

Chlorure de potassium (KCl). — C'est un corps blanc, qui a la saveur du sel : il est plus soluble dans l'eau que ce dernier. On le trouve en abondance dans les mines de sel gemme de Stassfurt. Il est employé dans la transformation de l'azotate de sodium du Chili en azotate de potassium, dans la fabrication de l'alun. Il sert en agriculture comme engrais.

Chlorure de calcium ($CaCl^2$). — Le chlorure de calcium est un corps déliquescent, très avide d'eau : aussi l'emploie-t-on pour dessécher des gaz. Il sert à la préparation de mélanges réfrigérants. On l'obtient en attaquant le carbonate de calcium par l'acide chlorhydrique.

Chlorure de zinc ($ZnCl^2$). — Le chlorure de zinc, que l'on prépare en dissolvant le zinc dans l'acide chlorhydrique et en évaporant la dissolution, sert comme antiseptique. Il est employé pour désinfecter les fosses d'aisances : mélangé au sel ammoniac, il sert, dans la soudure des métaux, à décaper les surfaces métalliques.

Chlorures d'étain. — Il existe deux chlorures d'étain, le protochlorure d'étain ($SnCl^2$) ou *sel d'étain*, et le bichlorure d'étain ($SnCl^4$). Le premier est un réducteur énergique qui sert, dans l'impression des toiles peintes, pour ronger en certains endroits le sesquioxyde de fer déposé à leur surface et obtenir des dessins blancs sur fond rouille. Il sert aussi à enlever les taches d'encre. Le bichlorure d'étain sert en teinture à l'état de *composition d'étain*, qui est un mélange de protochlorure et de bichlorure : cette composition a pour effet d'aviver la couleur de la cochenille et de la transformer en couleur écarlate.

Chlorures de mercure. — Il y a deux chlorures de mercure : le *protochlorure* ($HgCl$) ou *calomel*, qui est employé en médecine; les Anglais s'en servent beaucoup comme purgatif; le *bichlorure* ($HgCl^2$) ou *sublimé corrosif*, qui est un poison violent. Sa dissolution est employée comme antiseptique, sous le nom de *liqueur de Van S'Wieten*. Il sert aussi à la conservation des pièces anatomiques et à la chloruration des métaux.

Chlorure d'argent (Ag^2Cl). — Le chlorure d'argent est un corps qui se décompose et brunit sous l'influence de la lumière; de là son usage en photographie. L'argent s'extrait de sulfures d'argent, qu'on transforme d'abord en chlorures d'argent.

Chlorure d'or ($AuCl^3$). — Ce corps est le résultat de la dissolution de l'or dans l'eau régale (140). Il sert en chimie à réduire les matières organiques et en photographie dans le tirage des épreuves positives.

ACTION DES ACIDES SULFURIQUE, CHLORHYDRIQUE ET AZOTIQUE SUR LES MÉTAUX USUELS

190. Action de l'acide sulfurique sur les métaux usuels. — A froid l'acide sulfurique attaque le fer, le zinc, le cuivre et le plomb en présence de l'air; mais pas en dehors du contact de l'air. Il donne lieu à un sulfate, et à un dégagement d'hydrogène quand il s'agit du fer et du zinc. A chaud, il attaque tous ces métaux en donnant lieu à de l'anhydride sulfureux et à un sulfate. Il en est de même de l'argent et du mercure qu'il attaque à chaud. Il n'attaque pas l'or. La préparation de l'hydrogène et celle de l'anhydride sulfureux reposent sur ces réactions.

Nous avons vu (104) les propriétés principales des sulfates.

191. Sulfate ferreux $= (SO^4Fe + 7H^2O)$. — Le sulfate ferreux, appelé aussi *vitriol vert*, ou *couperose verte*, est le plus important des sels de fer. On le prépare soit en attaquant par l'acide sulfurique étendu des fragments de fer, soit en oxydant à l'air des argiles pyriteuses. Dans ce dernier cas, lorsqu'au bout de plusieurs mois la transformation du sulfure en sulfate est accomplie, on extrait le sulfate par lixiviation et cristallisation.

Le sulfate ferreux se présente en beaux cristaux verts, solubles dans l'eau. Il s'oxyde à l'air et se recouvre d'une couche de sous-sulfate de sesquioxyde de fer. Chauffé au rouge, le sulfate de fer se décompose en sesquioxyde de fer, en anhydride sulfureux et en acide sulfurique. Cette réaction est utilisée dans la préparation de l'acide de Nordhausen (113). Les dissolutions de sulfate de fer absorbent le bioxyde d'azote. Ce sel est très employé en teinture pour la production des noirs, pour la préparation des cuves d'indigo, pour la fabrication de l'encre ; il sert à la désinfection des fosses d'aisances, etc.

192. Sulfate de zinc (SO^4Zn+7H^2O). — Le sulfate de zinc ou *couperose blanche*, ou *vitriol blanc*, se présente en beaux cristaux blancs, solubles dans l'eau. On le prépare en attaquant le zinc par l'acide sulfurique. Il sert dans l'impression des tissus et en médecine.

193. Sulfate de cuivre (SO^4Cu+7H^2O). — Le sulfate de cuivre ou *vitriol bleu*, ou *couperose bleue*, ou *vitriol de Vénus*, ou *vitriol de Chypre* est le plus important des sels de cuivre.

La plus grande partie du sulfate de cuivre livré au commerce s'obtient en grillant à l'air des sulfures de cuivre, en lessivant ensuite le résidu de ce grillage, qui a transformé le sulfure en sulfate, et en faisant cristalliser les eaux de lavage.

On prépare aussi une grande quantité de sulfate de cuivre de la manière suivante. On prend de vieilles lames de cuivre hors d'usage, on les mouille et on les saupoudre de soufre. Ainsi préparées, elles sont exposées à une chaleur rouge qui les transforme partiellement en sulfure et en sulfate. Chaudes encore, elles sont plongées dans l'eau, qui dissout le sulfate formé ; elles sont ensuite saupoudrées de soufre et soumises à un nouveau traitement. Quant à la dissolution du sulfate, elle est mise à cristalliser.

Enfin, on peut encore fabriquer le vitriol bleu en traitant directement des planures et des rognures de cuivre par l'acide sulfurique, qui, à chaud, les transforme en sulfate.

Le commerce connaît plusieurs sortes de vitriol bleu :

1° Le *vitriol de Chypre*, qui est presque pur ;

2° Le *vitriol mixte de Chypre*, qui est un mélange de sulfate de cuivre et de sulfate de zinc;

3° Le *vitriol de Saltzbourg*, qui est un mélange de sulfate de cuivre obtenu en mélangeant et en dissolvant des quantités déterminées de ces deux sels.

Le sulfate de cuivre entre dans la composition de l'encre; il sert fréquemment en teinture et dans le *chaulage* des blés.

194. Action de l'acide chlorhydrique sur les métaux usuels. — L'acide chlorhydrique attaque à froid le fer, le zinc, le cuivre, l'étain, et donne lieu à un chlorure et à l'hydrogène. A chaud, il n'attaque presque pas le plomb et l'argent : il n'attaque ni l'or ni le platine.

Nous avons étudié les principaux chlorures à propos de l'action du chlore sur les métaux (189).

195. Action de l'acide azotique sur les métaux usuels. — L'acide azotique attaque énergiquement la plupart des métaux, les oxyde et les transforme en azotates avec dégagement des produits oxygénés de l'azote. Avec le cuivre, le plomb, le mercure et l'argent il se dégage du bioxyde d'azote; avec le fer et le zinc, du protoxyde d'azote. Il n'attaque ni l'or ni le platine.

L'acide azotique *monohydraté* n'attaque pas le fer et, quand ce métal y a été plongé, il est devenu inattaquable aussi par l'acide azotique. On dit alors que le fer est devenu *passif*.

Les azotates les plus importants sont : les azotates de potasse et de soude, qui seront étudiés plus tard; l'azotate de mercure, qui sert en chapellerie au *sécrétage* des poils de lièvre et de lapin employés à la fabrication des chapeaux (le sécrétage a pour effet de provoquer dans le poil une torsion, une crispation qui le rend plus apte au travail de la chapellerie); l'azotate d'argent, qui est employé en médecine sous le nom de *pierre infernale*, pour cautériser les plaies. Il est aussi employé en photographie.

CHAPITRE X

Potasses et soudes du commerce. Application au blanchissage. Azotate de potasse et de soude. — Notions sur la nitrification. Applications. — Sel marin. — Sel gemme.

196. Potasses du commerce. — Lorsqu'on fait brûler à l'air des végétaux, on obtient pour résidu une poudre grisâtre qu'on appelle *cendre*. Ce résidu se compose de toutes les substances minérales fixes que les végétaux avaient prises au sol. La composition de ce résidu varie suivant la nature du terrain dans lequel les plantes ont poussé ; celles qui croissent à l'intérieur des terres donnent un résidu riche surtout en sels de potasse ; les plantes marines fournissent des cendres plus riches en sels de soude.

197. Dans le commerce, on désigne sous le nom de *potasse* le carbonate de potasse plus ou moins pur que fournissent les cendres des plantes qui ont végété dans l'intérieur des terres.

L'incinération est pratiquée dans les pays riches en bois, comme la Russie, l'Amérique, la Toscane, et même dans certaines localités de la France. Elle donne un résidu blanc grisâtre composé de différents sels : parmi eux, les uns sont solubles, comme le carbonate de chaux.

Ces cendres sont lessivées à l'eau dans des tonneaux sciés par la moitié. Les liqueurs fournies par le lessivage sont évaporées à siccité et donnent un résidu coloré, désigné sous le nom de *salin*. La coloration du salin est due à la présence de matières organiques charbonneuses, dont on le débarrasse en le calcinant dans des fours que représente la figure 45. Ils se distinguent des fours ordinaires en ce que la flamme du foyer, après en avoir parcouru l'intérieur, sort en avant par la porte où s'effectue le travail de la matière, qu'un ouvrier armé d'une spatule en fer écrase et transforme en petits fragments auxquels on donne le nom de *potasse perlasse.*

198. On désigne sous le nom de *cendres gravelées*, de *védasse*, une variété de carbonate que l'on obtient en

Fig. 45. — Fabrication de la potasse.

décomposant par la chaleur le bitartrate de potasse renfermé dans les lies de vin.

199. La distillation des mélasses fermentées de betteraves donne un résidu, qui contient aussi des sels de potasse et que l'on utilise pour la fabrication d'une potasse dite *potasse de mélasse.*

200. **Usages.** — Les potasses du commerce servent dans la fabrication des verres de Bohême, dans la cristallerie, dans la confection des savons mous, dans le chamoisage des peaux, etc.

201. **Soudes du commerce.** — Dans le commerce, on désigne sous le nom de *soudes* des carbonates de soude plus ou moins impurs, que l'on divise en *soudes naturelles* et en *soudes artificielles.*

202. **Soudes naturelles.** — Dans les contrées

méridionales, on rencontre sur le bord de la mer certaines plantes qui, comme les *barilles*, les *salicors*, absorbent par leurs racines le chlorure de sodium dont le sol est imprégné, élaborent ce composé pendant leur végétation et le transforment partiellement en sels organiques à base de soude. On fait brûler ces plantes dans des fosses à moitié remplies; les cendres subissent une demi-fusion et le produit de l'opération est livré au commerce sous le nom de *soudes naturelles*. Il constitue une masse brune. L'usage des soudes naturelles, dont les plus estimées sont celles d'Alicante et de Malaga, qui contiennent 20 à 25 p. 100 de carbonate de soude sec, est maintenant remplacé par celui des *soudes artificielles*.

203. Soudes artificielles. — *Procédé Leblanc.* — On doit à Leblanc, chimiste français, un procédé de fabrication de la soude artificielle, qu'il inventa, en 1791, à l'époque où la guerre continentale empêchait l'importation en France des soudes espagnoles.

Ce procédé consiste à chauffer dans un four à réverbère un mélange de sulfate de sodium, de craie ou carbonate de calcium et de charbon. A cette température, les deux premiers corps donnent lieu, par leur contact, à une double décomposition et à la production de carbonate de sodium et de sulfate de calcium qui, réduit lui-même par le charbon, forme du sulfure de calcium. On trouve aussi dans la masse une certaine quantité de chaux provenant de l'action réductrice du charbon sur un excès de carbonate de calcium.

La formule théorique de cette préparation est la suivante :

$$SO^4Na^2 + CO^3Ca + 4C = CO^3Na^2 + CaS + 4CO$$

Sulfate de sodium.	Carbonate de calcium.	Charbon.	Carbonate de sodium.	Sulfure de calcium.	Oxyde de carbone.

La calcination du mélange se fait dans les fours que représente la figure 46. La flamme du foyer passe sur la

matière, qui est étalée sur la sole du fourneau et qu'un
ouvrier peut brasser à l'aide de râbles introduits par

Fig. 46. — Fabrication de la soude.

les portes P, P'. Lorsque la calcination est faite, l'ouvrier sort du four la masse fondue et la fait tomber dans
un petit chariot en fer C, où on la laisse se refroidir et

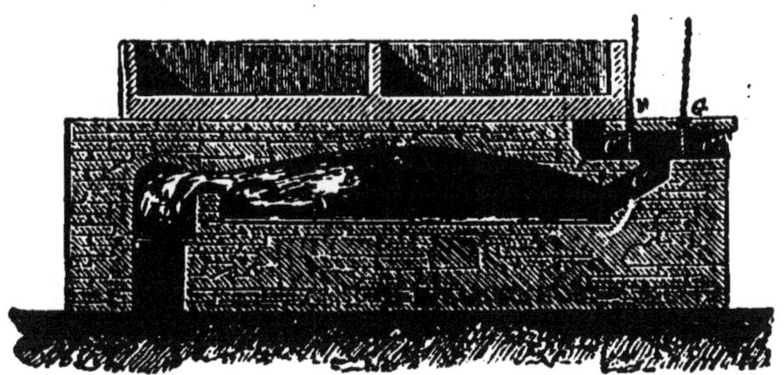

Fig. 47. — Fabrication de la soude.

se modifier. Cette masse brunâtre constitue la *soude brute*,
que l'on utilise directement dans certaines industries
(fabrication du verre à bouteilles et des savons).

La soude brute est ensuite lessivée; l'eau dissout le
carbonate de sodium et laisse comme résidu la chaux, le
sulfure de calcium et le charbon. Les lessives sont évaporées, d'abord dans des cuves D et E (fig. 47) placées
au-dessus du four B, puis sur la sole du four à rever-

bère B, où des ouvriers remuent la masse en grains.

Le produit blanc ainsi obtenu constitue ce qu'on appelle le *sel de soude*. Il contient du sulfate de sodium et du chlorure de sodium.

Quant au produit désigné sous le nom de *cristaux de soude*, et qui est beaucoup plus pur, on l'obtient en dissolvant le sel de soude et en le faisant cristalliser de nouveau.

Procédé à l'ammoniaque. — Le procédé Leblanc est presque entièrement abandonné aujourd'hui et la soude artificielle se prépare actuellement par le procédé dit *à l'ammoniaque*, qui repose sur la réaction suivante. Si l'on traite par le bicarbonate d'ammoniaque une solution de chlorure de sodium, il se forme du bicarbonate de sodium qui se précipite et du chlorhydrate d'ammoniaque qui reste dissous :

$$CO^3(AzH^4H) \quad + \quad NaCl \quad = \quad CO^3NaH \quad + \quad AzH^4Cl$$

Bicarbonate d'ammoniaque.	Chlorure de sodium.	Bicarbonate de sodium.	Chlorhydrate d'ammoniaque.

On obtient la même réaction en faisant passer un excès d'anhydride carbonique dans une solution ammoniacale de chlorure de sodium. Le bicarbonate de soude précipité est séparé par filtration, lavé, séché, puis porté à une température qui le transforme en carbonate neutre; l'anhydride carbonique, qui se dégage dans cette torréfaction, rentre dans la fabrication. Enfin, la liqueur où s'est formé le bicarbonate de sodium contenant des sels d'ammoniaque et de l'ammoniaque, on devra en extraire l'ammoniaque pour la faire servir à nouveau dans la fabrication. Le carbonate ammoniacal sera extrait par distillation; le chlorhydrate d'ammoniaque sera décomposé par la chaux et converti en ammoniaque et en chlorure de calcium.

204. Usages des soudes du commerce. — Les soudes du commerce, ou sel de soude, ont de nombreux usages. A l'état brut, ce corps sert aux savonniers, aux blanchisseurs, qui le transforment en soude caustique,

aux fabriques de verres à bouteilles. Raffiné, il est
employé dans la fabrication des glaces, de la verrerie
fine, des savons de toilette. La teinture, le blanchissage
et l'impression des étoffes, etc., en font un usage considérable.

BLANCHISSAGE DU LINGE

205. Nous allons étudier comme application des propriétés des potasses et des soudes les procédés employés
pour le blanchissage du linge.

Lorsqu'on met la potasse ou la soude en présence
d'une matière grasse, il y a combinaison entre la base et
un principe acide que fournit le corps gras. Cette combinaison est ce qu'on appelle un *savon*. L'acide gras,
étant peu énergique, est insuffisant pour neutraliser la
potasse ou la soude, de sorte que le savon formé conserve une réaction basique et possède la propriété de
dissoudre les matières grasses à peu près comme la
base; c'est ce qui fait qu'on emploie le savon pour
dégraisser les étoffes, le savon dissolvant les corps gras
qui sont à leur surface. Tels sont les principes sur lesquels repose le blanchissage, qui comprend plusieurs
opérations successives :

1° *Le triage;* 2° *le trempage;* 3° *l'essangeage;* 4° *le coulage;* 5° *le lavage ou savonnage;* 6° *le rinçage et l'azurage;* 7° *le séchage;* 8° *le repassage.*

1° **Triage.** — Le triage a pour but de séparer le
linge à blanchir en plusieurs catégories, suivant son
degré de finesse et son degré de malpropreté.

2° **Trempage.** — Le trempage, ou imbibition à l'eau
froide, se fait ordinairement dans des baquets et a pour
but de débarrasser le linge des matières solubles dans
l'eau, qui peuvent l'imprégner.

3° **Essangeage.** — L'essangeage est destiné à
enlever tout ce que l'eau de savon aidée de frictions peut
dissoudre ou détacher. — On s'aide souvent de battoirs

dans cette opération, mais l'usage des battoirs nuit à la solidité du linge.

4° Lessivage ou coulage. — Le lessivage ou coulage consiste à faire passer à travers le linge une dissolution alcaline, obtenue à l'aide de la soude, de la potasse ou de la cendre. Cette opération a pour but de saponifier les corps gras qui salissent le linge, c'est-à-dire de les combiner avec l'alcali et par suite de les dissoudre, cette combinaison étant soluble dans l'eau.

Le procédé suivant, quoique très défectueux, est encore le plus communément employé dans les maisons particulières. On dispose le linge dans un grand cuvier muni d'un robinet à sa partie inférieure et d'un double fond grillagé. On le recouvre ensuite d'une grosse toile, appelée *charrier*, sur laquelle on place les cendres qui doivent fournir le carbonate de potasse. On verse de l'eau chaude sur la cendre; cette eau dissout le carbonate de potasse des cendres, traverse peu à peu le linge et descend dans le double fond, d'où on l'extrait à l'aide d'un robinet pour la faire chauffer de nouveau et la reverser sur le charrier. On doit arriver, d'une manière progressive seulement, à faire passer de l'eau bouillante sur le linge; car, si l'on employait au début de l'eau trop chaude, cette élévation brusque de température aurait pour effet de crisper le tissu et de coaguler à sa surface des matières animales et albumineuses, que l'on n'enlèverait plus ensuite qu'avec difficulté. C'est ce qu'expriment les ménagères en disant que l'emploi d'eau trop chaude *cuit la saleté à la surface du linge.*

Ce procédé présente de nombreux inconvénients; il exige un temps très long, quinze à vingt heures; le transvasement fréquent des lessives occasionne une perte considérable de chaleur, un dégagement de vapeurs qui fatigue la poitrine et les yeux des laveuses; de plus, par le contact fréquent avec la lessive chaude, leurs mains sont attendries et rendues très sensibles; enfin la lessive refroidie par le linge n'est jamais à 100° dans les

parties moyenne et inférieure du cuvier; par suite la
saponification des matières grasses reste incomplète; il
en résulte que beaucoup de taches subsistent et exigent
dans le lavage l'emploi d'un excès de savon qui augmente la dépense.

Pour rémédier à tant d'inconvénients, on a construit
différents appareils. Nous décrivons ceux que construi-
sent MM. Bouillon et Muller. Les uns sont des appareils
fixes destinés aux blanchisseurs, les autres sont mobiles
et destinés à être employés dans les maisons particulières. Nous ne décrirons que ces derniers, les autres
varient suivant les dispositions locales, mais le principe
en est le même.

Une chaudière A (fig. 48) en tôle ou en fonte est

Fig. 48. — Blanchissage du linge.

montée sur un fourneau en fonte; elle est surmontée
d'un cuvier B en tôle galvanisée ou en bois, dont le fond
est une grille en bois C; ce cuvier est fermé par le haut
avec un couvercle. La chaudière est divisée en deux
compartiments par une cloison courbe D placée vers le

milieu de sa hauteur; cette cloison porte en son milieu un tube qui s'élève dans le cuvier et va déboucher en haut de l'appareil : ce tube est enveloppé d'un autre tube; enfin un troisième tube H part de la cloison et plonge au fond de la chaudière.

Voici maintenant comment fonctionne cet appareil. Le linge est placé dans le cuvier sur le fond grillagé. La chaudière est emplie soit d'une lessive de cendres, soit d'une dissolution de sel de soude contenant 20 kilogrammes de sel de soude pour 100 kilogrammes de linge. (La lessive ne doit jamais marquer plus de 3° à l'aréomètre de Baumé.) Quand le cuvier et la chaudière sont pleins, on commence à chauffer, et, de quart d'heure en quart d'heure, on fait jouer une pompe E disposée latéralement; cette pompe puise le liquide dans la chaudière, et le refoule dans l'espace annulaire compris entre les deux tubes centraux. La lessive retombe sur le linge, l'arrose à des températures croissantes, et retourne dans la chaudière par les ouvertures du grillage C. Au bout d'un certain temps, les bulles de vapeur commencent à prendre naissance, et, après avoir suivi la concavité de la cloison, s'élèvent dans le tube central dont elles projettent le liquide à la surface du linge. Ces affusions par entraînement, d'abord rares, deviennent de plus en plus fréquentes à mesure que la température s'élève : lorsqu'elle a atteint 100°, elles se font d'une manière continue. Nous ferons remarquer aussi que la vapeur qui s'élève au milieu du linge entretient la température à 100°.

Cet appareil fonctionne bien; il permet de supprimer l'essangeage et de le remplacer par un simple trempage à l'eau froide.

5° Lavage ou savonnage. — Il est destiné à enlever à l'aide du savon les dernières taches qui ont résisté au coulage.

6° Rinçage et azurage. — On rince ensuite le linge à l'eau froide; afin de débarrasser le tissu de l'eau de savon qui l'imprègne. Il est ensuite azuré par un passage au bleu, afin de faire disparaître la teinte jaune qu'il présente et de la remplacer par une teinte agréable à l'œil.

7º **Séchage.** — Le séchage a pour but d'évaporer de l'eau qui mouille encore le linge.

Il est ordinairement précédé du *tordage*, qui doit être pratiqué avec grande précaution, si l'on ne veut nuire à la solidité du linge. Pour éviter cette altération qui se produit toujours, quels que soient les soins employés, on se sert dans les blanchisseries d'appareils appelés *essoreuses*. Ils se composent d'un tambour (fig. 49) dont

Fig. 49. — Essoreuse.

la surface est percée de trous et qui peut être animé d'un mouvement rapide de rotation autour de son axe. Le linge mouillé est placé dans ce tambour; pendant la rotation, une force, dite *force centrifuge*, se développe et tend à écarter les corps du centre de rotation. Le linge ne peut aller plus loin que la paroi du tambour, mais l'eau s'échappe à travers les orifices dont celui-ci est percé et s'écoule dans l'enveloppe qui entoure le tambour.

Le linge peut être ensuite plus rapidement séché soit à l'air froid, soit dans les séchoirs à air chaud.

8° **Repassage.** — Enfin le *repassage*, précédé souvent de l'amidonnage pour les linges fins, sert à faire disparaître tous les plis et toutes les rugosités du tissu.

AZOTATE DE POTASSIUM

206. L'azotate de potassium (AzO^3K) appelé aussi *azotate de potasse, salpêtre, nitre, sel de nitre, nitrate de potasse*, est très répandu aux Indes, en Egypte, dans l'île de Ceylan, en Espagne et dans quelques localités de l'Italie et de la France méridionale. Dans l'Inde, il vient affleurer à la surface du sol, où on le recueille avec de longs balais en houssine, d'où le nom de *salpêtre de houssage*. Souvent aussi on lave la terre salpêtrée, et les lessives évaporées rapidement donnent des cristaux de salpêtre impur, qui, arrivés en Europe, sont soumis à un raffinage.

La plus grande partie du salpêtre que consomme l'Europe, est obtenue au moyen de l'azotate de sodium que produit le Pérou. Cet azotate, dissous dans l'eau, est traité à chaud par le chlorure de potassium; la concentration à chaud détermine une double décomposition; il se forme du chlorure de sodium, qui cristallise à l'ébullition, et de l'azotate de potassium, que la liqueur laisse déposer par refroidissement.

207. Le salpêtre se trouve aussi en assez grande quantité dans les plâtras provenant des démolitions des parties inférieures des vieux bâtiments. On soumet ces matériaux au lessivage. Les lessives qui en proviennent contiennent, outre le salpêtre, des azotates de calcium, de magnésium, des chlorures de potassium et de sodium, dont on les débarrasse par une série d'opérations dans le détail desquelles nous n'entrerons pas.

208. La production du salpêtre a excité depuis longtemps l'attention des chimistes : c'est aux travaux de

MM. Schlœsing et Müntz que l'on doit l'explication de la formation de ce corps.

La formation du salpêtre est due à l'oxydation des matières ammoniacales, oxydation produite par un microbe, qui les transforme en acide azoteux; puis l'acide azoteux est lui-même oxydé et changé en acide azotique par l'intervention d'un autre microbe. L'acide azotique formé se combine aux bases qu'il rencontre dans les sels en présence desquels il se trouve.

209. On peut produire artificiellement le salpêtre en réunissant toutes les conditions de sa formation. On mêle, pour cela, du fumier avec des terres poreuses contenant de la chaux et des alcalis, et on construit, avec ce mélange, soit des murs, soit des tas coniques que l'on arrose avec de l'urine. Les matières azotées du fumier et de l'urine s'oxydent lentement, forment de l'acide azotique, qui se combine aux bases, et le salpêtre vient s'effleurir à la surface. On enlève la couche superficielle et on la lessive. Cette industrie a perdu beaucoup de son importance, depuis que l'azotate de sodium du Pérou nous fournit la plus grande partie du salpêtre employé dans le commerce.

210. Le salpêtre obtenu par l'une des méthodes précédentes est dit *brut;* il contient encore des chlorures qui, par leur déliquescence, le rendraient impropre à la fabrication de la poudre. On l'en débarrasse dans le raffinage par une nouvelle cristallisation et en versant à froid sur les cristaux une dissolution saturée d'azotate de potassium pur, qui déplace peu à peu les chlorures.

Le salpêtre raffiné ne doit pas contenir plus de 1 0/0 de chlorure.

211. **Propriétés.** — Le salpêtre est blanc, sa saveur est fraîche.

Il est soluble dans l'eau qui, au-dessus de 99o, le dissout en toutes proportions. Il fond à la température rouge et se décompose en donnant lieu à un dégagement d'oxygène; c'est ce qui fait qu'au rouge ce corps active la combustion du charbon, du soufre, du phosphore, etc.

C'est aussi sur cette propriété qu'est fondé son emploi dans la fabrication de la poudre à canon.

212. Poudre à canon. — La poudre à canon est un mélange de salpêtre, de soufre et de charbon. Lorsqu'on enflamme ce mélange, l'oxygène renfermé dans l'azotate

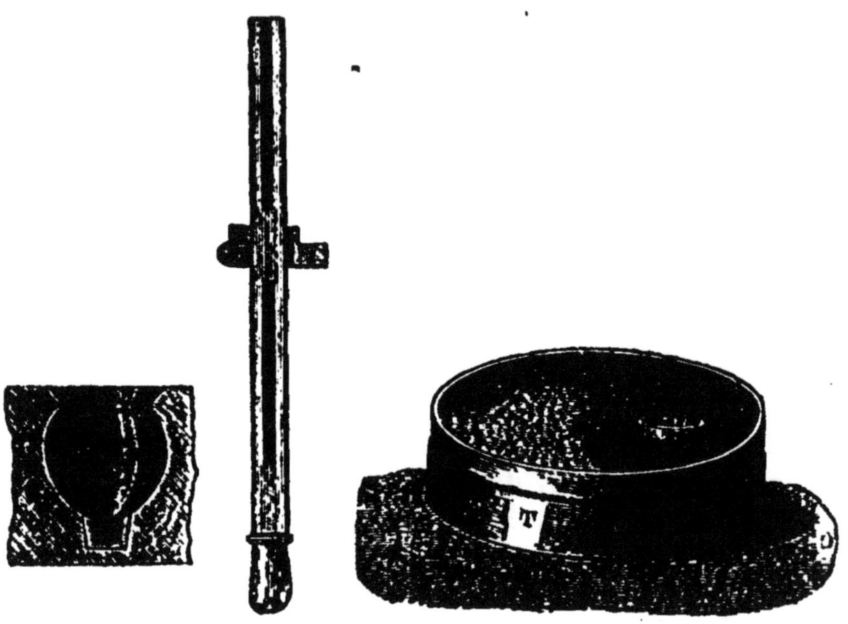

Fig. 50. — Fabrication de la poudre.   Fig. 51. — Guillaume.

de potasse oxyde le charbon et le transforme en anhydride carbonique; le soufre forme avec le potassium du sulfure de potassium. L'anhydride carbonique porté à une haute température dans un espace relativement restreint, l'âme d'un fusil ou d'un canon, par exemple, y prend une force élastique considérable, qui lance en avant le projectile que renferme l'arme. Le soufre introduit dans le mélange sert à lui donner l'inflammabilité qui lui est nécessaire; le charbon lui donne la force de projection.

Nous devons ajouter que, dans la combustion de la

poudre, les phénomènes ne sont pas aussi simples que nous l'avons supposé; qu'il se produit aussi de l'oxyde de carbone, de l'acide sulfhydrique, de l'hydrogène carboné, etc.; mais la réaction principale est celle que nous avons indiquée.

Le charbon et le soufre sont pulvérisés ensemble, puis mêlés au salpêtre et humectés d'une petite quantité d'eau. Le mélange est d'abord remué à la main, ensuite par des pilons mus mécaniquement, qui le triturent dans des mortiers en chêne. La figure 50 représente un pilon et un mortier. Les pilons sont quelquefois remplacés par des meules verticales tournant dans des auges. La matière est ensuite soumise à une pression qui la transforme en *galettes*, séchée, puis divisée sur un crible appelé *guillaume*, par l'action d'un disque lenticulaire D (fig. 51), qui, dans un mouvement de va-et-vient imprimé à l'appareil, tourne contre la circonférence du crible, et force la poudre à se diviser en grains assez petits pour passer à travers deux tamis destinés, le premier à retenir ceux qui sont trop gros, le second à laisser passer seulement ceux qui sont trop petits.

La poudre est ensuite séchée par un courant d'air.

Avant le séchage, la poudre de chasse est soumise à une nouvelle opération, qu'on appelle le *lissage*. Elle est remuée dans des tonneaux armés, à l'intérieur, de côtes saillantes et mis en mouvement de rotation. Le frottement que subissent les grains leur donne une surface polie et brillante, ce qui fait que la poudre n'a plus de tendance à s'égrener davantage et à se réduire en poussière trop fine.

213. Azotate de sodium ou de soude (AzO³Na). — L'azotate de soude est abondant dans la nature. On le trouve au Chili en bancs d'une étendue considérable. C'est un sel blanc soluble dans l'eau. Il sert à la fabrication de l'acide azotique et à celle de l'azotate de potasse.

CHLORURE DE SODIUM

214. Le chlorure de sodium (NaCl) est un corps solide cristallisant en cubes; quand la cristallisation se fait dans une eau très tranquille, les cristaux s'accolent de manière à former des pyramides quadrangulaires creuses, dont chaque face est formée par des gradins. Ces cristaux prennent le nom de *trémies*. Le chlorure de sodium est ordinairement anhydre. Il est soluble dans l'eau, fond au rouge sans se décomposer. Projeté sur des charbons ardents, il décrépite avec violence par suite de la volatilisation de son eau d'interposition; à l'air, il est déliquescent.

Il est employé dans l'économie domestique pour assaisonner les aliments et conserver les viandes. La fabrication de l'acide chlorhydrique et du sulfate de soude en emploie des quantités considérables.

Ce corps provient de trois sources principales : 1º eaux de la mer; 2º mines de sel gemme; 3º sources salées.

215. 1º Extraction du sel des eaux de la mer. — L'eau de mer a la composition suivante :

Chlorure de sodium	2,72
— de potassium	0,01
— de magnésium	0,61
Sulfate de magnésie	0,76
— de chaux	0,02
Carbonates de chaux et de magnésie	0,02
— de potasse	0,02
Iodures et bromures	Traces.
Eau	95,84
	100,00

C'est par l'évaporation de cette eau que l'on obtient le sel marin. En France, cette exploitation a lieu sur les côtes de la Méditerranée, où les salines s'étendent depuis Hyères jusqu'à Port-Vendres, et sur les côtes de l'Océan, où les plus importantes sont celles du Croisic, près de Nantes.

Dans les salines du Midi, que nous prendrons pour

type, l'eau de mer est d'abord amenée dans un large bassin peu profond, où elle abandonne les matières en suspension. De là, elle passe dans une série de bassins rectangulaires, où elle abandonne du carbonate de calcium, mêlé de traces de sesquioxyde de fer. Elle marquait 3°,5 Baumé à l'entrée dans ces bassins : elle en marque 15 quand elle en sort. Elle se rend de là dans un réservoir ou *puits*, d'où elle est extraite par des pompes, qui l'envoient dans de nouveaux bassins, où elle se concentre encore. Quand elle marque 18°, le sulfate de calcium se dépose. L'évaporation continuant, elle arrive à marquer 24°; elle est prête alors à laisser déposer le chlorure de sodium, qui est insoluble dans le sulfate de magnésium que contient encore le liquide. A ce moment, on l'envoie dans un nouveau puits, appelé *puits de l'eau en sel*. Des pompes l'y reprennent et l'envoient dans de très petits bassins, à surface lisse et bien battue. Ces bassins sont appelés *tables salantes*. C'est là que le sel se dépose. Quand la couche a atteint une épaisseur de 4 à 5 centimètres, on fait couler l'eau et on recueille le sel que l'on met en tas et que l'on fait égoutter. On obtient ainsi le sel appelé *sel gris* ou *sel de cuisine*. Pour avoir le sel blanc, ou sel de table, on redissout dans l'eau le sel gris et on fait cristalliser par évaporation à chaud.

Autrefois les eaux mères, qui avaient donné le sel, étaient renvoyées à la mer. Aujourd'hui, grâce aux procédés indiqués par Balard [1], on en extrait : 1° du sulfate de sodium par la réaction à basse température du sulfate de magnésium sur le chlorure de sodium resté dans les eaux mères; 2° toute la potasse à l'état de chlorure de potassium.

216. 2° Mines de sel gemme. — On rencontre, dans certains pays, de véritables mines de sel; ce sel est alors désigné sous le nom de *sel gemme*. Les mines les

1. Balard (Antoine-Jérôme), né à Montpellier en 1802, mort à Paris en 1876. Professeur de chimie à la Sor- bonne, membre de l'Académie des sciences. Il a découvert le brome.

plus importantes sont celles de Wieliczka et de Bochnia en Pologne, de Cordoue en Espagne. Il en existe aussi dans l'Allemagne méridionale et dans quelques localités de la France (Vic, Dieuze, etc.). Le sel est extrait à la pioche.

Les mines de Cordoue sont exploitées à ciel ouvert; celles de Wieliczka sont souterraines.

Quand le sel est mélangé à des matières étrangères, comme en Souabe, en Bavière et en Wurtemberg, on pratique dans la mine un trou de sonde, dans lequel on place un tube percé d'ouvertures à sa partie inférieure. Entre ce tube et les parois du trou de sonde, on fait arriver de l'eau, qui dissout le sel. La solution descend au fond du trou en vertu de sa densité plus grande et pénètre dans le tube par les ouvertures inférieures. Des pompes vont l'y puiser, et elle est ensuite évaporée dans des chaudières, où elle laisse déposer du sel très pur.

217. 3° Sources salées. — Les sources salées proviennent d'eaux d'infiltration qui, sur leur trajet, ont rencontré du sel gemme. Elles ne sont pas, en général, assez riches en sel pour qu'on les évapore immédiatement par l'action de la chaleur. Les frais de combustible seraient trop considérables. On commence par concentrer les eaux à l'air libre, puis on les évapore dans des chaudières jusqu'à ce qu'elles laissent déposer le chlorure de sodium. Cette industrie est devenue très peu importante.

CHAPITRE XI

Chaux. — Mortiers. — Ciments.

218. Nous avons vu à propos des oxydes métalliques
(169) que la chaux était un protoxyde de calcium. Nous
allons maintenant étudier sa préparation industrielle et
ses applications.

219. Préparation, cuisson de la chaux. — On
prépare la chaux vive dans l'industrie en décomposant
par la chaleur
du carbonate de
chaux ou pierre
à chaux : l'an-
hydride car-
bonique se dé-
gage et la chaux
reste.

Cette opéra-
tion se fait dans
des fours dits
fours à chaux.
Il y en a plu-
sieurs sortes.

Fig. 52. — Four à chaux.

Les uns, dits *fours de campagne*, sont des cylindres
en briques, que l'on revêt d'argile pour éviter les déper-
ditions de chaleur (fig. 52); on les emplit de carbonate
de chaux que l'on chauffe avec du bois placé dans un
foyer situé à la partie inférieure.

Le four que représente la figure 53 est d'une installation plus coûteuse, mais plus convenable. Il est de

forme ovoïde, construit en briques et garni, à l'intérieur, de briques réfractaires. Pour le charger, on fait, au-dessus de la grille sur laquelle on brûle le combustible, une espèce de voûte avec de gros morceaux de pierre à chaux, et on achève de remplir le four avec des morceaux de moins en moins gros. On brûle dans le foyer des fagots, des broussailles et de la tourbe. Lorsque la cuisson est termi-née, on décharge le four.

Fig. 53. — Four à chaux.

Ces fours sont dits *intermittents*, parce qu'à chaque cuisson on est obligé d'ar-rêter le feu et de les décharger entiè-rement.

Les fours dits *cou-lants*, que représentent les figures 54 et 55, sont plus économiques. Ils sont employés dans la Mayenne. La pierre à chaux et le combustible y sont chargés par couches alternatives. On défourne la chaux par le bas, à mesure qu'elle est cuite, et par l'orifice supérieur on ajoute de nouvelles charges de pierre à chaux et de combustible. On voit que, dans ce procédé, la cuisson est continue et qu'on n'a pas besoin d'arrêter le feu pour recharger le four.

La figure 56 représente une autre sorte de four cou-lant qui offre un foyer latéral A, dans lequel on place le combustible. Un conduit B mène la flamme vers trois ouvertures pratiquées dans la circonférence du four et dans un même plan horizontal; c'est en ces points que s'effectue surtout la cuisson. La chaux, à mesure qu'elle est cuite, est extraite par l'ouverture D.

220. Chaux grasses. Chaux maigres. Chaux hydrauli-ques. — Sous le rapport de leurs propriétés, les chaux se divisent en *chaux aérien-nes*, qui comprennent les *chaux grasses* et les *chaux maigres*, et en *chaux hydrauliques*.

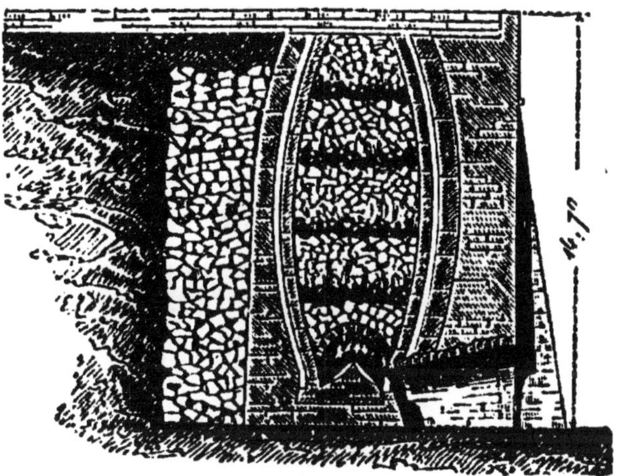

Fig. 54. — Four à chaux.

221. La *chaux grasse* foisonne beaucoup par l'extinction; elle est ordinairement très blanche, d'une pureté assez grande, se dissout dans l'acide chlorhydrique presque sans effervescence et sans résidu. Elle forme, avec l'eau, une bouillie liante. Lorsqu'on fait une boule avec de la chaux grasse en pâte et qu'on l'expose à l'air libre ou mieux à un courant d'anhy-

Fig. 55. — Four à chaux.

dride carbonique, elle se carbonate et reprend tous les caractères de la pierre calcaire. La chaux grasse provient de la calcination complète de la craie, du marbre, enfin des pierres à chaux les plus pures.

On donne le nom de *chaux maigres* à celles qui proviennent de pierres calcaires renfermant des proportions assez fortes de carbonates de magnésium et de fer. Elles foisonnent peu, sont grises ou fauves, ne s'échauffent guère et donnent avec l'eau une pâte courte et peu liante. Lorsqu'on les traite par l'acide chlorhydrique, elles laissent un résidu de sable. L'ammoniaque ajoutée à la liqueur y produit un précipité assez abondant de magnésie; les chaux grasses ne présentent pas ce précipité, ou tout au moins il y est très léger.

Fig. 56. — Four à chaux.

222. On appelle *chaux hydrauliques* celles qui se solidifient promptement sous l'eau : les unes, moyennement hydrauliques, font prise sous l'eau au bout de six à huit jours et acquièrent, après six mois, la consistance de la pierre tendre; d'autres, éminemment hydrauliques, n'exigent pas quatre jours pour la prise, et, six mois après, sont transformées en pierre faisant feu au briquet. Elles se dissolvent dans l'acide chlorhydrique sans effervescence, en laissant un résidu plus ou moins abondant. La liqueur évaporée donne une poudre qui,

traitée par l'eau, laisse un résidu insoluble d'argile. (L'argile est un silicate d'alumine.)

Vicat, ingénieur des ponts et chaussées, a donné la théorie suivante sur la formation et la solidification des chaux hydrauliques. Elles ne sont produites que par les calcaires argileux. Pendant la cuisson, le carbonate de chaux se décompose et une partie de la chaux réagit sur l'argile pour former du silicate de chaux avec une partie de la silice qu'elle contient. La chaux hydraulique cuite est donc un mélange de silicate de chaux, de silicate d'alumine et d'un grand excès de chaux vive. Mis en présence de l'eau, les trois corps s'hydratent et constituent une substance insoluble et excessivement dure.

Vicat a montré qu'on peut faire artificiellement de la chaux hydraulique en calcinant un mélange de craie et d'argile, composé de quatre parties de craie de Meudon et d'une partie d'argile de Vanves.

223. Ciments. — On appelle *ciments* des chaux tellement hydrauliques qu'elles n'ont besoin que d'être gâchées avec une quantité d'eau convenable pour se solidifier presque immédiatement. Tels sont les ciments romains de Vassy, de Boulogne, de Portland. On peut obtenir des ciments artificiels par la cuisson d'un mélange de carbonate de chaux et de 40 p. 100 d'argile.

224. Pouzzolanes. — On appelle *pouzzolanes* des argiles poreuses d'origine volcanique qui, lorsqu'elles sont gâchées en proportions convenables avec la chaux grasse, la rendent instantanément hydraulique. C'est avec elles que les architectes romains durcissaient leurs mortiers.

225. Mortiers. — On appelle *mortiers* des mélanges de chaux éteinte et de sable destinés à unir les matériaux des constructions.

Les mortiers ordinaires sont faits avec des chaux aériennes. Ils acquièrent peu à peu de la dureté, parce que la chaux, en se carbonatant à l'air, acquiert une grande adhérence pour les grains de sable, dont le rôle est purement physique et a pour effet d'atténuer le retrait considérable que subit la chaux en se solidifiant. Les mortiers ordinaires ne résistent pas à l'action de l'eau, qui les désagrège.

Les mortiers hydrauliques destinés à la construction des canaux, des ponts, des citernes, etc., résultent du mélange de chaux hydraulique et de sable, ou du mélange de chaux grasse et de matières argileuses cuites, comme les tuiles, les poteries, les briques pilées, les pouzzolanes, etc. Leur solidification s'explique facilement d'après ce que nous avons dit sur les chaux hydrauliques. Ils résistent à l'action de l'eau.

226. Béton. — On donne le nom de *béton* à des mélanges de mortier hydraulique et de petites pierres. Le béton est utilement employé dans les constructions hydrauliques, permet d'entreprendre des travaux que l'on considérait autrefois comme inexécutables et de produire, dans certains cas, un sol artificiel très résistant et propre aux constructions.

CHAPITRE XII

Poteries. — Verreries.

227. Argiles. — L'argile pure est un silicate d'alumine. C'est une matière blanche, douce au toucher et difficilement fusible. L'argile est douée de plasticité, c'est-à-dire qu'elle peut former, avec l'eau, une pâte liante, facile à pétrir et à façonner. Lorsqu'on la soumet à l'action de la chaleur, elle subit un retrait accompagné de fendillements dans la masse. Lorsqu'elle a été calcinée, elle absorbe l'eau avec rapidité. Posée sur la langue, elle absorbe la salive qui la mouille; on dit alors qu'elle *happe* à la langue.

L'argile la plus pure est le *kaolin*, ou *terre à porcelaine*, que l'on trouve dans les environs de Limoges et en Saxe.

La plupart des argiles n'ont pas la pureté du kaolin. En outre du silicate d'alumine, elles contiennent de l'oxyde de fer et de la chaux, qui leur donnent une fusibilité que n'a pas l'argile pure.

228. On distingue :

1° Les *argiles plastiques*, qui sont onctueuses au toucher et forment avec l'eau une pâte très liante et longue qui, sans fondre, acquiert une grande densité par la chaleur. Telles sont les argiles de Nanterre, de Forges-les-Eaux et de Gournay. Elles servent à la fabrication des poteries, des briques réfractaires, des creusets, etc.

2° Les argiles *smectiques*, qui, bien qu'onctueuses, ne

forment avec l'eau qu'une pâte ductile et fusible à la température des fours à porcelaine. On les emploie pour le dégraissage et le foulage des draps. On les connaît sous le nom de *terres à foulon*. Les plus renommées sont celles d'Issoudun, de Villeneuve (Isère) et Ritteneau, en Alsace.

3° Les argiles *figulines*, qui sont facilement fusibles et sont douées d'un peu de plasticité. On les emploie dans la fabrication des poteries grossières, à pâte poreuse et rougeâtre, dans celle des vases dits de *terre cuite*. Vanves, Arcueil et Vaugirard en fournissent de grandes quantités.

4° Les *marnes* sont des mélanges d'argile et de craie employés en agriculture pour l'amendement des terres.

POTERIES

220. L'argile est éminemment propre à la fabrication des poteries tant au point de vue de sa plasticité qu'à celui de la dureté qu'elle acquiert par la cuisson. Aussi forme-t-elle la base de toutes les poteries; mais elle n'est jamais employée seule à cause du retrait qu'elle subit à la cuisson, retrait qui déterminerait la rupture des objets ou tout au moins des gerçures. On la mélange alors avec des substances dites *dégraissantes* (telles que le quartz, le sable, le silex, les feldspaths, la craie, le sulfate de chaux, etc.), qui diminuent le retrait de la matière, mais qui, en même temps, lui enlèvent de la plasticité et la rendent plus poreuse et plus difficile à travailler.

Les poteries sont, en général, recouvertes d'un enduit fusible, appelé *couverte*. C'est une espèce de vernis destiné soit à les rendre imperméables aux liquides, soit à leur donner une surface polie d'un aspect plus agréable. Les couvertes sont composées de matières fusibles et vitrifiables. Elles sont incolores et transparentes pour les poteries fines, opaques et généralement colorées pour les poteries ordinaires.

230. Nous diviserons les poteries en deux groupes.

1° Les *poteries demi-vitrifiées*, dont la pâte a subi, pendant la cuisson, un commencement de fusion, qui les a rendues presque toujours imperméables aux liquides[1]; mais, comme la surface est rugueuse, on les recouvre d'un vernis. Ce groupe comprend les porcelaines et les grès.

2° Les *poteries à pâte poreuse*, telles que les faïences, les poteries communes et les terres cuites.

Nous allons étudier sommairement la fabrication des différentes poteries, en commençant par la porcelaine.

POTERIES DEMI-VITRIFIÉES. — PORCELAINE

231. Les matières premières employées à la fabrication de la porcelaine sont : le kaolin, qui est de l'argile pure et constitue l'élément plastique, un sable quartzeux, qui joue le rôle de substance dégraissante, et du feldspath, silicate double d'alumine et de potasse, qui fait éprouver à la porcelaine un commencement de fusion et la rend translucide.

232. **Préparation des pâtes.** — Ces matières sont d'abord broyées et finement pulvérisées; comme quelques-unes ont une grande dureté, le feldspath et le quartz, par exemple, on les chauffe au rouge avant de les soumettre aux appareils broyeurs, pour faire naître chez elles un grand nombre de fissures qui les rendent plus fragmentables. L'élévation de température qu'on leur fait subir a, du reste, l'avantage de déterminer l'apparition des différentes colorations, qui rendent facile l'élimination des parties ferrugineuses, dont la présence nuirait à la blancheur de la porcelaine.

---

1. Il arrive quelquefois que la porcelaine et les grès non vernissés laissent suinter l'eau.

Lorsque le broyage est suffisant, on lave les matières pour séparer les graviers grossiers. Puis on mêle, à l'état humide, du kaolin, du quartz et du feldspath lavés. Le mélange doit être rendu aussi intime que possible par le malaxage. Les pâtes sont ensuite amenées à un degré de consistance convenable par une dessiccation que l'on obtient soit en comprimant la bouillie liquide dans des sacs de toile serrée, soit en la chauffant, soit encore en l'abandonnant dans des caisses de plâtre, dont les parois poreuses absorbent l'eau et facilitent son évaporation.

Lorsque les pâtes sont arrivées au degré de consistance voulue pour être travaillées, elles doivent encore être pétries et battues, pour acquérir l'homogénéité nécessaire. Ainsi préparées, elles pourraient servir à la fabrication de la porcelaine; mais on a reconnu qu'on améliorait leur qualité en les abandonnant pendant plusieurs années au contact de l'air. Elles subissent alors ce qu'on appelle la *pourriture*, phénomène assez complexe, dans lequel la matière organique que contient l'eau ou la pâte, se détruit par une combustion spontanée et modifie d'une manière utile la composition chimique de quelques-unes des substances employées.

Les pâtes ainsi préparées doivent être façonnées; on emploie pour cela trois procédés différents :

1° Le travail sur le tour; 2° le moulage; 3° le coulage.

233. 1° Travail sur le tour. — Le tour du potier consiste en un axe vertical, sur la partie inférieure duquel est planté un grand disque horizontal en bois que l'ouvrier peut faire tourner avec le pied (fig. 57). Un second disque plus petit que le premier est fixé à la partie supérieure de l'axe et reçoit la pâte qui doit être façonnée. L'ouvrier est assis sur un banc; il place au centre du disque supérieur la quantité de pâte nécessaire, met le tour en mouvement et façonne la pièce en lui donnant approximativement, avec la main, la forme et la dimension qu'elle doit avoir. Cette première opération s'appelle l'*ébauchage;* elle est exécutée par l'ouvrier représenté en A sur la figure. L'objet ébauché est abandonné pendant quelque temps à une dessiccation spontanée, qui lui fait acquérir plus de consistance. Puis on lui donne sa dernière forme et ses dimensions

Fig. 57. — Fabrication de la porcelaine (tournassage).

en l'entamant, pendant que le tour est en mouvement, avec un outil tranchant. C'est là un travail analogue à celui du tourneur sur bois; il est appelé *tournassage;* l'ouvrier placé en B sur la figure est occupé à terminer un vase par le tournassage.

234. 2° Moulage. — Le moulage des pièces de porcelaine peut s'exécuter de plusieurs manières dans des moules en plâtre ou en terre cuite. Ils sont souvent composés de plusieurs pièces que l'on peut séparer pour sortir l'objet fabriqué.

235. Dans le *moulage à la balle*, on fait pénétrer avec le pouce dans toutes les cavités, aussi également que possible, de petites balles de pâte que l'on juxtapose et que l'on comprime pour les souder ensemble.

Fig. 58. — Fabrication de la porcelaine (moulage à la croûte).

236. Le moulage sur le tour, dit à la *housse*, consiste à ébaucher grossièrement la pièce à la manière ordinaire, puis à la placer toute fraîche encore dans un moule généralement creux que le tour met en mouvement; pendant la rotation, on comprime la pâte contre le moule soit à la main, soit avec une éponge humide, de manière à lui en faire prendre exactement la forme.

237. Le moulage à la *croûte* s'exécute en appliquant la pâte contre le moule, sous forme d'une feuille plus ou moins épaisse, et en l'y comprimant avec une éponge de manière à lui faire épouser toutes les cavités et saillies de ce moule. La figure 58 représente ce travail. L'ouvrier A prépare les feuilles, l'ouvrier B les applique sur le moule, l'ouvrier C les travaille à l'éponge. En D on voit l'application des anses et le garnissage.

238. Pour la fabrication des assiettes et des plats, voici comment on opère. Après avoir comprimé à l'éponge une plaque de pâte sur un moule en plâtre présentant en relief la forme de l'intérieur de l'assiette, l'ouvrier place le moule sur le tour et, pendant la rotation, il applique contre lui un outil dont le tranchant représente le demi-profil AB de la surface extérieure de l'assiette (fig. 59). Cet outil enlève l'excédent de pâte et

Fig. 59. — Fabrication des assiettes.

donne à l'assiette la forme voulue. Cette opération s'appelle *moulage par calibrage.*

239. 3° Coulage. — Le coulage s'exécute en versant dans un moule en plâtre une bouillie liquide de pâte de porcelaine (cette bouillie s'appelle *barbotine*). Le moule absorbe l'eau de la barbotine, et la pâte se solidifie sur ses parois en couches plus ou moins épaisses, suivant que le contact a duré plus ou moins longtemps. On renverse le moule pour faire couler l'excès de barbotine, et on retire l'objet. Cette méthode s'applique à la confection de grands vases et d'objets très minces, tels que les tasses à café, etc. La figure 60 représente en A et B le coulage d'une tasse, en C celui d'une jatte, en D, E, F, le démoulage d'un vase de $1^m,80$ de hauteur.

Fig. 60. — Fabrication de la porcelaine (coulage).

Les objets fabriqués par les méthodes précédentes doivent être soumis avant la cuisson à un travail nommé *rachevage*, qui a pour but de corriger leurs imperfections et de compléter leur fabrication, d'enlever les coutures qui se sont formées aux points de réunion des différentes parties du moule.

Le rachevage comprend en outre les opérations qui consistent à coller entre elles les différentes parties d'une pièce, à placer les anses et autres appendices fabriqués à part, etc. Ce collage s'effectue avec la barbotine.

240. Cuisson de la porcelaine. — Les objets fabriqués par les divers procédés que nous venons de décrire doivent ensuite être cuits pour acquérir de la

Fig. 61. — Fabrication de la porcelaine (émaillage).

dureté. On les soumet d'abord à une première cuisson qu'on appelle *dégourdissage*, qui les dessèche complètement et leur fait prendre de la consistance. Il faut alors les recouvrir de la *couverte* ou glaçure destinée à corriger la porosité des pâtes. Pour cela on les trempe (fig. 61) dans une bouillie claire de pegmatite (mélange de quartz et de feldspath). Le liquide est rapidement absorbé et laisse à la surface une couche mince de substance facilement fusible qui, pendant la cuisson, se fondra et formera une espèce de vernis à la surface de l'objet. En B et C on voit des femmes occupées à remettre, avec un pinceau, de la couverte sur les parties qui n'en ont pas pris assez, ou à gratter les parties qui en ont pris trop.

Les pièces ainsi préparées sont placées dans des cylindres en argile réfractaire appelés *cazettes*. On les empile les unes au-dessus des autres dans des fours que représente la figure 62. Cette opération appelée *encastage* a pour but de protéger les objets contre la fumée et les cendres et de les empêcher de se souder ensemble. La porcelaine ne se colle point contre la cazette pendant la cuisson et la fusion de la couverte, parce qu'elle repose sur elle par une partie non vernissée. C'est cette partie que l'on voit rugueuse à la face inférieure des assiettes, des tasses, etc.

Le four que représente la figure, est à plusieurs étages. Le dégourdi se fait à l'étage supérieur et la cuisson dans les autres.

Après la cuisson, dont la durée varie avec la nature et les dimensions des objets (seize à vingt heures pour le petit feu, dix à douze pour le grand feu), on défourne avec soin, on vérifie les pièces et on les classe d'après leur perfection et leurs défauts. Quelques-uns de ces défauts sont corrigés par des opérations spéciales.

241. Décoration de la porcelaine. — On décore souvent la porcelaine en recouvrant sa surface de couleurs mêlées à des matières fusibles. Ces matières colorantes sont, en général des oxydes métalliques. Ces oxydes doivent satisfaire à cette condition essentielle de donner aux pâtes, à la température de leur cuisson, la couleur que l'on veut obtenir.

Tantôt les matières colorantes sont mélangées au corps de la pâte; tantôt elles sont appliquées sur la pâte, mais recouvertes par la glaçure; tantôt elles sont répandues dans la glaçure; enfin, et c'est le cas le plus fréquent, elles sont appliquées au pinceau à la surface de la glaçure.

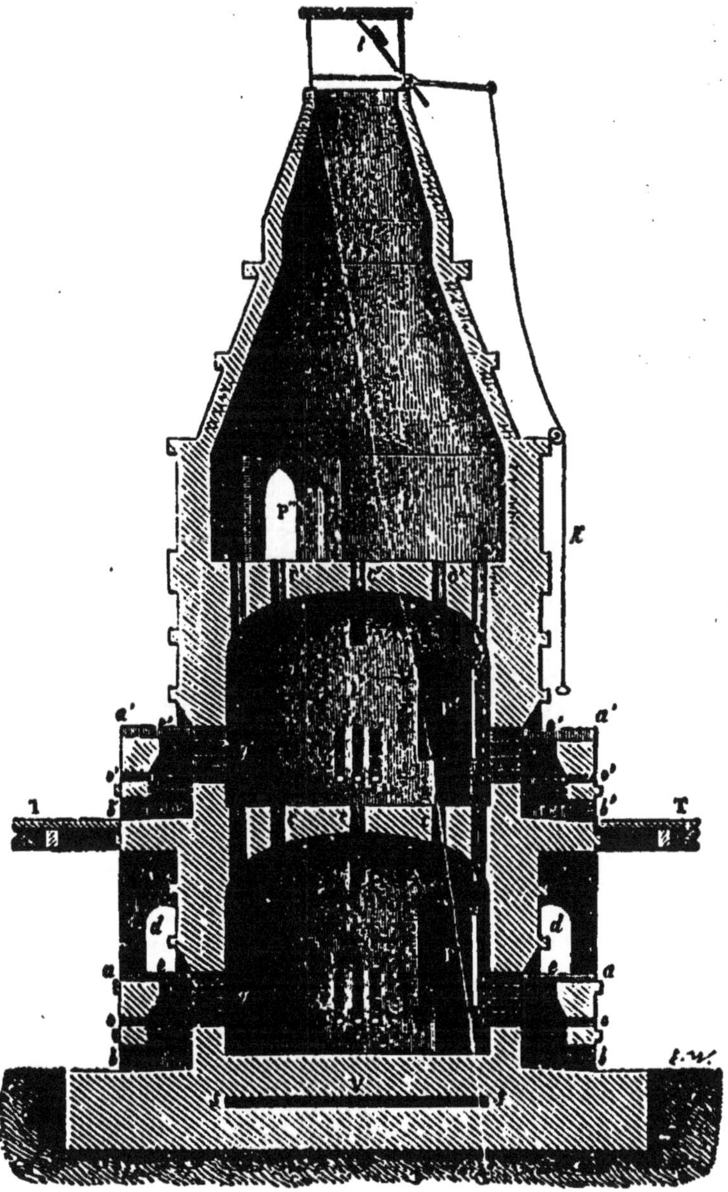

Fig. 62. — Four à porcelaine.

La cuisson des porcelaines peintes est une opération des plus délicates; elle se fait au bois ou à la houille,

10.

dans des fourneaux dits *fourneaux à moufles*. (Le moufle est une cavité en fonte ou en terre cuite chauffée par le combustible qui l'entoure.) (Fig. 63.)

L'ouvrier est guidé dans la conduite du feu par l'examen de *montres*, ou petits morceaux de porcelaine

Fig. 63. — Décoration des porcelaines.

sur lesquels on a appliqué une des couleurs les plus susceptibles qui se trouvent sur les vases, et qu'il place dans le four à côté des pièces à cuire. Il retire ces montres de temps en temps et dirige le feu d'après les résultats qu'elles offrent à son observation.

Les couleurs dites *de grand feu* peuvent supporter la température du four à porcelaine.

Les autres sont appelées couleurs de *moufles*.

On décore aussi les porcelaines et les faïences en imprimant d'abord, sur une feuille de papier, avec une encre grasse les dessins à reproduire. On applique ensuite la feuille de papier sur l'objet à reproduire. Dans le four le papier brûle et laisse le dessin.

GRÈS CÉRAMES

242. La pâte de ces grès ne diffère de celle qui est employée pour la porcelaine que parce qu'elle est colorée par du fer et travaillée avec moins de soin.

On cuit le grès à une haute température et on le vernit en projetant dans le four, quand il est bien chaud, quelques poignées de sel marin humide. Ce dernier se volatilise, et ses vapeurs, décomposées par l'argile sous l'influence de l'eau, donnent lieu à la formation d'un silicate double d'alumine et de soude très fusible, qui se fond à la surface du grès et le vernit.

Les grès cérames diffèrent de la porcelaine en ce qu'ils ne sont pas translucides, mais ils sont comme elle demivitrifiés, durs et presque imperméables.

POTERIES A PATE POREUSE

243. **Faïences.** — On emploie pour la fabrication des faïences une pâte composée d'argile et de quartz. Quand l'argile contient un peu de chaux, la pâte constitue ce qu'on appelle la *terre de pipe*. Lorsque les argiles ne renferment pas d'oxydes métalliques colorants, tels que les oxydes de fer et de manganèse, la pâte est blanche après la cuisson; alors la couverte qu'elle reçoit est transparente et plombifère. Quand, au contraire, les argiles sont colorées, la couverte est rendue opaque par de l'oxyde d'étain.

La faïence se façonne comme la porcelaine et se cuit en deux fois : la première cuisson, faite à une haute température, sert à donner de la dureté; la seconde, faite à une température plus basse, sert à la fusion de la couverte.

La faïence va moins bien au feu que la porcelaine; la couverte se fendille par suite du lavage à l'eau chaude.

244. Poteries communes. — Les poteries communes, employées à la cuisson des aliments, sont faites avec des argiles ferrugineuses, auxquelles on ajoute une certaine quantité de chaux à l'état de marne et du sable quartzeux. Leur couverte est formée par un silicate double d'alumine et d'oxyde de plomb. Il faut éviter de laisser séjourner, dans les poteries, du vinaigre et des corps gras, qui dissoudraient peu à peu le vernis plombifère et produiraient un sel vénéneux.

245. Terres cuites. — On comprend sous le nom de *terres cuites* les briques, les tuiles, les pots à fleurs, etc. Ces objets sont fabriqués avec des argiles figulines dégraissées avec du sable.

Les briques ordinaires sont faites dans des moules et cuites à des températures très différentes. On se sert de beaucoup de machines différentes pour le moulage des briques. Dans quelques pays du Midi, on se contente de les sécher au soleil. Quand on les cuit au feu, on le fait quelquefois dans des fours, mais souvent on les dispose sous forme de tas facilement perméables à la flamme, et dans lesquels on ménage des espaces où l'on brûle le combustible.

Les tuiles et les carreaux de terre cuite sont fabriqués par des procédés analogues.

Les briques réfractaires sont faites avec des argiles exemptes de fer et de marne auxquelles on ajoute du sable blanc.

Les pots à fleurs sont tournés.

VERRES

246. On donne le nom de *verres* à des corps transparents, doués d'un éclat caractéristique appelé *éclat vitreux*. Ils sont durs et cassants, se ramollissent sous l'action de la chaleur et passent par tous les degrés de viscosité. Cette propriété permet de les étirer en fils et de les travailler comme de la cire ou de l'argile. Si l'on abandonne le verre pendant un temps plus ou moins long à une forte chaleur, il perd sa transparence, devient très dur, moins fusible et moins cassant; en un mot, il perd toutes ses propriétés caractéristiques et se *dévitrifie* sans changer de composition; il porte alors le nom de *porcelaine de Réaumur.*

246 *bis*. Chauffé jusqu'à fusion et refroidi brusquement, le verre devient très cassant; il subit alors une espèce de trempe; telles sont les *larmes bataviques*, que l'on fabrique en laissant tomber dans l'eau froide des gouttes de verre fondu; elles se solidifient brusquement et prennent la forme d'une larme à queue effilée; lorsqu'on casse l'extrémité de la queue, elles se réduisent en poussière et produisent une petite détonation. Cela tient à ce que les molécules superficielles, ayant été subitement refroidies, ont formé une espèce de croûte solide, qui a empêché le retrait qu'éprouve le verre lorsqu'il se refroidit lentement; les molécules intérieures sont restées à une distance anormale; dès qu'on vient à supprimer la résistance opposée par la croûte extérieure, l'équilibre est détruit et la masse se réduit en poussière. Il en est de même des *flacons de Bologne*, ou *fioles philosophiques*, qui sont des flacons fort épais que l'on a refroidis brusquement. Ils volent en éclats, lorsqu'on laisse tomber dans leur intérieur un corps susceptible de les rayer. C'est pour éviter les inconvénients de la trempe qu'on recuit le verre.

L'oxygène et l'air sec n'ont pas d'action sur le verre;

l'air humide agit à la longue sur lui; c'est là la cause de l'altération que l'on constate sur les vitraux des vieux bâtiments.

L'eau agit aussi à la longue sur le verre et lui enlève de l'alcali.

Les alcalis et les acides ne l'attaquent que lentement.

L'acide fluorhydrique l'attaque rapidement, et c'est sur cette propriété que repose la gravure sur verre.

Voici comment on opère :

247. *Gravure sur verre.* — On imprime à l'encre grasse un dessin sur une feuille de papier mince, et on applique cette feuille mouillée sur le verre à graver; l'encre adhère au verre et on détache facilement la feuille de papier; la pièce est alors plongée pendant quelques heures dans un bain d'acide fluorhydrique, qui n'attaque que les parties du verre non couvertes d'encre et leur fait perdre leur transparence. On enlève ensuite l'encre, soit avec des essences ou des lessives alcalines, soit mécaniquement.

On opère souvent aussi de la manière suivante. On recouvre toute la surface de la pièce d'un vernis au bitume de Judée. Quand le vernis est sec, on enlève le vernis suivant les lignes du dessin à reproduire. De petites meules d'acier mues par des machines assez compliquées, qui rappellent le tour à guillocher, exécutent cette opération avec rapidité et avec exactitude. Le verre se trouvant mis à nu suivant ces lignes, il n'y a plus qu'à plonger la pièce dans un bain d'acide fluorhydrique. Quand la gravure est faite, on dissout le vernis.

248. Nous distinguerons trois espèces principales de verres, au point de vue de leur composition :

1° Les *verres incolores ordinaires*, qui sont des silicates doubles de chaux et de potasse ou de soude (verres à vitres, verres pour glaces, verres de Bohême, verres à gobeleterie);

2° Les *verres colorés communs* ou *verres à bouteilles;*

ce sont des silicates multiples de chaux, d'oxyde de fer,
d'alumine, de potasse ou de soude;

3º Le *cristal*, qui est un silicate double de potasse et
d'oxyde de plomb.

FABRICATION DU VERRE

VERRES INCOLORES

249. Les matières employées à la fabrication des
verres incolores sont la silice, qui doit être aussi incolore que possible, la potasse ou la soude et la chaux.

La potasse est beaucoup moins employée maintenant
que la soude : elle est prise à l'état de potasse perlasse;
pour le verre de Bohême, on se sert de la potasse provenant de la cendre du bois de pays ou de la Hongrie.
La soude est employée, soit à l'état de carbonate de
soude, soit à l'état de sulfate de soude; la chaux l'est à
l'état de chaux éteinte ou de carbonate calcaire.

250. Les matières premières (sable, carbonates de
potasse ou de soude, ou sulfate de soude, chaux ou carbonate calcaire) sont mélangées et fondues dans de grands
creusets en argile réfractaire, qui sont chauffés dans des
fours de fusion. Chaque creuset se trouve en communication avec une ouverture, appelée *ouvreau*, qui est
ménagée dans la paroi du four.

La plupart des verreries emploient aujourd'hui le four
Boétius. Il est représenté par la figure 64. Les gaz sont
produits par un fort amas de combustible, qui s'éboule
peu à peu sur une grille inclinée. L'oxyde de carbone
provenant de la combustion est dirigé dans le four;
mais, avant d'y arriver, il est mélangé en *a* et *a'* à l'air
atmosphérique surchauffé par son passage à travers la
maçonnerie chaude du four; l'entrée de l'air est réglée
par des registres.

Pendant la fusion produite par la température élevée
des fours, la silice du sable décompose les carbonates de

potasse ou de soude, produit des silicates de potasse ou
de soude, qui s'unissent au silicate de chaux formé par
l'action de la silice sur la chaux ou sur le carbonate calcaire. L'anhydride carbonique, qui se dégage, sert à
brasser la matière et à la rendre plus homogène. Quand

Fig. 64. — Four Boétius.

on a employé le sulfate de soude, il se dégage de l'anhydride sulfureux, qui produit le même effet. A mesure que
l'action de la chaleur se prolonge, la matière devient
moins bulbeuse, s'éclaircit, s'affine et prend une grande
fluidité. Le *fiel de verre*, qui est un mélange de sulfates
et de chlorures alcalins contenus dans les produits
employés, monte à la surface de la masse fondue et on

l'enlève avec des outils en fer. Quand l'affinage est suffisant, ce qui a lieu au bout d'un temps variant entre douze et vingt-quatre heures, on laisse la température s'abaisser de manière à donner au verre la consistance pâteuse qui permet de le travailler; puis on commence le travail que nous allons décrire pour les principales espèces de verre.

FABRICATION DU VERRE A VITRES

251. Les matières premières employées pour le verre à vitres sont ordinairement :

Sable...	100	parties.
Sulfate de soude...................................	30	—
Carbonate de chaux.................................	30	—
Coke destiné à aider la réduction du sulfate de soude.	5	—
Bioxyde de manganèse destiné à corriger la teinte verdâtre des verres à base de soude.................	5	—

252. Lorsque le verre provenant de la fusion de ces matières est fondu et affiné, le travail commence. Devant chaque creuset se trouve un plancher B (fig. 65) en fonte ou en pierre, situé à 2^m,5 du sol. Chaque creuset est desservi par un *souffleur* et un aide appelé *gamin*.

Le gamin retire une certaine quantité de verre du creuset en y plongeant un tube creux en fer appelé *canne* (fig. 66), et terminé par une partie renflée appelée *nez*. Ce tube est entouré à sa partie supérieure d'un manchon en bois, qui permet à l'ouvrier de le manier sans se brûler.

Le gamin, après avoir arrondi la masse vitreuse suspendue à la canne, en la faisant tourner dans un bloc creux de bois mouillé D (fig. 65) et l'avoir chauffée à l'ouvreau, la passe au souffleur. Celui-ci, en soufflant dans la canne, gonfle la masse vitreuse qui est suspendue à son extrémité et en forme une poire. Il relève ensuite rapidement la canne en l'air et souffle une boule, qui s'affaisse par le poids du verre et ne s'étend que dans le sens horizontal. Puis, abaissant la canne en la balançant comme un battant de cloche et soufflant dedans, il donne successivement à la masse vitreuse les formes que repré-

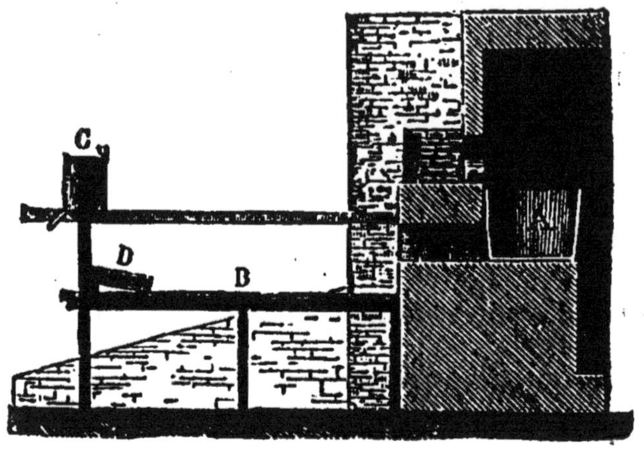

Fig. 65. — Fabrication des vitres (Four).

sente la figure 67, et arrive à en faire un cylindre terminé par deux parties arrondies.

Pour percer ce cylindre, l'ouvrier en place l'extrémité opposée à la canne dans l'ouvreau, afin de ramollir par la chaleur la partie arrondie; en soufflant ensuite dans la canne, il produit une ouverture que l'on régularise avec des ciseaux. Après refroidissement, on pose le cylindre sur un chevalet en bois, et on détache la seconde partie arrondie en enroulant, suivant la circonférence, un fil de verre chaud qui détermine une rupture nette. On le fend ensuite dans sa longueur en promenant dans son intérieur, le long d'une même arête, une tige de fer rougie au feu; un des points chauffés étant mouillé avec le doigt, le verre éclate suivant la ligne parcourue par le fer chaud. Souvent aussi on fait ce trait au diamant.

Fig. 66. — Canne de verrier.

Il s'agit maintenant de transformer ces manchons fendus en une feuille plane de verre à vitres.

A cet effet, on les porte au four d'*étendage*, où ils subissent une température assez élevée pour les ramollir; pendant le ramollissement, l'ouvrier les amène l'un après l'autre sur une plaque plane, qui est située au milieu du four; puis, avec une règle en bois, il affaisse les deux

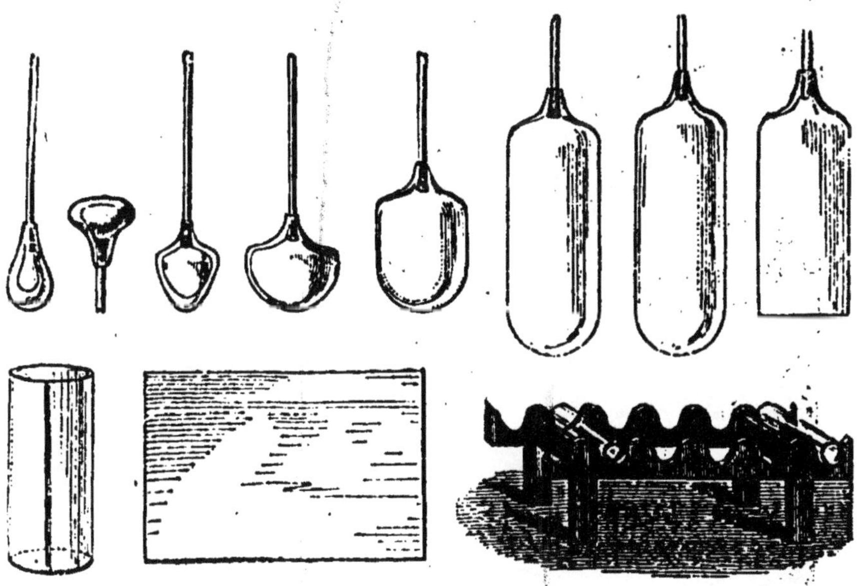

Fig. 67. — Fabrication des vitres.

côtés qui cèdent au poids de la règle. Il prend ensuite une barre de fer terminée par une masse du même métal, dont l'un des côtés est très poli; il appuie ce côté sur le verre et le passe rapidement sur toute sa surface, de manière à la rendre parfaitement plane. On pousse ensuite la feuille de verre dans un second compartiment du four, où la température est moins élevée et où elle se recuit.

253. Les verres à vitres cannelées se font de la même manière, avec cette différence qu'au commencement du travail, quand la masse vitreuse a la forme d'une poire, on la souffle dans un moule en fonte ou en bois qui

imprime les cannelures : celles-ci se conservent pendant
la suite des opérations.

254. **Les verres à vitres de couleurs** sont colorés par

Fig. 68. — Soufflage à l'air comprimé.

des oxydes métalliques. Ils sont de diverses sortes : les
uns présentent une coloration dans toutes leurs parties,
ce sont les verres *colorés dans la masse*; les autres sont
formés d'une couche de verre coloré appliquée sur le

verre incolore. On les désigne sous le nom de verres *plaqués*, *doublés* ou *à deux couches*.

255. Le soufflage du verre est un travail pénible pour l'ouvrier, et, afin d'éviter la fatigue que produit ce soufflage, M. Léon Appert a inventé des appareils qui permettent de souffler le verre à l'aide d'air comprimé par des pompes dans des réservoirs G (fig. 68) qu'au moyen d'une pédale P l'ouvrier met en communication avec la canne C.

FABRICATION DES GLACES

256. Les glaces de Saint-Gobain sont composées de :

Silice....................................	73 »
Chaux...................................	15,5
Soude..................................	11,5
	100 »

Fig. 69. — Fabrication des glaces.

Ce sont donc des silicates doubles de soude et de chaux.

La chaux y est introduite à l'état de calcaire exempt

d'oxyde de fer, la soude à l'état de sulfate de sodium raffiné ; le sable qui fournit la silice doit être blanc.

Actuellement les verres à glace sont généralement fabriqués par *coulage*.

Nous décrirons rapidement les principaux détails de l'opération.

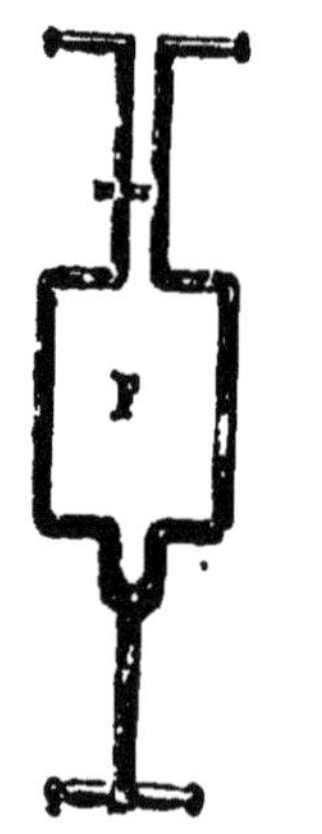

Fig. 70. — Fabrication des glaces.

Le verre est fondu dans des creusets placés dans le four A (fig. 69). Ces creusets portent sur leur pourtour extérieur, vers le milieu de la hauteur, une rainure creuse qui permet de les saisir fortement avec des tenailles F (fig. 70).

La coulée des glaces est une des opérations industrielles les plus curieuses qu'on puisse voir. Elle exige beaucoup d'ensemble et de promptitude.

Lorsque le verre est fondu, les ouvriers saisissent le creuset à la ceinture avec une grande tenaille montée sur roues, et, après l'avoir placé sur un petit chariot en fer, le traînent rapidement, au pas de course, au pied d'une grue D (fig. 69). La tenaille suspendue à l'extrémité de la chaîne de la grue saisit le creuset E et le maintient suspendu au-dessus de la table de coulée que l'on voit en C. Cette table est en fonte ; elle est portée sur des galets. Elle est chaude, très propre et munie de tringles mobiles, qui doivent donner à la glace son épaisseur et sa largeur ; sur ces tringles repose un rouleau en fonte servant à laminer le verre.

Le creuset, suspendu à un mètre environ au-dessus de la table, reçoit un mouvement de bascule qui renverse le verre fondu. La masse vitreuse s'écoule sur la table et le rouleau est immédiatement mis en jeu ; guidé par les tringles, il parcourt la table en étendant uniformément le verre ; deux mains en cuivre le suivent dans son mouvement et empêchent les bavures de se former sur les côtés; une glace présentant des bavures est une glace perdue, qui casse lorsqu'on la recuit.

La table de coulée est à la hauteur de la sole d'un four appelé *carcaisse;* après la coulée, la glace encore rouge et à peine rigide est poussée dans ce four au moyen d'une large pelle en équerre; elle y reste de vingt-quatre à trente heures, pendant lesquelles elle se recuit.

VERRE DE BOHÊME

257. Le verre de Bohême est remarquable par sa transparence, par son éclat, par sa dureté. C'est un silicate double de potasse et de chaux. Il rivalise avec le cristal de roche pour le mérite de sa fabrication et avec la gobeleterie commune pour son bon marché. Il contient une proportion considérable de silice, et par suite est difficilement fusible.

FABRICATION DU VERRE A BOUTEILLES

258. Les matières premières employées à la fabrication du verre à bouteilles sont de natures diverses suivant

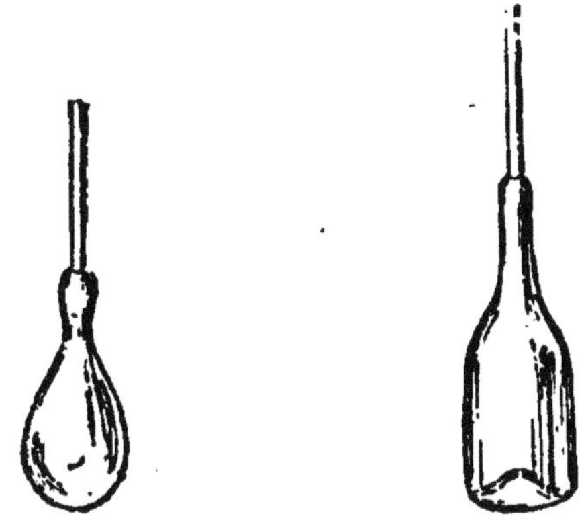

Fig. 71 et 72. — Fabrication des bouteilles.

les localités. On emploie les sables du pays en donnant la préférence à ceux qui, étant calcaires, argileux et fer-

ruginoux, fournissent un verre facilement fusible, et, par
suite, de production économique.

Le verre des bouteilles est un mélange de silicate de
chaux, de soude, d'alumine et de fer.

250. Lorsque le verre est au degré de fusion voulu, le
gamin en cueille, avec la canne, à plusieurs reprises,
jusqu'à ce qu'il ait ramassé la quantité nécessaire pour
faire une bouteille. Il passe alors la canne au souffleur, qui, après avoir façonné le goulot sur une plaque
de fer, donne à la masse vitreuse la forme d'une poire
(fig. 71) en soufflant dans la canne, puis il l'introduit dans

Fig. 73. — Fabrication des bouteilles.

un moule, souffle de nouveau, et la bouteille prend la
forme et les dimensions du moule (fig. 72).

Le fond de la bouteille est produit à l'aide d'un outil
qui n'est autre qu'une petite lame rectangulaire de tôle;
l'ouvrier renverse sa canne, pose son embouchure sur le
sol et appuie un angle de son outil au centre de la bouteille pendant qu'il fait tourner la canne. L'une des
arêtes de l'outil façonne alors un cône dans le fond de la
bouteille. Le collet se fabrique avec un peu de verre
fondu que l'ouvrier enroule sur le col de la pièce. La
bouteille, détachée de la canne, est ensuite portée au four
à recuire.

Les bouteilles qui doivent avoir rigoureusement une capacité déterminée sont fabriquées dans un moule métallique, qui fait aussi le fond. La figure 73 représente un moule destiné à faire des bouteilles bordelaises à fond presque plat d'une capacité de 70 centilitres.

CRISTAL

260. Le cristal est une espèce de verre qui n'est employé que pour les objets de luxe. Il doit présenter une grande transparence, une homogénéité parfaite, et être complètement incolore. C'est un silicate double de potasse et d'oxyde de plomb.

Le dosage le plus ordinaire pour la gobeleterie de cristal est :

300 parties sable pur;
200 — de minium ou oxyde de plomb;
100 — de carbonate de potasse purifié.

On opère la fusion dans des creusets fermés comme ceux que représente la figure 74. S'ils n'étaient pas fermés, les gaz de la houille réduiraient peu à peu l'oxyde de plomb et noirciraient le cristal.

Le cristal se travaille par soufflage et par moulage.

Les objets façonnés sont, dans certains cas, taillés contre des meules verticales en pierre, en fer ou en bois, mues par le pied de l'ouvrier, ou bien par un moteur hydraulique ou à vapeur.

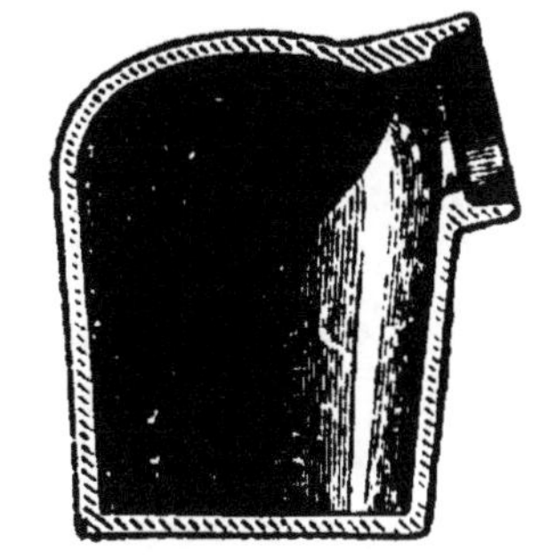

Fig. 74. — Creuset à cristal.

261. **Flint-glass.** — Le *flint-glass* est une espèce de cristal plus riche en oxyde de plomb que le cristal ordinaire; il sert conjointement avec le *crown-glass* à la fabrication des verres d'optique (le crown-glass est un silicate double de potasse et de chaux un peu moins siliceux que le verre de Bohême). La fabrication des verres

d'optique exige des précautions particulières; on est obligé de brasser la masse pour extraire les moindres bulles gazeuses. On se sert à cet effet d'un cylindre en

Fig. 75. — Four pour flint-glass.

terre réfractaire A (fig. 75), emmanché à l'extrémité d'une tige en fer B.

262. Émail. — L'émail est du cristal rendu opaque par de l'oxyde d'étain ou du phosphate de chaux que l'on peut colorer par des oxydes métalliques.

263. Stras. — Le *stras* est un verre très riche en plomb; il a beaucoup d'éclat et possède à un tel degré les feux du diamant qu'il est difficile de l'en distinguer. Coloré par des oxydes métalliques, il sert à imiter les pierres précieuses colorées, comme la topaze, l'émeraude, l'améthyste, le saphir, etc.

CHAPITRE XIII

**Carbonate de chaux. — Sulfate de chaux. — Plâtre.
Applications.**

**264. Carbonate de calcium ou carbonate de
chaux (CO_3Ca).** — Le carbonate de chaux est très abondant dans la nature. C'est un corps *dimorphe*, comme le
soufre. On le rencontre sous forme de parallélipipèdes,
dont les faces sont des parallélogrammes (on l'appelle
alors *spath d'Islande*, ou sous la forme de prismes, qui
constituent la variété connue sous le nom d'*aragonite*.

265. Les marbres sont des variétés de carbonate de
chaux à texture cristalline. Le marbre blanc est du carbonate de chaux presque pur. Les marbres colorés doivent leur coloration à des oxydes métalliques dissé-
minés dans leur masse. Les marbres noirs sont colorés
par des matières organiques carbonées, bitumes, goudrons, etc.

L'albâtre calcaire est une variété translucide de carbonate de chaux.

Le calcaire grossier, ou pierre à bâtir des environs
de Paris, et le calcaire jurassique, qui est aussi une
excellente pierre de construction, sont encore des
variétés de carbonate de chaux.

265. La craie ou carbonate de chaux à tissu lâche, à
cassure terreuse, est friable, très tendre et presque
blanche. C'est avec elle qu'on prépare le *blanc d'Espagne*,
le *blanc de Meudon*, le *blanc de Bougival*.

266. La pierre lithographique est un carbonate de
chaux susceptible d'un beau poli.

267. Propriétés. — Le carbonate de chaux est insoluble dans l'eau, mais l'eau chargée de gaz carbonique en dissout une proportion notable. Certaines sources comme celles de Saint-Allyre près de Clermont-Ferrand, de Saint-Martin dans le Puy-de-Dôme, en contiennent une quantité assez considérable. Aussi, lorsqu'on fait couler les eaux de ces sources sur des objets solides, comme des morceaux de bois, des grappes de raisin, des

Fig. 76. — Stalactites et stalagmites.

nids d'oiseaux, etc., elles les recouvrent d'une couche de calcaire qui leur donne l'aspect de la pierre.

Lorsque des eaux ainsi chargées de bicarbonate de chaux s'infiltrent à travers le sol et viennent suinter à la voûte de cavités souterraines, elles laissent, par leur évaporation, les molécules de calcaire à sec; celles-ci se recouvrent de nouvelles molécules et de cette superposition continue résultent des tubes cylindro-coniques, qui pendent à la voûte des cavernes. On les appelle *sta-*

lactites. On désigne sous le nom de *stalagmites* ceux qui s'élèvent de bas en haut par suite de la chute du liquide sur le sol. Il arrive souvent que les stalactites et les stalagmites superposées se rejoignent et forment des espèces de colones rétrécies sur le milieu (fig. 76).

Nous rappelons ici le rôle que le carbonate de chaux des eaux joue dans la formation des incrustations des chaudières à vapeur (*1re année*, 67).

268. Sulfate de calcium ou sulfate de chaux (SO^4Ca). — Le sulfate de chaux est un sel blanc, très peu soluble dans l'eau, qui n'en dissout que 2 grammes à 2 gr. 5 par litre, plus soluble à froid qu'à chaud. Sa présence dans les eaux les rend indigestes, impropres à la cuisson des légumes et au savonnage.

269. Le sulfate de chaux anhydre est appelé *anhydrite.* Il est presque sans usages. On en connaît une variété bleue qui sert, en Italie, à faire des chambranles de cheminée.

Lorsqu'il est hydraté ($SO^4Ca + H^2O$), il est appelé *gypse* ou *pierre à plâtre.* Il est très abondant dans les environs de Paris, à Montmartre, à Pantin. Il est parfois nettement cristallisé et constitue des cristaux ayant la forme de *fers de lance*, qui s'exfolient à la chaleur; on peut facilement, avec un canif, les diviser en lames très minces.

On en connaît une variété appelée *albâtre gypseux*.

Le gypse chauffé perd son eau et se transforme en plâtre. Cette substance, réduite en poudre fine et mélangée avec l'eau, de manière à faire une pâte liquide, se prend bientôt en une masse solide de sulfate de chaux hydraté. Les particules, qui étaient désagrégées dans la pâte liquide, se sont agrégées en petits cristaux au moment où elles se sont combinées avec l'eau, et de leur enchevêtrement est résultée une masse solide.

Une bouillie de plâtre, versée dans un moule, se répand exactement dans toutes ses cavités, s'y solidifie, et, après quelque temps, on obtient un morceau de plâtre solide présentant en relief toutes les cavités du moule. La reproduction est très fidèle, parce que le plâtre en se solidifiant augmente de volume et par suite épouse tous les détails du moule.

270. Cuisson du plâtre. — Le plâtre se cuit comme la chaux, dans des fours analogues à ceux que nous avons décrits.

On trouve, aux environs de Paris, à Vaujours, des usines fort bien aménagées. Le gypse est apporté (fig. 77)

Fig. 77. — Cuisson du plâtre.

par des wagons jusqu'au bord des fours; il est jeté dans les fours F, F, au fond desquels on a disposé à l'avance de gros morceaux de gypse, comme dans la cuisson de la chaux; au-dessous on allume du bois, et, lorsque le feu a duré vingt-quatre heures environ, on défourne par une porte latérale les pierres cuites et on les jette dans une espèce de moulin M, qui les broie. La poudre blanche, qui en résulte, tombe dans une cavité où elle est recueillie pour être mise en sacs.

271. Usages et applications du plâtre. — La propriété qu'a le plâtre de durcir en présence de l'eau, le fait employer pour revêtir les plafonds, les murs construits en pierres irrégulières, et pour sceller le fer dans la pierre.

On l'emploie pour reproduire par moulage une foule d'objets, bustes, statuettes, ornements de plafonds, corniches. Après le travail du sculpteur ou de l'ornemaniste, travail exécuté avec de l'argile plastique, on recouvre l'objet en argile, appelé *maquette*, d'une bouillie de plâtre, en ayant soin de passer un fil dans la masse pour la diviser en deux parties, qui permettront d'ouvrir le moule après solidification. On ouvre le moule en creux ainsi obtenu, on retire la maquette et on applique de nouveau les deux parties du moule l'une contre l'autre. On y coule du plâtre : après solidification, on ouvre le moule et l'on a une reproduction fidèle de la maquette.

Le plâtre est aussi employé à la fabrication du *stuc*, composition qui imite parfaitement le marbre et se laisse polir facilement. Pour le fabriquer, on délaye du plâtre récemment cuit et très fin dans une solution de colle de Flandre, et on ajoute diverses substances colorantes pour reproduire les teintes des marbres. La pâte ainsi formée s'étend, comme le plâtre, sur les surfaces que l'on veut revêtir. Elle durcit en place et peut recevoir un très beau poli.

On fait usage du plâtre en agriculture, pour amender les terres destinées à être converties en prairies artificielles.

CHAPITRE XIV

Notions sur les métaux usuels.

272. Les métaux désignés sous le nom de métaux usuels sont le fer, le zinc, le nickel, le cuivre, le plomb, l'étain, l'aluminium dont les applications se multiplient chaque jour par suite du bas prix auquel on parvient aujourd'hui à l'obtenir, le mercure, l'argent et l'or. Nous les étudierons en suivant l'ordre de la classification; nous décrirons sommairement leurs propriétés principales et les procédés d'extraction, ou *métallurgie*, en insistant plus particulièrement sur le fer, qui est le plus important d'entre eux.

273. **Préparation des minerais.** — Les métaux peuvent exister dans la nature à l'état pur : on dit alors qu'ils sont à l'état *natif*; mais c'est l'exception. Nous citerons l'or, le platine et l'argent. Le plus souvent, ils se présentent à l'état de combinaisons plus ou moins complexes, que l'on désigne sous le nom général de *minerais* et dont il faut les extraire par des opérations chimiques, dont l'ensemble constitue la métallurgie.

Avant d'être soumis au traitement qui convient à chacun d'eux, les minerais subissent un traitement préparatoire qui consiste d'abord en un triage, dont le but est de séparer une partie des matières auxquelles le minerai se trouve associé et qu'on appelle *gangue*.

Le minerai est ensuite concassé sous des *cylindres broyeurs*, ou sous des pilons appelés *bocards*, puis séparé des matières terreuses par des lavages. Nous n'insisterons pas sur ces opérations qui varient d'une usine à l'autre.

FER. FONTES. ACIERS

274. Fer (Fe = 56). — A l'état de pureté, le fer a une couleur blanche qui se rapproche de celle de l'argent : le bon fer ordinaire en barres est blanc grisâtre; il est plus dur que le fer pur. Le fer est ductile et malléable; il jouit d'une grande ténacité. La densité du fer fondu est 7,4; elle augmente par l'écrouissage (143) et peut devenir égale à 7,84. Le fer se fond à une température voisine de 1600 degrés; il se ramollit avant de se fondre et possède alors la propriété de se souder à lui-même et de prendre sous le marteau toutes les formes qu'on veut lui donner. Pour souder deux morceaux de fer, on chauffe au rouge les deux extrémités; on les saupoudre d'un peu de sable qui, se combinant avec l'oxyde produit à la surface du métal, forme un silicate de fer fusible; les extrémités à souder se trouvent ainsi décapées, et, lorsqu'on les martèle, elles s'unissent intimement et forment un tout homogène.

Le fer et le platine sont les seuls métaux qui puissent se souder sans qu'on soit obligé de réunir leurs parties par un alliage plus fusible appelé *soudure*.

Le fer fondu prend, en se solidifiant, une texture *grenue* que le martelage rend fibreuse et nerveuse. Par des chocs répétés la structure se modifie, devient cristalline, et alors le métal est très cassant; c'est ce que l'on observe fréquemment dans les essieux de wagons, de locomotives, dans les canons de fer, etc.

La couleur et l'éclat du fer présentent une relation assez remarquable; un fer de bonne qualité, s'il a une couleur claire, doit être mat, et, par contre, le fer très brillant doit présenter une teinte gris foncé.

Les fers, dits *fers rouverains*, sont quelquefois cassants au rouge par suite de la présence d'une petite quantité de soufre : 1/10000 suffit pour les rendre cassants, 3/10000 leur font perdre la propriété de se souder.

Le fer a la propriété d'être attiré par l'aimant; il est inaltérable dans l'air sec, mais s'oxyde facilement à l'air humide; nous avons vu, à propos de l'action de l'oxygène sur les métaux, les détails de cette oxydation.

Il forme avec l'oxygène quatre oxydes : le protoxyde (FeO); le sesquioxyde anhydre (Fe^2O^3) (rouge d'Angleterre, de Prusse, colcothar); le sesquioxyde hydraté, qui constitue la rouille; l'oxyde magnétique (Fe^3O^4), ou *oxyde des battitures*, qui se détache du fer en lamelles noirâtres lorsqu'on le chauffe au rouge et qu'on le martèle; l'acide ferrique (FeO^3), qui n'est connu que combiné aux bases.

Le fer forme avec le soufre trois sulfures : le protosulfure (FeS), le bisulfure de fer (FeS^2), et le sulfure magnétique (Fe^3S^4).

Le fer décompose la vapeur d'eau au rouge; il se laisse facilement attaquer par les acides sulfurique, chlorhydrique et azotique, dans lesquels il se dissout.

275. **Usages.** — Le fer est le plus important des métaux. Il sert à la construction des nombreuses machines qu'emploie l'industrie; il remplace le bois et la pierre dans la construction des maisons et des édifices, etc.

MÉTALLURGIE DU FER

276. La métallurgie du fer consiste dans la réduction de l'oxyde de fer par le charbon. Cette réduction se fait facilement, mais le fer métallique réduit se trouve intimement mélangé avec la gangue argileuse du minerai, et ses particules ne peuvent pas se réunir. Si la gangue était très fusible, il suffirait de chauffer le minerai de manière à le fondre; en battant ensuite cette éponge, les particules métalliques s'agglomèreraient et le reste serait exprimé comme scorie. Mais la gangue du minerai de fer étant ordinairement de l'argile ou du quartz,

substances presque infusibles, il faut la mettre en présence d'un oxyde avec lequel elle puisse former un silicate fusible.

Quand le minerai est très riche, on sacrifie une partie de l'oxyde de fer pour la formation de ce silicate, et il se produit alors du silicate double d'alumine et de fer, fusible à une température assez peu élevée pour que le fer réduit reste à l'état métallique. On voit que, dans cette méthode, appelée *méthode catalane*, il y a perte d'une certaine quantité de fer.

Quand le minerai n'est pas assez riche pour qu'on puisse en sacrifier une partie à la fusion de la gangue, on introduit dans le mélange de charbon et de minerai une certaine quantité de carbonate de chaux appelé *castine*, qui, en se décomposant, produit de la chaux. Cette chaux se combine avec la silice de la gangue et forme un silicate double d'alumine et de chaux; mais ce silicate étant moins fusible que le silicate d'alumine et de fer, il faut élever beaucoup plus la température, et alors le fer réduit, au lieu de rester métallique, se combine avec une certaine quantité de charbon et passe à l'état de *fonte*. Cette méthode, appelée *méthode des hauts fourneaux*, doit donc être suivie d'une seconde opération ayant pour but d'enlever à la fonte son charbon et de le transformer en fer doux; c'est l'*affinage de la fonte*.

Quand la gangue est calcaire, on ajoute au mélange de minerai et de charbon des matières siliceuses, que l'on appelle *erbue*.

MÉTHODE CATALANE

277. La méthode catalane n'est employée que dans les contrées riches en très bons minerais et en forêts, comme la Corse et les Pyrénées. Aujourd'hui elle est très peu importante.

Une forge catalane se compose d'un creuset emprisonné dans un massif de maçonnerie et situé au-dessous de la tuyère A (fig. 78) qui insuffle de l'air. Au commen-

cement de l'opération, on remplit ce creuset de charbon
et on met au-dessus deux masses contiguës, mais dis-
tinctes, l'une de charbon de bois près de la tuyère, l'autre de minerai. Sous le vent de la tuyère, le charbon se transforme en anhydride carbonique; ce gaz rencontre, en s'élevant, du charbon incandescent qui le transforme en oxyde de carbone, et ce dernier réduit lui-même l'oxyde de fer pour se transformer de

Fig. 78. — Métallurgie du fer (méthode catalane).

nouveau en anhydride carbonique. Le silicate double
d'alumine et de fer se fond et passe dans le creuset en
entraînant avec lui le fer réduit. On sépare ce dernier
de la scorie en battant le mélange sur une enclume avec
un marteau pesant; les coups font jaillir la scorie encore
liquide; les particules métalliques se soudent l'une à
l'autre; le fer est forgé. Il n'y a plus qu'à l'étirer en
barres pour le livrer au commerce.

MÉTHODE DES HAUTS FOURNEAUX

278. Un haut fourneau se compose de deux troncs de
cône réunis par leur base. G (fig. 79) est le *gueulard*,

ouverture [par laquelle on jette le combustible et le
minerai dans le fourneau. Il est surmonté par la cheminée H ; V est la *cuve*, E les *étalages*. L'espace prisma-

Fig. 79. — Métallurgie du fer (haut fourneau).

tique O est l'*ouvrage*; en *t, t'* débouchent les tuyères.
La partie *c*, placée au-dessous de l'arrivée des tuyères,
est appelée le *creuset*. L'une des parois de ce creuset est
formée par une pierre prismatique *d*, appelée la *dame*,
qui se continue par un plan incliné.

On remplit d'abord le haut fourneau de combustible;
on y met le feu et on fait jouer la machine soufflante, qui
envoie de l'air par les tuyères. Quand la chaleur est
assez forte, on ajoute, par le gueulard, des charges
alternatives de minerai, de fondant et de charbon.

Le charbon se transforme dans l'ouvrage en anhydride carbonique, s'élève dans le fourneau et rencontre
de nouvelles masses de charbon qui le ramènent à l'état
d'oxyde de carbone. Celui-ci arrive dans la cuve où il
rencontre le minerai chauffé au rouge sombre; il le
réduit et passe à l'état d'anhydride carbonique.

Suivons maintenant la marche descendante du minerai,
du fondant et du combustible. Le minerai se dessèche
dans la partie supérieure de la cuve; il est au rouge
sombre quand il arrive à sa partie inférieure, où il est
réduit par l'oxyde de carbone. Dans les étalages, le fer
réduit se transforme en *fonte*, pendant que le silicate
double d'alumine et de chaux se forme; fonte et silicate
se fondent en passant dans l'ouvrage et tombent dans le
creuset; le silicate, ou *laitier*, reste au-dessus, finit par
déborder la dame et s'écoule sur le plan incliné, d'où
on l'enlève à mesure qu'il se solidifie. Quand le creuset
est plein de fonte, on débouche un trou de coulée situé
à sa partie inférieure, et le liquide incandescent coule et
se solidifie dans des canaux semi-cylindriques creusés
dans le sol de l'usine; les morceaux de fonte solidifiés
sont appelés *gueuses*.

Pendant longtemps on a laissé perdre les gaz chauds,
qui sortent par le gueulard. Il y avait là une perte considérable de chaleur et, par suite, de combustible. Aujour-
d'hui on utilise la chaleur de ces gaz pour échauffer des
appareils appelés *récupérateurs*, dans lesquels on réchauf-
fera l'air destiné à alimenter les tuyères.

270. Récupérateurs Whitwell. — La figure 80
représente la disposition adoptée. Le haut fourneau
construit en briques est entouré d'une enveloppe de
tôle; le gueulard peut être fermé par un couvercle que

Fig. 80. — Métallurgie du fer (haut fourneau et récupérateurs Whitwell).

l'on soulève au moment de l'introduction du minerai et du combustible. A sa partie inférieure, le haut fourneau est enveloppé par une couronne creuse $cc'c''$, présentant quatre tubulures sur lesquelles s'ajustent les tuyères, qui porteront l'air chaud au haut fourneau. La couronne reçoit l'air lancé par des machines soufflantes. De part et d'autre du haut fourneau sont des tours R, R', appelées *récupérateurs Whitwell*. Elles sont en briques et recouvertes d'un revêtement en tôle, leur diamètre est de 6 mètres, leur hauteur de 18 mètres. A leur intérieur sont disposées des cloisons verticales parallèles présentant alternativement des ouvertures à leurs parties supérieure et inférieure, qui font communiquer les espaces compris entre les cloisons soit par le bas, soit par le haut, de sorte que les gaz que l'on y fera passer y circulent en serpentant, comme l'indiquent les flèches, et restent le plus longtemps possible en contact avec les cloisons. Supposons qu'à un moment donné on mette le récupérateur R en communication avec le gueulard d'une part, avec une cheminée d'autre part : les gaz du haut fourneau vont être appelés par le tirage dans le récupérateur. Si on les mélange à l'entrée avec une certaine quantité d'air, ils s'enflamment, brûlent dans le récupérateur et portent les c'oisons à une température élevée (750° environ). Ajoutons que les gaz du haut fourneau ont passé dans un laveur, où ils ont déposé une grande partie de leurs poussières. Au bout de deux heures environ, le récupérateur R est assez chaud : on ferme la communication avec le haut fourneau et on met R en communication avec les machines soufflantes; elles y lancent un courant d'air froid qui s'échauffe au contact des cloisons et se rend aux tuyères. Le récupérateur R' fonctionne de la même manière : pendant que R reçoit les gaz du gueulard, R' reçoit de l'air froid qui s'échauffe au contact des cloisons et va dans les tuyères : c'est ce que représente la figure. Réciproquement, pendant que R reçoit de l'air froid, R' reçoit les gaz du gueulard. Les deux récupérateurs fonctionnent donc alternativement pour s'échauffer et échauffer l'air.

FONTES

280. Les fontes sont des combinaisons de charbon et de fer formées d'environ 95 p. 100 de fer, de 2 à 5 p. 100 de charbon. Elles contiennent des proportions variables de silicium, de phosphore, de soufre et d'arsenic. On divise les fontes en *fontes grises*, *fontes blanches* et *fontes intermédiaires*.

1º Dans les fontes *grises* la proportion de charbon combinée au fer est relativement faible et une notable quantité de charbon est intercalée sous forme de paillettes de graphite placées dans les interstices des cristaux plus ou moins gros qui constituent la masse métallique ; leur cassure varie du noir brillant, à grandes paillettes, à un grain gris, serré et uniforme, qui représente pour les fontes le maximum de résistance. Elles renferment une proportion de silicium variant de 2 à 3 p. 100. La fonte grise, soumise à l'action d'un acide qui dissout le fer, laisse un résidu de graphite ferrugineux noir.

2º Les fontes *blanches* ne contiennent que peu et même point de silicium (1 p. 100 au plus), pas de graphite : tout le carbone qu'elles renferment s'y trouve combiné au fer ou dissous dans la masse entière. Leur cassure est blanche ; leur texture dépend de la proportion de carbone : quand cette proportion est faible, la texture est massive, sans fibres, ni grains apparents ; quand elle est plus forte et approche de 4 à 5 p. 100, la texture devient fibreuse ou rayonnée. Traitées par un acide, les fontes blanches ne laissent pas de résidu charbonneux : le carbone combiné passe à l'état de carbone d'odeur fétide.

3º Les fontes *intermédiaires* sont des fontes qui sont tantôt *truitées* et présentent des taches grises sur fond blanc, ou des taches blanches sur fond gris, tantôt *ruba-nées*, c'est-à-dire présentant des couches grises et blanches nettement séparées.

L'obtention de ces diverses espèces de fontes dépend des circonstances dans lesquelles on opère.

La fonte est employée soit au moulage d'un grand nombre d'objets servant à l'industrie ou à l'économie domestique, soit à la fabrication du fer par affinage.

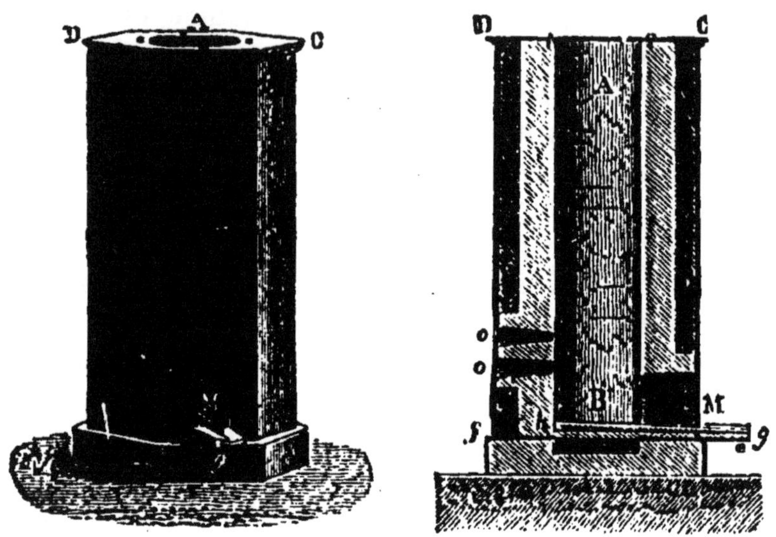

Fig. 81. — Cubilots pour la fusion de la fonte.

281. Les objets moulés en fonte se divisent en deux classes : 1° les objets moulés de première fusion, pour lesquels la fonte est coulée dans des moules au sortir du haut fourneau ; elle est puisée dans le creuset lui-même ; on ne peut avoir ainsi que de petites pièces ; 2° les objets moulés de seconde fusion, que l'on fabrique avec de la fonte qui a été refondue dans des fours ou *cubilots* semblables à ceux que représente la figure 81. La fonte et le combustible sont chargés dans la cavité AB, où arrive un courant d'air lancé par des tuyères qui débou- chent en *o, o* ; en M se trouve le trou de coulée.

On peut fondre dans ces fours de grandes quantités

de fonte à la fois et donner au produit de cette fusion les qualités que réclament les objets à mouler, en y mélangeant des fontes de natures diverses.

Les moules sont faits en sable ou en argile; les pièces qu'on veut durcir beaucoup, sont moulées *en coquille*, c'est-à-dire dans des moules métalliques qui refroidissent brusquement la fonte et trempent sa surface.

AFFINAGE DE LA FONTE

282. Affiner la fonte, c'est la décarburer et la transformer en fer. Voici les principes sur lesquels repose cette transformation : on fond la fonte et on fait arriver sur elle un courant d'air actif; sous l'influence de l'air, le silicium qu'elle contient et un peu de fer s'oxydent pour former un silicate de fer très basique. Le charbon de la fonte porte alors son action réductrice sur l'excès de base du silicate et se transforme lui-même en oxyde de carbone. A mesure que le charbon quitte la fonte pour réduire l'oxyde de fer, l'affinage s'effectue. Dans la pratique, on emploie plusieurs procédés.

283. Affinage de la fonte par le procédé comtois. — L'affinage par le procédé comtois se fait dans des forges au charbon de bois. Le creuset A (fig. 82) reçoit le vent d'une tuyère alimentée par deux soufflets; on l'emplit d'abord de charbon que l'on allume; puis on avance dans le feu la *gueuse* C; elle fond, tombe en gouttelettes et passe sous le vent des tuyères, où elle s'affine partiellement; c'est la première phase de l'opération. A mesure qu'elle perd son charbon, la fonte devient moins fusible; elle prend plus de consistance, et l'ouvrier peut la soulever avec un ringard et l'amener de nouveau sous le vent des tuyères; l'affinage s'y achève, le métal fond et descend sur la sole. Les particules de fer bien affinées sont agglomérées par l'ouvrier en une boule ou *loupe*; c'est ce qu'on appelle *avaler la loupe*; on la sort du feu et on la porte, pour en extraire la scorie et agréger le fer, sous des appareils de cinglage ou marteaux énormes, mus mécaniquement.

On se sert tantôt du marteau frontal, tantôt du marteau-pilon. Le premier, que représente la figure 83, se compose d'un manche en fonte P capable de tourner autour d'un axe O soli-

Fig. 82. — Affinage de la fonte par le procédé comtois.

dement fixé. La pomme du marteau est en fer aciéreux; elle repose sur une enclume F où l'on place la loupe; le marteau est soulevé par les *cames* ou saillies d'une

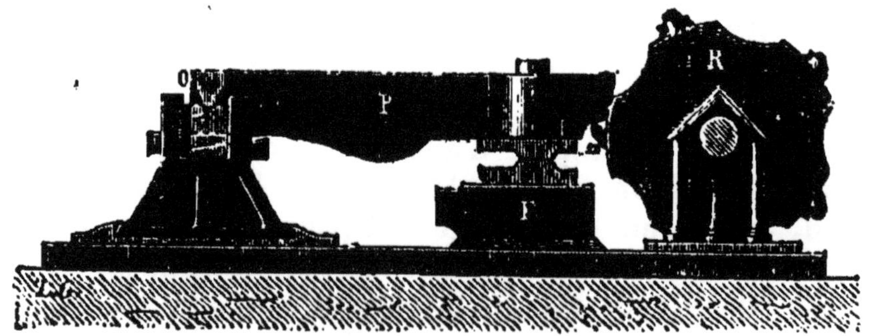

Fig. 83. — Marteau frontal.

roue R mue mécaniquement, puis il retombe de tout son poids, lorsque, dans sa rotation la came l'abandonne.

Le marteau-pilon est représenté par la figure 84. La pièce principale est un *mouton* M, pouvant peser jusqu'à 100 tonnes, et suspendu à la tige d'un piston, qui se meut dans le corps de pompe C par l'action de la vapeur. On peut à volonté, en faisant varier la sortie de la vapeur, graduer l'intensité du choc sur l'enclume *e*.

Fig. 84. — Marteau-pilon.

C'est un spectacle curieux que de voir cet outil puissant, tantôt frapper la loupe avec force, de manière à faire jaillir au loin la scorie incandescente, tantôt au contraire descendre avec une lenteur telle qu'il permettrait d'enfoncer une épingle dans le bouchon d'une bouteille sans briser celle-ci.

12.

Fig. 85. — Métallurgie du fer (Four de finerie).

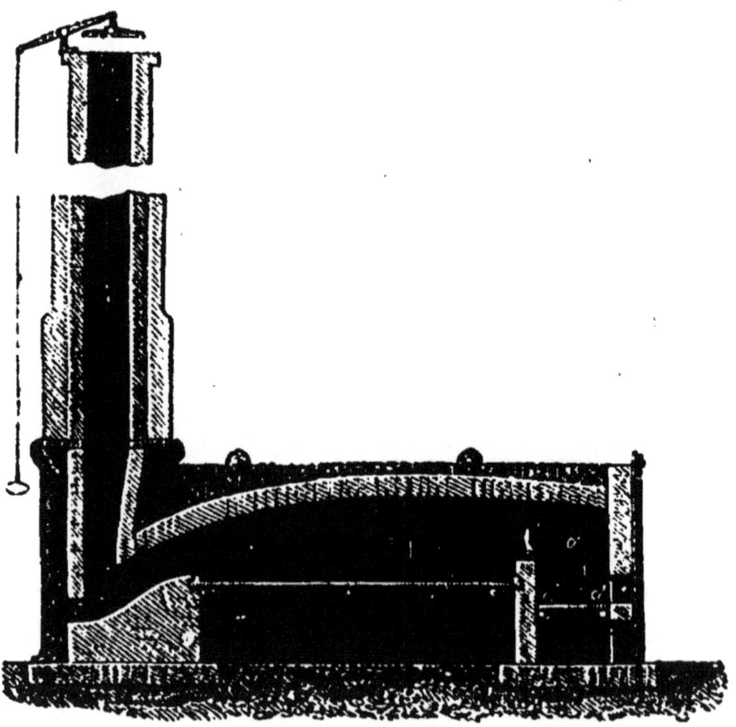

Fig. 86. — Métallurgie du fer (Four à puddler.)

A la sortie des appareils de cinglage, il n'y a plus alors qu'à étirer le fer pour le livrer au commerce. Cet étirage se fait à chaud au moyen de laminoirs cannelés : les cannelures sont de grandeurs différentes et, en y faisant passer les morceaux de fer, on a des barres de diverses grosseurs.

L'affinage par le procédé comtois donne d'excellent fer, mais il est beaucoup moins employé que le procédé anglais que nous allons décrire.

284. Affinage de la fonte par le procédé anglais. — L'affinage par la méthode anglaise se fait à la houille ; les deux phases de l'opération que nous avons vues s'effectuer dans le même fourneau par le procédé comtois se font ici dans deux fours différents.

Dans le premier, que représente la figure 85, la fonte subit la première fusion au milieu d'un creuset O, où arrive le vent de deux tuyères en fonte t, t; comme elles pourraient se fondre elles-mêmes, le canal par lequel arrive le vent est entouré d'un espace annulaire dans lequel circule un courant d'eau froide. La figure représente les tubes d'arrivée et de sortie de l'eau.

Dans cette première opération, que l'on appelle le *mazéage* ou *finage*, on enlève à la fonte la plus grande partie de son silicium; à la sortie de ces fours, elle est dite *fine métal*; on la porte alors dans des *fours à puddler* (fig. 86) chauffés au blanc; elle s'y fond de nouveau et son charbon, agissant sur le silicate de fer formé dans le mazéage, se transforme en oxyde de carbone.

Quand les fontes proviennent de fourneaux chauffés au charbon de bois et qu'elles contiennent peu de silicium, on supprime le mazéage et on ne les soumet qu'au puddlage.

ACIERS

285. L'acier est un carbure de fer moins carburé que la fonte. Chauffé au rouge et plongé brusquement dans l'eau froide, l'acier acquiert des propriétés nouvelles et précieuses : il devient très élastique, très dur et très cassant : on dit alors qu'il est *trempé*. La trempe est une opération délicate : mal dirigée, elle altère la qualité de l'acier. Pendant longtemps on n'a su fabriquer que des aciers renfermant environ 2 p. 100 de carbone; mais les procédés métallurgiques ont subi, depuis trente ans et surtout depuis une quinzaine d'années, des perfectionnements considérables, qui ont eu pour effet de diminuer la proportion de carbone et de donner un métal capable d'être fondu et coulé. On est arrivé à faire des métaux dans lesquels on fait varier à volonté les qualités mécaniques en faisant varier la teneur en carbone et autres éléments. Ces métaux susceptibles d'être fondus sont employés maintenant à la construction des rails, des chaudières, des machines à vapeur, etc., et ont pris une très large place dans l'industrie. La fabrication des métaux intermédiaires entre le fer proprement dit et l'acier proprement dit, la décroissance très graduée de leurs propriétés de l'un à l'autre, avaient amené dans le langage une véritable confusion que les décisions du congrès international de Philadelphie ont fait disparaître.

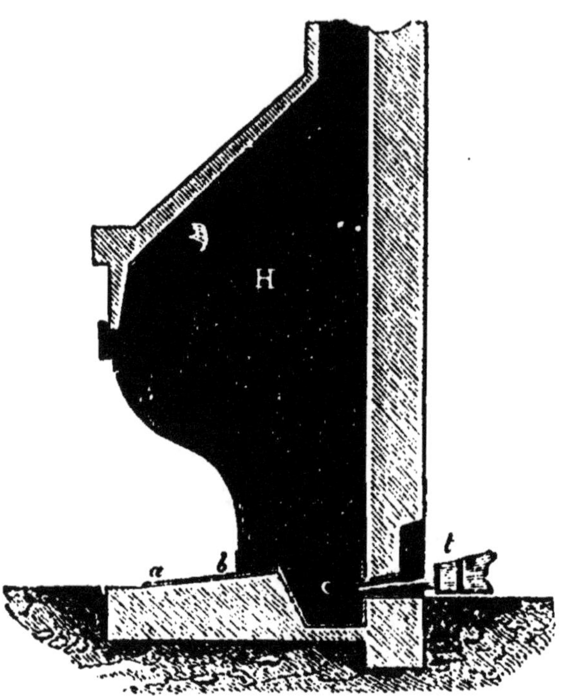

Fig. 87. — Fabrication de l'acier par la décarburation de la fonte.

On appelle maintenant *fer soudé* l'ancien fer doux. c'est-à-dire tout métal ferreux, malléable, obtenu par la réunion de masses pâteuses au moyen de tout autre procédé que la fusion et ne durcissant point par la trempe.

On appelle *acier soudé* tout corps analogue durcissant par la trempe et obtenu sans fusion; c'est l'acier naturel, l'acier de forge ou acier puddlé.

On donne le nom de *fer fondu* à tout métal ferreux ne durcissant point par la trempe et obtenu par fusion.

Enfin tout corps analogue obtenu par fusion et durcissant par la trempe sera appelé *acier fondu*.

Le fer soudé ou fer ordinaire, fer doux, se fabrique par les procédés que nous avons décrits. Les trois autres espèces, que l'on désigne souvent sous le nom générique d'*acier*, se fabriquent par des moyens que nous allons décrire d'une manière sommaire et qui se divisent en deux groupes : 1° ceux dans lesquels on décarbure la fonte : tels sont les procédés par lesquels on fabriquait autrefois l'*acier naturel*, l'*acier puddlé* et aujourd'hui le procédé *Siemens-Martin*; 2° les procédés dans lesquels on carbure le fer : telles sont la fabrication de l'*acier Bessemer*, dans lequel on décarbure la fonte pour carburer ensuite le fer obtenu, et la fabrication de l'*acier de cémentation*.

286. Fabrication de l'acier naturel et de l'acier puddlé. — Par la décarburation de la fonte, on obtient, soit de l'*acier naturel* ou acier d'alliage, soit de l'acier *puddlé*. Dans les deux cas, l'opération consiste à affiner partiellement la fonte. Cet affinage se fait pour l'*acier naturel* en traitant la fonte dans des forges (fig. 87) semblables à celles dans lesquelles s'opère l'affinage du fer. Quant à l'acier puddlé, il se fabrique par l'affinage partiel dans des fours à puddler.

287. Fabrication de l'acier Siemens-Martin. — Dans ce procédé, on décarbure la fonte soit par du vieux fer ou ferraille ou des fragments d'acier appelés *riblons*, soit en employant un mélange de fonte et de minerai de fer, dont l'oxygène brûle le carbone de la fonte.

On se sert pour cela de fours à réverbère chauffés par la combustion de gaz fournis par des gazogènes. Ce procédé de chauffage, qui est aussi employé dans les verreries, consiste à distiller la houille en lui faisant subir une combustion incomplète, de manière à obtenir un mélange d'oxyde de carbone et d'hydrogènes carbonés. On les mélange à l'air qui les fait brûler, et c'est leur flamme qui chauffe le four. Avant d'entrer dans le four, le mélange de gaz et d'air est chauffé dans des appareils qui sont analogues aux récupérateurs Whitwell et fonctionnent de même. La sole des fours est tantôt faite avec des matières siliceuses (*Martin acide*), tantôt avec des matières basiques (briques calcaires ou magnésieuses). Ce dernier cas se produit quand les fontes sont phosphoreuses. La base s'empare de l'acide phosphorique produit (*Martin basique*). Quand la décarburation est faite au degré voulu, on coule le métal par des procédés analogues à ceux que nous allons indiquer à propos de l'acier Bessemer.

288. Fabrication de l'acier Bessemer. — La fabrication de l'acier Bessemer se pratique dans de grandes cornues ou *convertisseurs* C, C' (fig. 88) en tôle boulonnée et garnies intérieurement d'un revêtement siliceux (*Bessemer acide*) ou basique (*Bessemer basique*). La cornue peut pivoter autour de deux tourillons horizontaux, de manière à prendre différentes positions. Lorsque l'appareil est vertical, il présente le bec de la cornue sous une hotte en tôle surmontée d'une cheminée. Le vent peut arriver par le tube situé en avant de la figure, à droite; il passe ensuite dans une boîte, d'où il gagne un tube latéral et recourbé, qui le mène à des tuyères intérieures. Après avoir fait brûler du coke dans le convertisseur pour l'échauffer, on y introduit de la fonte liquide, qui a été fondue dans un cubilot voisin,

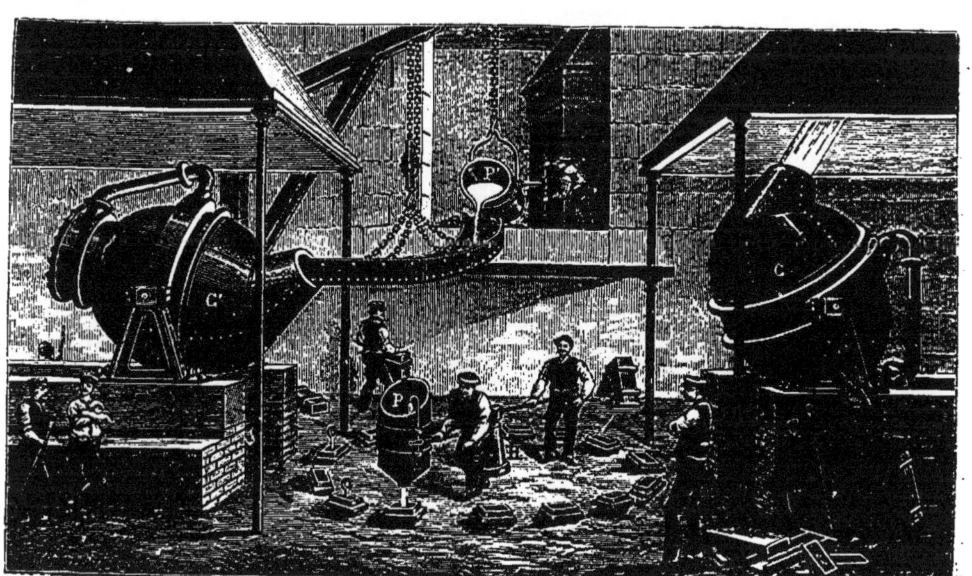

Fig. 88. — Fabrication de l'acier Bessemer.

On donne le vent, la fonte s'affine, et on y verse alors
une nouvelle quantité de fonte liquide destinée à produire
l'aciération par le charbon qu'elle apporte avec elle.
Pour procéder à la coulée, on fait basculer le convertisseur, et on reçoit l'acier fondu dans une grande poche
munie d'une soupape à sa partie inférieure. Au moyen de machines spéciales, la poche peut être ame-
née au-dessus des moules, qui doivent recevoir l'acier ; lorsqu'elle est arrivée au-dessus de chacun d'eux, on soulève la
soupape et l'acier fondu s'écoule dans les moules.

Fig. 89. — Fabrication de l'acier par
la carburation du fer.

Un des avanta-
ges de ce procédé,
comme du procédé Siemens-Martin, consiste à pouvoir obtenir en une fois de grandes masses de métal
fondu.

289. Acier de cémentation. — L'*acier de cémentation* s'obtient en chauffant du fer de bonne qualité avec
du charbon en poudre dans des caisses CC (fig. 89) en
briques réfractaires, autour desquelles on fait circuler la
flamme d'un foyer. On dispose des couches alternatives
de fer en barres assez peu épaisses et d'un mélange de
charbon et de cendre, appelé *cément*.

290. Corroyage et fusion de l'acier. — Le corroyage de l'acier consiste à faire des paquets de lames
d'acier trempé assorties suivant leur densité, à soumettre
ces paquets à une haute température et à les travailler

ensuite au marteau-pilon, qui soude le tout en un *lopin* qu'on étire en barres.

Acier fondu. — La fusion de l'acier donne encore un produit de qualité supérieure, parce qu'elle permet une répartition plus égale du charbon dans la masse métallique. L'acier fondu se fabrique avec des aciers puddlés ou cémentés, mais principalement avec ces derniers. La fusion s'opère dans des creusets en argile réfractaire chauffés au moyen du coke dans des fourneaux à vent (fig. 90). L'acier fondu est coulé dans des lingotières.

291. Usages de l'acier. — Les aciers naturels ou puddlés sont employés dans la fabrication des sabres,

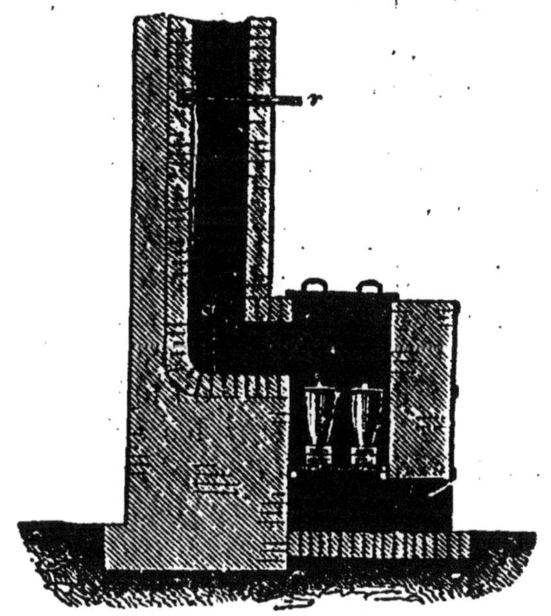

Fig. 90. — Fusion de l'acier.

des épées, des fleurets, des scies, des ressorts de voitures, des instruments aratoires; l'acier de cémentation est employé pour la fabrication des limes et des objets de quincaillerie. Ces aciers ne sont pas souvent employés à l'état naturel : le plus souvent ils sont améliorés par un corroyage plus ou moins parfait. L'acier fondu sert à la confection des burins, des ciseaux capables de couper la fonte, le fer et les autres aciers. Il est employé pour la coutellerie fine, la bijouterie d'acier, les ressorts de montre, les instruments de chirurgie, les coins des monnaies, les laminoirs, etc. L'acier Bessemer a maintenant de nombreuses applications; il sert à la fabrication des rails, des ressorts de voiture, etc., etc.

ZINC

Symbole : Zn. — Poids atomique : Zn = 65.

292. Propriétés physiques et chimiques du zinc. — Le zinc du commerce n'est jamais parfaitement pur; il contient toujours un peu de plomb, de fer et de carbone, quelquefois de l'arsenic.

Le zinc est un métal blanc bleuâtre, à texture cristalline. Sa densité varie de 6,8 à 7,2 : il fond vers 450° et distille à 1040°. Le zinc du commerce est mou et graisse la lime; il se gerce, en même temps qu'il s'aplatit sous le marteau. Il n'est malléable qu'entre 130° et 150°, ce qui constitue une grande difficulté pour le laminer.

Le zinc se ternit dans l'air humide; il se recouvre alors d'une couche adhérente d'hydrocarbonate de zinc, qui préserve le reste du métal de l'oxydation. Il se dissout facilement dans les acides, même les plus faibles, en donnant lieu à des sels incolores et vénéneux. Aussi doit-on en proscrire l'usage dans l'économie domestique pour les vases qui pourraient renfermer des acides ou des agents capables d'attaquer le métal (vinaigre, corps gras, sel de cuisine, jus de citron).

Chauffé au contact de l'air, il se convertit en protoxyde (ZnO), qui se répand dans l'air en flocons blancs très légers. Nous en avons parlé et nous avons décrit sa fabrication (169).

293. Métallurgie du zinc. — Les deux minerais du zinc sont le sulfure de zinc ou *blende*, et le carbonate de zinc ou *calamine*. Ces deux minerais, qui se trouvent en Sibérie, en Belgique, en Angleterre, sont grillés à l'air et transformés en oxyde de zinc, que l'on réduit par le charbon à une température élevée : le zinc distille dans des appareils où il se condense.

294. Usages du zinc. — Le zinc sert, à l'état de feuilles minces, pour la couverture des toits, pour la confection des baignoires, des bassins, des gouttières;

il sert à la fabrication du fer galvanisé dont nous avons parlé plus haut; il entre dans la composition du laiton et du maillechort.

NICKEL

Symbole : Ni. — Poids atomique : Ni = 59.

295. Propriétés physiques et chimiques. Le nickel est un métal blanc grisâtre. Après le manganèse, c'est le plus dur des métaux. Sa densité est 8,27. Il est ductile et malléable, moins fusible que le fer. Il est attirable à l'aimant et perd cette propriété à 250°. Il ne s'oxyde pas à froid au contact de l'air; à une température élevée, il s'oxyde. Il se dissout dans les acides sulfurique, chlorhydrique et azotique. Trempé dans l'acide azotique monohydraté, il devient *passif* comme le fer (195).

296. Métallurgie du nickel. — Le nickel se trouve à l'état d'arséniures ou d'arséniosulfures. On les transforme en oxyde par le grillage et on réduit l'oxyde par le charbon.

297. Usages du nickel. — Le nickel est employé aujourd'hui à la fabrication d'un assez grand nombre de vases, qui servent dans l'économie domestique, plats, légumiers, casseroles, etc.

Nickelage. — On l'emploie aussi au *nickelage*, opération qui consiste à recouvrir le fer, le cuivre, etc., d'une couche de nickel pour les préserver de l'oxydation. On procède par galvanoplastie, en décomposant par le courant électrique le sulfate double de nickel et d'ammoniaque.

ÉTAIN

Symbole : Sn. — Poids atomique : Sn = 118.

298. Propriétés physiques et chimiques. — L'étain du commerce se présente en feuilles, en baguettes, en tables, en pains, en saumons et en lames. Sous cette dernière forme, il est appelé *graintin*.

L'étain du commerce est le plus souvent impur : il n'y a que celui de Malacca qui jouisse d'une pureté parfaite.

L'étain est d'un blanc argentin, dont le reflet est un peu jaunâtre. Par le frottement, il exhale une légère odeur ; sa densité est 7,29. Il cristallise facilement ; aussi sa texture est-elle cristalline, et, lorsqu'on plie une baguette d'étain, elle produit un cri particulier appelé *cri de l'étain*, qui provient du frottement et du déchirement des cristaux enchevêtrés.

L'étain est mou et très malléable : c'est lui qui sert à la fabrication des feuilles avec lesquelles on enveloppe le thé et le chocolat ; elles s'obtiennent par le martelage, et, pour que le choc du marteau ne les déchire pas, on les met entre des feuilles d'étain plus épaisses.

L'étain et le plomb sont les seuls métaux qui puissent être réduits en lames minces, sans qu'on soit obligé de les recuire.

L'étain fond à 228° ; c'est le plus fusible de tous les métaux usuels ; lorsqu'il est fondu, on peut le couler sur une feuille de papier ou sur un linge sans les brûler.

L'étain s'altère peu à l'air à la température ordinaire, mais, quand on le chauffe, il s'oxyde avec facilité. Lorsqu'on maintient de l'étain en fusion à l'air, il se couvre d'une couche grise, mélange de protoxyde (SnO) et de bioxyde (SnO^2), que les étameurs appellent *crasse*. Ces oxydes, chauffés avec du charbon, se réduisent et régénèrent l'étain. A une haute température, l'étain peut même s'enflammer.

Le bioxyde d'étain est un acide capable de se combiner avec les bases ; il reçoit le nom d'acide *stannique*, quand il a été préparé par l'action oxydante de l'acide azotique sur l'étain, et le nom d'acide *métastannique*, quand on l'a préparé en décomposant le bichlorure d'étain par l'eau. Ces deux noms correspondent à des propriétés chimiques différentes.

L'étain décompose l'eau au rouge : il se dissout dans les dissolutions concentrées de potasse ou de soude, à cause de l'affinité de ses oxydes pour les alcalis.

L'acide sulfurique ne l'attaque qu'avec lenteur; l'acide chlorhydrique le dissout rapidement à chaud, mais lentement à froid; l'acide azotique monohydraté n'agit pas sur lui, mais l'acide azotique du commerce l'oxyde avec énergie et le transforme en acide stannique.

299. Métallurgie de l'étain. — Le nombre des minerais d'étain est très restreint; le seul qui donne lieu à des exploitations métallurgiques est le bioxyde d'étain anhydre ou *cassitérite*. Il est très abondant en Angleterre, en Saxe et aux Indes. On en extrait l'étain en le réduisant par le charbon à haute température.

300. Usages de l'étain. — En vertu de l'innocuité de ses sels sur l'économie animale, quand ils sont pris à petite dose, de la difficulté qu'ont les acides à l'attaquer, de son inaltérabilité à l'air, l'étain est employé à la fabrication de couverts et de vases.

Sa fusibilité très grande empêchant de l'employer pour la fabrication des vases qui doivent aller au feu, on a imaginé de recouvrir les vases de fer et de cuivre d'une mince couche d'étain, qui les préserve de l'oxydation et de l'attaque par les acides ou par les autres agents.

Étamage du cuivre. — Pour étamer le cuivre, il faut d'abord décaper la pièce avec soin; on la saupoudre à cet effet de chlorhydrate d'ammoniaque ou sel ammoniac; on la chauffe et on la frotte vivement avec un tampon d'étoupe, de manière à étendre le sel sur toute la surface : lorsque le décapage l'a rendue brillante, on promène l'étain en fusion à sa surface et on l'étale sur tous les points avec de l'étoupe. On n'obtient ainsi qu'une couche superficielle qui est très mince, et qui est bientôt emportée par le frottement auquel on soumet les vases culinaires pour les récurer; aussi faut-il surveiller ces vases avec soin et les faire étamer à nouveau dès que le cuivre commence à être mis à nu; sans quoi il pourrait, au contact des liquides, se former des sels de cuivre, qui sont vénéneux.

On emploie rarement l'étain pur pour l'étamage des vases de cuivre. Pour la plupart des usages, on se sert d'un alliage d'étain et de plomb, contenant du dixième au quart de son poids de plomb. Dans ces proportions, l'emploi de ce dernier métal n'est pas dangereux.

Étamage des vases et objets dits en fer battu. — Les cuillers de fer et les ustensiles en fer battu sont d'abord nettoyés avec du sable et essuyés; on les trempe ensuite dans un bain d'étain et on les frotte avec des étoupes imbibées de sel ammoniac.

Étamage de la fonte. — La fonte, d'abord récurée avec du sable, est recouverte d'un alliage dû à M. Rudi, et composé de 89 parties d'étain, 6 parties de nickel et 5 parties de fer fondues ensemble. Cet alliage a été préparé en faisant fondre les métaux précédents dans un fondant, composé de borax et de verre pilé.

Il peut aussi être employé avec avantage pour l'étamage du cuivre.

Étamage de la tôle; fer-blanc. — Pour la préserver de l'oxydation, on fait adhérer à la surface de la tôle une couche d'étain qui la change en *fer-blanc*, et on peut alors l'employer à une foule d'usages auxquels le fer ordinaire ne résisterait pas. Nous avons dit (175) comment se fait cet étamage.

CUIVRE

Symbole : Cu. — Poids atomique : Cu = 63,5.

301. Propriétés physiques et chimiques. — Le cuivre a été connu et mis en œuvre dès l'antiquité la plus reculée; il est, après le fer, le métal le plus employé dans les arts.

Le cuivre est rouge; lorsqu'il est frotté, il communique aux doigts une odeur fort désagréable et nauséabonde. Il est très malléable et très ductile. Sa densité varie entre 8,8 et 8,9. Il fond vers 1150 degrés; à une température plus élevée, il émet des vapeurs qui brûlent à l'air avec une flamme verte.

Chauffé à l'air, le cuivre y brûle avec facilité; il se forme de l'oxyde noir de cuivre (CuO) si l'oxygène est en excès, et, dans le cas contraire, du sous-oxyde rouge (Cu²O).

Exposé à l'air humide, le cuivre se recouvre d'une couche superficielle d'hydro-carbonate de cuivre vert, qui le protège contre l'oxydation ultérieure; cette subs-tance est appelée *vert-de-gris :* c'est elle qui se forme à la surface des statues de bronze exposées à l'air humide et que les antiquaires désignent sous le nom de *patine antique.*

Le cuivre ne décompose l'eau ni à froid ni en présence des acides à une température élevée.

L'acide azotique est décomposé par lui, il le trans-forme en azotate de cuivre avec dégagement de bioxyde d'azote; l'acide sulfurique concentré, chauffé au contact du cuivre, le transforme en sulfate de cuivre et dégage de l'anhydride sulfureux; l'acide chlorhydrique ne l'at-taque que difficilement.

Sous l'influence des acides les plus faibles ou sous celle des corps gras acides, le cuivre s'oxyde rapide-ment à l'air; cette oxydation facile, jointe à l'action toxique qu'exercent les sels de cuivre sur l'économie animale, rend très dangereuse la conservation des ali-ments dans des vases de cuivre au contact de l'air. Nous avons vu qu'on évite cet inconvénient par l'étamage.

302. Métallurgie du cuivre. — Le cuivre se ren-contre dans la nature à l'état de cuivre métallique ou natif; il existe à l'état de sous-oxyde ou de carbonate, comme au Pérou, au Chili, dans les monts Ourals et à Chessy, près de Lyon. Ses minerais les plus abon-dants sont le sous-sulfure de cuivre (Cu²S) et le sulfure double de cuivre et de fer (Cu²S+Fe²S³) ou *pyrite cui-vreuse,* que l'on rencontre en Allemagne, au Mexique, au Chili.

Les minerais qui contiennent le cuivre à l'état d'oxyde ou de carbonate, sont d'un traitement très facile : on les réduit en les chauffant avec le charbon.

Quant aux pyrites cuivreuses, elles exigent un traitement plus long que nous n'étudierons pas.

303. Usages du cuivre. — Le cuivre sert à faire des alambics, des chaudières et des ustensiles de cuisine ; à l'état de feuilles minces, il sert au doublage des vaisseaux. Mais dans la plupart des cas les arts et l'industrie l'emploient à l'état d'alliage.

304. Laiton. — Allié avec le zinc, il constitue le *laiton* ou cuivre jaune, avec lequel on fabrique un si grand nombre d'objets usuels. Quand il est pur, le laiton convient à la fabrication du fil et des épingles, et supporte très bien le laminage et le choc du marteau. Il a le défaut d'empâter les outils, défaut que l'on corrige par une addition de plomb ou d'étain. Il se prête alors facilement aux travaux de tour, peut être scié et foré.

Les laitons connus sous le nom d'*or de Manheim, de Corse, similor, tombac, métal du prince Robert, chrysocale, pinchbeck*, renferment tous un peu d'étain, et ne diffèrent entre eux que par les proportions de leurs éléments.

On fabrique le laiton en fondant dans des creusets de terre réfractaire les métaux qui doivent entrer dans sa composition.

Certains objets en laiton doivent être étamés, sans quoi ils se recouvriraient de vert-de-gris ; tels sont les boutons et les épingles. Pour les étamer, après les avoir décapés en les maintenant pendant une demi-heure dans une dissolution de crème de tartre, on les fait bouillir pendant une heure avec de l'eau, de l'étain en grenaille et un excès de crème de tartre soluble.

305. Bronze. — Le *bronze* est un alliage de cuivre et d'étain ; il est employé à la fabrication des canons, des statues, des cloches, timbales, cymbales et tam-tam, des médailles et monnaies de cuivre.

306. Maillechort. — On emploie à la fabrication

des théières, des couverts, des gobelets, etc., un alliage de cuivre, de zinc et de nickel appelé *maillechort*, qui est remarquable par sa densité très grande et sa faible altérabilité à l'air.

307. Bronze d'aluminium. — Nous citerons encore le bronze d'aluminium, dont on doit la découverte à Debray, et qui est un alliage composé de 10 parties d'aluminium et de 90 parties de cuivre. Il possède une densité supérieure à celle du bronze ordinaire; il se travaille à chaud plus facilement que le meilleur fer doux. Il a une couleur jaune qui le fait confondre facilement avec l'or; il est employé maintenant en assez grande quantité pour la fabrication d'un grand nombre d'objets, chaînes de montre, boutons de manchettes, boîtes de montre, cuillers, fourchettes, etc.

PLOMB

Symbole : Pb. — Poids atomique : Pb = 206,92.

308. Propriétés physiques et chimiques du plomb. — Le plomb est un métal gris bleuâtre et très brillant, quand il est récemment coupé. La densité du plomb pur est 11,35; celle du plomb du commerce peut s'élever jusqu'à 11,455. Le plomb n'a pas d'élasticité, a une ténacité très faible et peut être laminé, mais son défaut de ténacité empêche qu'on l'étire en fils fins.

Le plomb fond vers 330° et commence à émettre des vapeurs au rouge.

Il s'oxyde et se ternit à l'air, mais l'action s'arrête à la surface : son oxydation est très rapide quand on fait intervenir la chaleur. Le plomb forme avec l'oxygène quatre oxydes : celui que l'on désigne ordinairement sous le nom de sous-oxyde de plomb (Pb^2O), et qui devrait être appelé protoxyde; le protoxyde de plomb, qui est connu dans le commerce sous les noms de *massicot* et de *litharge* (PbO); le bioxyde ou acide plombique

13.

(PbO⁴), et le minium (Pb³O⁴) ou oxyde salin (2PbO, PbO²).

Au contact de l'eau aérée, le plomb s'altère assez rapidement ; nous voulons parler ici des eaux pluviales ou de l'eau distillée aérée, au milieu desquelles il se recouvre d'une couche blanche d'hydrate et de carbonate de plomb ; l'eau dissout alors des quantités sensibles d'oxyde de plomb et acquiert des propriétés vénéneuses. Les eaux qui contiennent des sels en dissolution, comme les eaux de source ou de rivière, n'ont pas cette propriété : c'est ce qui fait que les tuyaux en plomb peuvent être employés à la conduite des eaux de sources et de rivières, dont on se sert comme eaux potables. L'action des eaux pluviales sur le plomb est une des principales causes d'altération des toitures en plomb.

L'acide sulfurique faible n'attaque le plomb, même à chaud, qu'au contact de l'air ; concentré et bouillant, il l'attaque en produisant de l'anhydride sulfureux et du sulfate de plomb ; l'acide azotique le dissout facilement en donnant de l'azotate de plomb et du bioxyde d'azote ; l'acide chlorhydrique n'a pas d'action sensible sur lui à l'abri du contact de l'air.

309. Métallurgie du plomb. — Le plomb existe dans la nature à l'état de sulfure de plomb, ou *galène*, à l'état de carbonate, de phosphate et d'arséniate.

Le carbonate s'exploite, chaque fois qu'on le rencontre, en le chauffant avec du charbon ; le sel se décompose, et l'oxyde est réduit par le charbon ; le métal liquide se rassemble dans le creuset.

La galène, ou sulfure de plomb, est d'un traitement plus difficile. Après un bocardage et un triage qui a pour but d'enlever au minerai le plus possible de matières terreuses, elle est soumise à un traitement qui varie suivant la richesse du minerai et la nature de la gangue. Si le minerai est riche et peu siliceux, on emploie la *méthode par réaction* ; s'il est impur et que sa gangue soit siliceuse, on emploie la méthode de *réduction par le fer :* car l'autre méthode entraînerait la perte d'une trop grande quantité de plomb qui passerait à l'état de silicate de plomb.

La première méthode consiste à griller la galène à l'air; il se forme de l'oxyde de plomb, du sulfate de plomb et de l'anhydride sulfureux : l'oxyde et le sulfate réagissent sur le sulfure non encore oxydé; il se forme du plomb et de l'anhydride sulfureux qui se dégage.

La méthode de réduction par le fer consiste à chauffer la galène avec de la vieille ferraille ou de la fonte; le fer prend le soufre de la galène pour former du sulfure de fer et laisse le plomb qui s'écoule au dehors du four.

310. Usages du plomb. — Le plomb est employé en feuilles minces pour la couverture des toits, pour les gouttières, pour garnir intérieurement les réservoirs où l'on conserve l'eau ordinaire. Ce que nous avons dit sur l'oxydation du plomb au contact de l'eau de pluie non aérée fera comprendre qu'il est important de ne pas employer, pour la préparation des aliments, l'eau de pluie conservée dans des réservoirs garnis de plomb : tous les sels de plomb étant vénéneux, l'emploi d'une pareille eau pourrait offrir les plus graves inconvénients. Nous citerons aussi comme devant être abandonnées, pour la cuisson et la conservation des matières alimentaires, ces poteries vernissées dont on fait un fréquent usage. Nous avons vu que l'oxyde de plomb entrait dans la composition du vernis qui les recouvre : ce vernis s'attaque facilement au contact des matières acides ou grasses que renferment les aliments, et donne lieu à la formation de sels de plomb, dont l'action toxique a produit de nombreux accidents.

Le plomb est aussi employé à la fabrication de fils dont se servent les jardiniers : ces fils, moins oxydables que les fils de fer, ont une résistance suffisante pour l'usage auquel on les destine.

Le plomb entre dans l'alliage fusible avec lequel on fabrique les caractères d'imprimerie, dans la soudure des plombiers, dans l'alliage des mesures d'étain; il sert à la fabrication des balles de fusil (il est coulé pour cela dans des moules à balles), à la fabrication du *plomb de chasse.*

On emploie pour ce dernier du plomb auquel on allie de 0,3 à 0,8 pour 100 d'arsenic. L'addition de cette petite quantité d'arsenic donne au plomb la propriété de former des gouttelettes parfaitement sphériques. On se sert pour sa fabrication d'écumoires en tôle percées d'ouvertures plus ou moins grandes; on y verse le plomb fondu par petites quantités; il passe à travers les trous sous forme de gouttes. On doit laisser tomber ces gouttes d'une grande hauteur, afin qu'elles puissent se solidifier pendant leur chute; elles sont recueillies dans un réservoir d'eau. On se place pour cette opération en haut d'une tour en charpente ou sur le bord d'un puits de mine. Les grains sont ensuite triés dans des cribles à trous ronds, et mis à tourner dans des tonneaux avec un peu de plombagine qui leur donne du lustre.

Le plomb est aussi employé à la fabrication des tuyaux qui servent à la conduite des eaux et du gaz d'éclairage. Pour cela, à l'aide d'une presse hydraulique, on comprime le métal fondu dans un moule annulaire, où il prend les dimensions voulues, et à l'extrémité duquel il sort, d'une manière continue, sous forme de tuyau fabriqué que l'on enroule au fur et à mesure.

ALUMINIUM

Symbole : Al. — Poids atomique : Al $= 27,5$.

311. Extraction. — L'aluminium est un métal dont la préparation industrielle est due à Henri Sainte-Claire Deville. On le prépare aujourd'hui en décomposant l'alumine par des courants électriques très intenses. L'aluminium se rend au pôle négatif. On parvient par cette méthode à le livrer au prix de 5 francs le kilogramme, ce qui permet de prévoir que ses applications vont se multiplier.

312. Propriétés. — L'aluminium est un métal blanc, légèrement bleuâtre; il est très peu dense; sa densité est 2,25. Il est ductile et malléable, ne s'altère pas à l'air. L'acide chlorhydrique le dissout; les acides azotique et sulfurique ne l'attaquent pas à froid, mais lentement à chaud. Il est dissous par les solutions alcalines; il ne décompose pas l'eau. Avec le fer, il forme le *ferro-aluminium*, alliage doué de propriétés utiles.

313. Usages. — L'aluminium est employé pour tous les usages où l'on a besoin d'une grande légèreté unie à une grande ténacité (fabrication des longues-vues, lorgnettes, clefs, etc.).

MERCURE

Symbole : Hg. — Poids atomique : Hg = 200.

314. Propriétés physiques et chimiques. — Le mercure est le seul métal liquide à la température ordinaire : il ne se congèle qu'à une température de 40° au-dessous de zéro. Il bout à 350°. Il est blanc et sa densité est 13,596.

A la température ordinaire, il s'altère peu à l'air, mais à la longue cependant il se recouvre d'une pellicule grisâtre de protoxyde, qui se dissout en partie dans le métal; à la température de son ébullition, il s'oxyde facilement et se transforme en bioxyde rouge. Les acides étendus sont sans action sur lui; l'acide chlorhydrique concentré ne l'attaque pas même à chaud; mais l'acide sulfurique et l'acide azotique l'attaquent; le premier le transforme en sulfate, le second en azotate. Le mercure forme des amalgames avec presque tous les métaux; aussi doit-on surtout préserver de son action les objets d'or et d'argent (montres, bagues, etc.). Le fer, le platine et l'aluminium ne s'allient pas au mercure, et résistent à son action.

Les vapeurs mercurielles ont une action lente, mais fort délétère sur l'économie animale, et donnent lieu à des tremblements et à des salivations abondantes chez les hommes qui manient souvent ce métal.

315. Métallurgie du mercure. — Le règne minéral renferme un certain nombre de combinaisons mercurielles; le mercure s'y trouve à l'état métallique, à l'état de chlorure, d'iodure, etc.; mais le seul minerai exploité est le sulfure de mercure ou *cinabre*; ce minerai est composé, en proportions variables, de mercure métallique, ou *mercure coulant*, et de mercure sulfuré. Les mines les plus célèbres sont celles d'Almaden en Espagne; celles d'Idria, en Illyrie, et du duché des Deux-Ponts, en Bavière.

L'extraction se fait par le grillage du sulfure; le soufre s'oxyde sur la sole du four et se dégage, le mercure distille et on le recueille à l'état liquide dans des appareils où se condense sa vapeur.

316. Usages du mercure. — Le mercure est employé en physique à la construction des baromètres, des thermomètres, des manomètres; en chimie, on l'emploie à remplir des cuves, sur lesquelles on recueille les gaz solubles dans l'eau. La plus grande partie du mercure retiré du cinabre sert à l'extraction de l'or et de l'argent. Il est aussi employé à l'étamage des glaces, opération qui est remplacée aujourd'hui par l'argenture.

ARGENT

Symbole : Ag. — Poids atomique : Ag = 107,93.

317. Propriétés physiques et chimiques. — L'argent est un métal connu de toute antiquité. Lorsqu'il est pur, il est le plus blanc de tous les métaux : il est susceptible de prendre un beau poli, et, sous ce rapport, il ne le cède guère qu'à l'acier. Après l'or, c'est le métal le plus malléable et le plus ductile; avec un poids de 5 centigrammes d'argent, on a pu faire des fils de 130 mètres de longueur. Il est assez tenace. Sa densité est 10,5. Il fond à 1000° et, à une température très élevée, il émet des vapeurs vertes.

Lorsqu'il est fondu, il a la propriété de dissoudre 22 fois son volume d'oxygène; il laisse dégager ce gaz par le refroidissement.

L'argent a peu d'affinité pour l'oxygène, avec lequel il forme cependant trois oxydes. Il ne s'oxyde pas à l'air humide; il ne peut s'oxyder qu'à la température excessivement élevée que produit la flamme du chalumeau à hydrogène et oxygène.

L'acide azotique dissout l'argent; l'acide sulfurique ne le dissout que s'il est concentré et bouillant; l'acide chlorhydrique l'attaque à peine. L'acide sulfhydrique le noircit rapidement, en produisant à sa surface du sulfure d'argent. C'est par la présence de l'acide sulfhydrique dans l'air que l'on doit expliquer que les objets en argent s'y noircissent à la longue. On leur rend facilement leur couleur et leur brillant en les frottant avec une toile fine légèrement imbibée d'une dissolution concentrée d'ammoniaque.

L'argent se ternit lorsqu'on le laisse en contact avec des chlorures alcalins, comme le sel marin, parce qu'il se forme à la surface une pellicule de chlorure d'argent. C'est pour cela qu'on doit laver l'intérieur des salières d'argent.

318. Métallurgie de l'argent. — L'argent métallique est assez rare dans la nature; on le rencontre cependant en Amérique, au lac Supérieur. Il se trouve ordinairement à l'état de sulfure double d'argent et d'arsenic, ou de sulfure double d'argent et d'antimoine, et aussi à l'état de chlorure, de bromure et d'iodure.

Il y a deux méthodes pour traiter les minerais d'argent; elles consistent toutes deux à faire passer l'argent à l'état de chlorure que l'on dissout dans le chlorure de sodium, et à précipiter ensuite l'argent de cette dissolution à l'aide d'un métal plus chlorurable. On met ensuite la matière en contact avec le mercure qui s'allie à l'argent, et l'on obtient celui-ci comme résidu par distillation de l'amalgame.

Les deux méthodes dont nous venons d'exposer le principe, diffèrent par les moyens employés.

319. Usages de l'argent. — L'argent, à l'état de pureté, est trop mou pour pouvoir être employé dans l'industrie. Mais, allié avec le cuivre, il a une densité qui permet de le faire servir à la fabrication des monnaies, des bijoux, des fourchettes et cuillers de table, de la vaisselle plate, etc.

On sait que le titre d'un alliage est le rapport qui existe entre le poids de métal précieux que contiennent 1000 parties d'alliage et 1000.

Voici les titres des principaux alliages d'argent :

Monnaies d'argent de France........	$\frac{865}{1000}$	(argent 865, cuivre 135).
Médailles......................	$\frac{950}{1000}$	(argent 950, cuivre 50).
Vaisselle et argenterie...........	$\frac{950}{1000}$	(argent 950, cuivre 50).
Bijoux........................	$\frac{800}{1000}$	(argent 800, cuivre 200).

Comme il serait difficile d'obtenir toujours rigoureusement ces titres, la loi accorde une *tolérance* au-dessous et au-dessus du titre légal. Sa tolérance est de $\frac{2}{1000}$ au-dessus et au-dessous pour la monnaie et les médailles, de 5 au-dessous pour la bijouterie, la vaisselle et l'argenterie.

Les objets d'argent doivent tous porter un *contrôle*, posé par l'administration après qu'elle a fait vérifier le titre. Lorsqu'une pièce fabriquée par un orfèvre est au-dessous du titre légal, on la brise pour empêcher sa mise en circulation.

OR

Symbole : Au. — Poids atomique : Au = 197.

320. Propriétés physiques et chimiques de l'or. — L'or a une belle couleur jaune et peut prendre par le polissage un éclat remarquable; c'est le plus ductile et le plus malléable de tous les métaux. Sa densité est égale à 19,5; il fond à 1200° environ. Il est avec le platine le plus inaltérable des métaux usuels, et ne se ternit à l'air dans aucune circonstance : le chlore et le brome sont les seuls métalloïdes capables de l'attaquer à froid; aucun acide ne l'attaque, l'eau régale seule le dissout et le transforme en chlorure.

321. Métallurgie de l'or. — L'or est de tous les métaux celui qui, après le fer, est disséminé à la surface du globe de la manière la plus générale; mais, dans tous ses gisements, il se rencontre toujours en quantité infiniment petite; il se présente constamment à l'état métallique.

Les mines d'or les plus abondantes se trouvent en Amérique; l'Europe en possède d'assez riches, notamment dans l'Oural et l'Altaï (Russie). On en trouve dans le sud de l'Afrique.

L'or se rencontre ordinairement dans des sables quartzeux désagrégés qui forment des alluvions très étendues, ou dans des filons

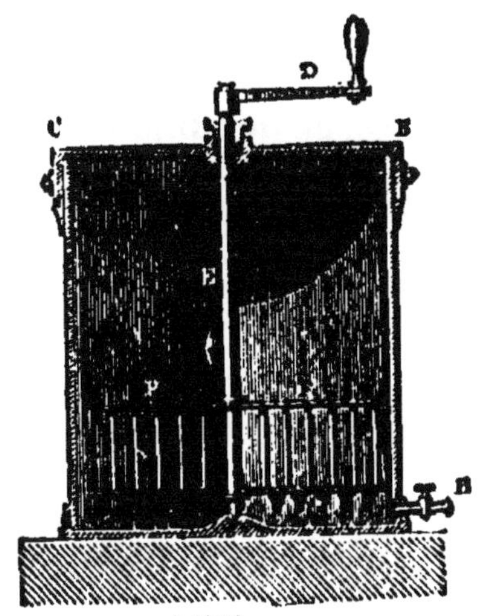

Fig. 91. — Amalgamation de l'or.

quartzifères. Dans ce dernier cas, avant d'être soumis au traitement de lavage dont nous allons parler, le minerai doit être broyé.

Le lavage des minerais a pour but de séparer l'or des

matières auxquelles il se trouve mélangé : il se fait de deux manières, soit à la main, soit mécaniquement.

Amalgamation. — L'or extrait par ces lavages est soumis à l'amalgamation. Cette opération se fait quelquefois à la main, par une simple malaxation de la poudre d'or dans une terrine avec une quantité convenable de mercure. Dans les exploitations un peu importantes, l'amalgamation se fait dans un cylindre de fonte A (fig. 91), à la partie inférieure duquel se trouve une couche de mercure; on jette la poudre d'or dans ce minerai et on malaxe le tout avec des palettes F, F, qui sont fixées à un axe E, mis en rotation par la manivelle D. Quand l'amalgamation est faite, on soutire l'amalgame par le robinet II.

L'or est ensuite séparé de l'amalgame par une distillation.

Certains minerais pyriteux, très pauvres en or, ne sont pas soumis au lavage, mais traités directement par amalgamation.

322. Usages. — L'or sert à la fabrication des monnaies et des bijoux d'or, dans lesquels il est allié avec le cuivre. L'or des monnaies contient $\frac{900}{1000}$ d'or, celui des médailles $\frac{916}{1000}$. Pour les bijoux, il y a trois titres : $\frac{920}{1000}$, $\frac{842}{1000}$ et $\frac{750}{1000}$.

PLATINE

Symbole : Pt. — Poids atomique : Pt = 198.

323. Propriétés physiques et chimiques. — Le platine est un métal d'un blanc grisâtre, ductile, très malléable et très tenace quand il est pur. Sa densité est 21,15.

Le platine, même obtenu par fusion, devient incandescent au contact du mélange d'oxygène et d'hydrogène qu'il enflamme; ce phénomène se produit plus facilement avec la mousse de platine.

Il n'est oxydable directement à aucune température;

aucun acide ne l'attaque; il ne se dissout que dans l'eau
régale et à chaud dans les alcalis.

324. Métallurgie du platine. — Le platine n'a été
introduit en Europe que vers la moitié du xviii° siècle.
Les mineurs d'Amérique le connaissaient depuis longtemps sous le nom de petit argent (*platina*).

On trouve le platine à l'état métallique dans des sables
qui ont beaucoup d'analogie avec les sables aurifères.
Il y est sous la forme de petits grains associés avec
beaucoup d'autres métaux, parmi lesquels se trouve l'or.

Le minerai, bien débarrassé du sable par des lavages,
est traité par le
mercure qui en
sépare l'or;
puis on le traite
par l'eau régale
concentrée, qui
dissout presque
tout le platine
avec une petite
quantité des
autres métaux
qui l'accompa-
gnent. La disso-
lution est trai-
tée par le chlor-
hydrate d'am-
moniaque, qui
y forme un pré-
cipité jaune de
chlorure double
de platine et
d'ammoniaque.

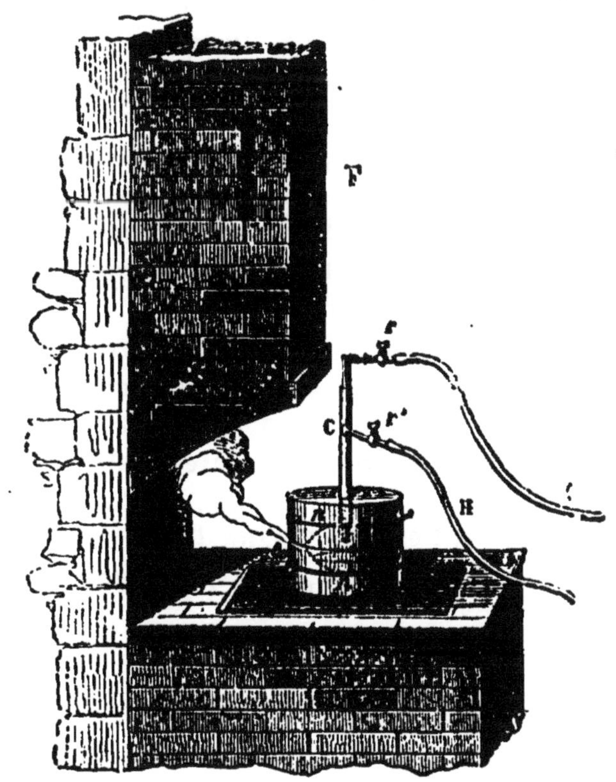

Fig. 92. — Fusion du platine.

Ce précipité, lavé et calciné au rouge, se décompose,
laisse dégager le chlore et l'ammoniaque qu'il contient,
et donne pour résidu la *mousse* ou *éponge* de platine,
masse spongieuse d'un gris tendre.

Avant les travaux de Henri Sainte-Claire Deville et Debray, on ne connaissait d'autre moyen de donner de la consistance à cette éponge qu'en la comprimant fortement dans un cylindre creux en fer, puis en la chauffant au rouge blanc et la martelant.

Ce procédé est maintenant remplacé par la fusion du platine, qui s'effectue dans l'appareil très simple qu'ont imaginé Sainte-Claire Deville et Debray.

Il se compose d'un petit four en chaux vive formé par la superposition de deux cylindres (fig. 92) en chaux présentant chacun une cavité hémisphérique : le cylindre supérieur est percé d'un trou qui laisse arriver au milieu de la cavité sphérique le bec du chalumeau à gaz oxygène et hydrogène. Le platine est introduit par une rigole latérale c. Grâce à la température développée par le chalumeau à gaz, on peut fondre avec une grande rapidité, dans ce fourneau lui-même infusible, des quantités assez considérables de platine. La chaux dans cette opération joue aussi un rôle chimique : elle sert à l'affinage du métal fondu.

325. Usages. — Les usages du platine sont assez limités par suite de son prix élevé; il sert à la fabrication des appareils à concentrer l'acide sulfurique; à cause de son inaltérabilité et de la température élevée qu'il peut supporter sans se fondre (environ 2000 degrés), on l'emploie dans les laboratoires pour faire des creusets, capsules, tubes, cornues, etc.

TROISIÈME ANNÉE

CHAPITRE PREMIER

Matières organiques. — Leur composition.

326. Les êtres vivants, végétaux ou animaux, en outre des principes minéraux qu'ils renferment (phosphates de chaux des os, carbonates alcalins du sérum, silice des graminées, etc.), contiennent un certain nombre de principes dits *immédiats*, dans la constitution desquels n'entrent en général que quatre corps simples au plus : l'oxygène, l'hydrogène, le carbone et l'azote. L'azote ne se rencontre le plus souvent que dans les matières d'origine animale, mais le carbone est l'élément essentiel de tous ces principes immédiats. Pour bien préciser les idées, nous allons prendre quelques exemples.

Le fruit connu sous le nom de *citron* renferme : une partie solide, qui en forme en quelque sorte la charpente, c'est la *cellulose*, composée de carbone, d'hydrogène et d'oxygène; un acide qu'on désigne sous le nom d'*acide citrique* et qui donne à ce fruit sa saveur acide; du *sucre*, un principe odorant, etc. La cellulose, l'acide citrique, le sucre, etc., sont des principes immédiats.

Le lait des animaux est aussi une substance complexe, qui renferme un certain nombre de principes immédiats. 100 parties de lait de vache renferment environ, outre 88 parties d'eau et 0,7 de sels, 3 parties d'un principe immédiat appelé *caséine*, 1 partie d'*albumine*, 3 parties d'une matière grasse qui forme le *beurre*, 4 parties de *lactose* ou *sucre de lait*. La caséine et l'albumine renferment de l'azote; le beurre et la lactose n'en contiennent pas. Ces quatre corps sont des principes immédiats.

327. Analyse immédiate. — Lorsque l'attention des chimistes se porta, au commencement du siècle, sur les matières dites *organiques*, ils s'efforcèrent de trouver les moyens propres à extraire les principes immédiats, que les différentes fonctions vitales avaient produits chez les végétaux et les animaux. Séparer les principes immédiats les uns des autres et les obtenir à l'état de pureté, tel est le but de l'*analyse immédiate*.

Cette analyse est très délicate et comporte l'emploi de procédés assez variés. Tantôt on peut opérer par triage mécanique, par écrasement; c'est ainsi qu'on extrait les huiles contenues dans les graines oléagineuses. Tantôt on peut, par une application ménagée de la chaleur, séparer l'une de l'autre des substances inégalement fusibles, ou inégalement volatiles. On peut par des distillations répétées séparer l'eau de l'alcool, ou l'éther de l'alcool.

Dans d'autres cas on se servira de dissolvants neutres, tels que l'eau, l'éther, le sulfure de carbone, etc. En traitant, par exemple, la noix de galle par l'éther, on en extrait un acide qu'on appelle *tanin* ou acide *tannique*.

Enfin on pourra employer des acides étendus pour extraire les composés basiques, ou des bases étendues pour séparer les composés acides.

328. Analyse élémentaire. — Lorsqu'il a isolé les principes immédiats qui entrent dans la composition des matières organiques, le chimiste se propose de déterminer la composition de chacun d'eux, c'est-à-dire de trouver les proportions relatives de charbon, d'hydrogène, d'oxygène et d'azote qu'ils renferment. C'est là le but de l'*analyse élémentaire*.

329. Sans entrer dans la description détaillée des procédés employés par l'analyse élémentaire, nous dirons que le charbon et l'hydrogène se dosent : le premier à l'état d'anhydride carbonique, le second à l'état d'eau, l'azote à l'état d'azote libre ou à l'état d'ammoniaque. L'oxygène se dose toujours par différence, c'est-à-dire qu'après avoir dosé les autres éléments, on retranche la somme de leurs poids du poids de la matière organique analysée.

L'anhydride carbonique et l'eau sont produits en brûlant dans un tube la matière organique au contact de l'oxyde de cuivre, qui lui fournit l'oxygène nécessaire pour transformer son charbon en gaz carbonique et son hydrogène en eau. Le premier est retenu par des tubes à potasse, dont l'augmentation de poids donne la quantité d'anhydride carbonique fourni par un poids déterminé de la matière organique. L'eau est retenue par des tubes à ponce sulfurique pesés avant et après l'expérience.

Si l'on fait l'analyse du sucre de canne par exemple, on en prendra 1 gramme et l'on trouvera que sa combustion a donné lieu à une augmentation de poids de 1^{gr} 543 pour les tubes à potasse et de 0^{gr} 576 pour les tubes à ponce sulfurique. Or 1^{gr} 543 d'anhydride carbonique renferment 0,^{gr} 421 de carbone, ce que l'on voit en remarquant que le poids moléculaire de l'anhydride carbonique $CO^2 = 44$ renferme 12 de carbone, et faisant une règle de trois simple qui donne pour le poids de carbone contenu dans 1^{gr} 543, le nombre $\dfrac{12 \times 1,543}{44}$ $= 0^{gr},421$. De même dans 0^{gr},576 d'eau formée et absorbée par les tubes à ponce, il y a (le poids moléculaire de l'eau étant $H^2O = 18$) un poids d'hydrogène $\dfrac{2 \times 0,576}{18} = 0,^{gr}064.$

1 gramme de sucre renferme donc			0^{gr}421 de carbone.
—	—	—	0 064 d'hydrogène.
—	—	—	0 515 d'oxygène.

Ce dernier nombre est la différence entre 1 gramme, poids du sucre employé, et la somme des poids de carbone et d'hydrogène.

330. Classification des matières organiques au point de vue de leur composition élémentaire. — Quatre éléments, le carbone, l'hydrogène, l'oxygène et l'azote, forment, par leur association, presque toutes les matières organiques. L'analyse élémentaire établit ce fait et nous permet de diviser ces matières en quatre groupes :

1° *Les matières qui ne renferment que deux éléments.* — Ce sont en général des carbures d'hydrogène. Tels sont le *formène* (CH^4), l'acétylène (C^2H^2), l'éthylène (C^2H^4), la benzine (C^2H^6), l'essence de térébenthine ($C^{10}H^{16}$).

2° *Les matières qui renferment trois éléments.* Elles se divisent en matières *ternaires oxygénées* et en matières *ternaires azotées.*

3° *Les matières qui renferment quatre éléments*, comme l'urée (CH^4Az^2O).

Les matières ternaires oxygénées sont formées de carbone, d'hydrogène et d'oxygène. Tels sont : l'alcool ordinaire (C^2H^6O), l'acool méthylique (CH^4O), l'acide acétique ($C^2H^4O^2$), l'éther ordinaire ($C^4H^{10}O$).

Les matières ternaires azotées sont formées de carbone, d'hydrogène et d'azote. Citons l'aniline (C^6H^7Az), la nicotine ($C^{10}H^{14}Az$).

331. Classification des matières organiques au point de vue de leur fonction chimique. — Les progrès de la chimie organique ont montré que les matières si nombreuses et si variées qu'elle a à étudier, ne jouent qu'un nombre assez restreint de rôles, que l'on a désignés sous le nom de *fonctions chimiques.* En se plaçant à ce point de vue, on a pu classer les matières organiques en neuf groupes, qui les comprennent presque toutes.

1° Les carbures d'hydrogène (*Formène, éthylène*).

2° Les alcools (*Alcools éthylique, méthylique*).

3° Les phénols (*Phénol ordinaire* ou *acide phénique*, C^6H^6O).

4° Les éthers (*éther acétique* $C^2H^5O,C^2H^3O^3$, *éther chlorhydrique*, C^2H^5Cl).

5° Les radicaux métalliques : le *zinc éthyle* (C^2H^5).

6° Les aldéhydes : l'*aldéhyde éthylique* ($C^2H^4O^2$).

7° Les acides : l'*acide acétique* ($C^2H^4O^2$), l'*acide oxalique* ($C^2H^2O^4$).

8° Les alcalis : la *nicotine*, l'*aniline*.

9° Les amides : l'*urée* (CH^4Az^2O).

332. Synthèse des matières organiques. — La chimie organique, après avoir étudié les différentes matières organiques que lui offraient les végétaux et les animaux, s'est proposé de transformer ces matières l'une dans l'autre et d'arriver à les créer de toutes pièces. Elle y est parvenue dans beaucoup de cas, et les travaux de M. Berthelot sur la synthèse des matières organiques ont enrichi la science de faits considérables.

CHAPITRE II

Notions sommaires sur les principaux carbures d'hydrogène.

333. Les carbures d'hydrogène forment la classe la plus importante de la chimie organique. On les divise en un certain nombre de groupes; les principaux groupes sont :

1° Les carbures *forméniques* ou *saturés*, dans lesquels le carbone a reçu les 4 atomicités d'hydrogène, ou de corps monovalents, qu'il est susceptible de recevoir (Voir 2° Année. *Atomicité*, 9). Tels sont le formène CH^4 et l'hydrure d'éthylène $C^2H^6 = C\,(CH^3)H^3$; le corps CH^3 est monovalent.

2° Les carbures *éthyléniques*, tels que l'éthylène (C^2H^4).

3° Les carbures *acétyléniques*, tels que l'acétylène (C^2H^2).

4° Les carbures *benziniques*, tels que la benzine (C^6H^6).

5° Les carbures *térébéniques*, tels que l'essence de térébenthine $(C^{10}H^{16})$.

FORMÈNE OU MÉTHANE, OU HYDROGÈNE PROTOCARBONÉ

Symbole : CH^4. — Poids moléculaire : $CH^4 = 16$.

334. Historique. — Volta[1] fit, en 1788, les premières observations sur ce gaz.

1. Volta (Alexandre), physicien célèbre, professeur de physique à Pavie, né à Côme en 1745, mort en 1826.

335. Propriétés physiques et chimiques. — Le formène est un gaz incolore, sans odeur ni saveur. Sa densité est 0,559, ce qui donne 0gr,727 pour le poids d'un litre. Il est très peu soluble dans l'eau et a été liquéfié par M. Cailletet.

Il brûle avec une flamme jaunâtre, bordée de bleu; les produits de sa combustion sont la vapeur d'eau et de l'anhydride carbonique.

Il constitue, avec l'oxygène, un mélange explosif. Un mélange de 4 volumes de

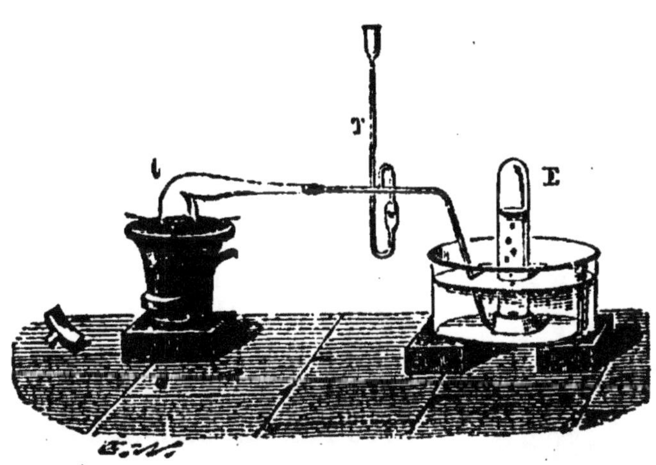

Fig. 93. — Préparation de l'hydrogène protocarboné.

ce gaz et de 8 volumes d'oxygène détone avec une violence extrême à l'approche d'une bougie allumée, en produisant de l'anhydride carbonique et de l'eau :

$$CH^4 \quad + \quad 4O \quad = \quad CO^2 \quad + \quad 2H^2O$$

Hydrogène protocarboné.   Oxygène.   Anhydride carbonique.   Eau.

336. Préparation. — Lorsqu'on fait passer des vapeurs d'acide acétique sur de la mousse de platine, elles se dédoublent en formène et en anhydride carbonique :

$$C^2H^4O^2 \quad = \quad CH^4 \quad + \quad CO^2$$

Acide acétique.   Formène.   Anhydride carbonique.

Mais il est préférable de faire cette décomposition sous l'influence des alcalis.

En chauffant dans une cornue (fig. 93) un mélange d'acétate de soude cristallisé, de soude hydratée et de chaux, il se dégage de l'hydrogène protocarboné et il se forme du carbonate de soude. La chaux n'intervient pas chimiquement ; elle n'a d'autre rôle que de rendre la soude moins fusible et de l'empêcher d'attaquer le verre. Nous n'en tiendrons pas compte dans la formule :

$$C^2H^3NaO^2 \quad + \quad NaHO \quad = \quad CH^4 \quad + \quad CO^3Na^2$$

Acétate de soude.	Soude hydratée.	Hydrogène protocarboné.	Carbonate de soude.

337. État naturel. — Le formène prend naissance dans la décomposition des détritus végétaux ; on le trouve dans la vase des marais, d'où son nom de *gaz des marais :* il en sort des fissures du sol dans le département de l'Isère, en Italie dans les environs de Bologne et de Florence, etc. Il se dégage de la houille en France et produit dans certaines mines avec l'air un mélange détonant, appelé *grisou*, qui produit, lorsqu'on l'enflamme, de véritables catastrophes.

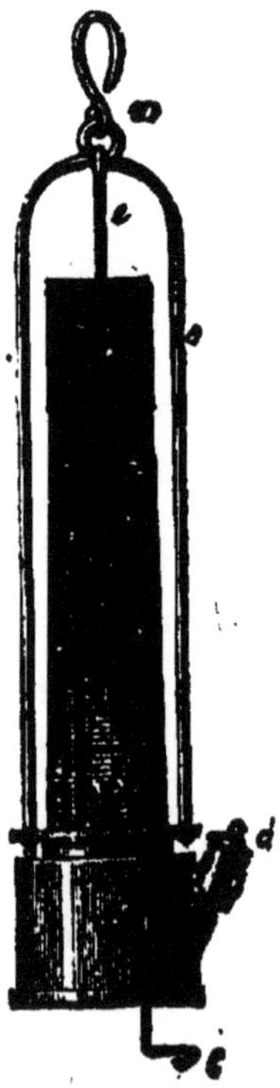

338. Lampe de sûreté de Davy. — Pour éviter les affreux accidents que produit dans les mines l'explosion du feu grisou, Davy a inventé la lampe de sûreté qui porte son nom. Elle consiste en une lampe entourée (fig. 94) d'un cylindre en toile métallique. Lorsque l'inflammation du mélange aura lieu, ce sera au contact de la flamme, à l'intérieur de la lampe ; mais la propriété qu'ont les toiles métalliques de couper les flammes empêchera l'explosion de se propager au dehors.

Fig. 94.
Lampe de Davy.

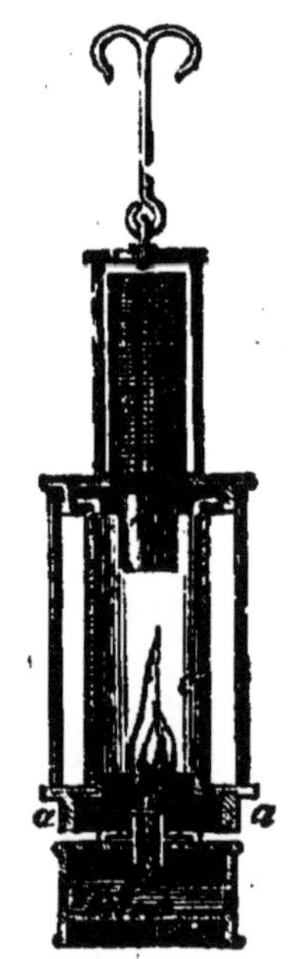

Fig. 95.
Lampe de Davy.

La lampe de Davy a l'inconvénient de donner peu de lumière, sa flamme étant enveloppée d'un cylindre en toile métallique. On a proposé différentes modifications. M. Combes, ingénieur des mines, donne à la lampe la disposition que présente la figure 95.

La flamme est entourée d'un cylindre en cristal c surmonté d'une cheminée cylindrique en toile métallique. Celle-ci enveloppe un tube cylindrique en cuivre, qui est destinée à activer le tirage. A la partie inférieure se trouvent deux ouvertures, qui sont aussi munies de toiles métalliques et qui permettent à l'air de pénétrer dans la lampe. Enfin une spirale de platine est ordinairement suspendue au-dessus de la mèche; elle s'échauffe, devient rouge et augmente l'éclat de la flamme.

ÉTHYLÈNE OU HYDROGÈNE BICARBONÉ OU GAZ OLÉFIANT

Symbole : C^2H^4. — Poids moléculaire : $C^2H^4 = 28$.

339. Historique. — L'hydrogène bicarboné a été découvert en 1796 par plusieurs chimistes hollandais.

340. Propriétés physiques et chimiques. — C'est un gaz incolore, insipide, doué d'une odeur légèrement empyreumatique. Sa densité est 0,97. 1 litre pèse $1^{gr},554$. L'eau en dissout un sixième de son volume à la température ordinaire. Faraday a pu le liquéfier sous l'influence simultanée d'une forte pression et d'un mélange d'anhydride carbonique solide et d'éther.

La chaleur le décompose au rouge vif en carbone et en hydrogène.

Il est inflammable et brûle avec une flamme brillante en produisant de l'anhydride carbonique et de la vapeur d'eau. Lorsque le gaz est enflammé dans une éprouvette étroite, la combustion est incomplète par suite d'insuffisance d'air et on constate un dépôt de charbon.

Mélangé avec trois fois son volume d'oxygène, il

14.

détone violemment lorsqu'on approche une bougie enflammée de l'ouverture du flacon qui le renferme et produit de l'eau et de l'anhydride carbonique.

$$C^2H^4 \quad + \quad 6O \quad = \quad 2CO^2 \quad + \quad 2H^2O$$
Éthylène.   Oxygène.   Anhydride carbonique.   Eau.

A la température ordinaire, le chlore et l'éthylène se combinent à volumes égaux et donnent un liquide huileux, d'une saveur et d'une odeur éthérées, connu sous le nom d'*huile des Hollandais* ou de *chlorure d'éthylène*. Cette propriété a fait donner à l'hydrogène bicarboné le nom de *gaz oléfiant*.

$$C^2H^4 \quad + \quad 2Cl \quad = \quad C^2H^4Cl^2$$
Éthylène.   Chlore.   Liqueur des Hollandais.

L'expérience se fait dans une cloche, où l'on introduit les gaz sous l'eau et que l'on pose ensuite sur une assiette. On ajoute de l'eau dans l'assiette, à mesure que la combinaison des deux gaz fait diminuer la pression qui est dans l'intérieur de la cloche. On voit alors les gouttes huileuses se produire sur les parois de la cloche et descendre sur l'eau, où l'on peut ensuite recueillir le produit oléagineux.

Cette expérience montre que l'éthylène n'est pas un carbure *saturé*.

Si l'on mélange dans une éprouvette à pied renversée sur la cuve à eau 1 volume de bicarbure d'hydrogène et 2 volumes de chlore, qu'après avoir retourné l'éprouvette on approche de l'ouverture une bougie, le mélange s'enflamme : une flamme rouge descend dans l'éprouvette, en même temps qu'il se produit un nuage épais de charbon pulvérulent.

341. Préparation. — L'éthylène se prépare en chauffant un mélange d'alcool et d'acide sulfurique. Sous l'influence de ce dernier, l'alcool se dédouble en éthylène et en eau.

$$C^2H^6O \quad = \quad C^2H^4 \quad + \quad H^2O$$
Alcool.   Éthylène.   Eau.

Il se produit aussi de l'éther, de l'anhydride sulfureux et de l'anhydride carbonique. On condense l'éther dans un flacon laveur C (fig. 96), renfermant de l'acide sul-

Fig. 96. — Préparation de l'hydrogène bicarboné.

furique; les gaz sulfureux et carbonique se combinent avec la potasse dissoute dans un second flacon.

ACÉTYLÈNE

Symbole : C^2H^2. — Poids moléculaire : $C^2H^2 = 26$.

342. L'acétylène est le seul carbure capable de se former directement par l'action du carbone et de l'hydrogène, M. Berthelot en a effectué la synthèse en faisant passer l'arc voltaïque dans l'œuf électrique rempli d'hydrogène. Le carbone des électrodes s'est combiné à l'hydrogène en produisant de l'acétylène.

L'acétylène se forme chaque fois qu'on fait brûler à l'air un composé organique d'une manière incomplète et qu'il se forme du noir de fumée.

On prépare l'acétylène en décomposant l'acétylure de cuivre (C^2H^2,Cu^2O) par l'acide chlorhydrique.

343. Propriétés physiques et chimiques. — L'acétylène est un gaz incolore, d'une odeur désagréable et caractéristique. Sa densité est 0,92 : il a été liquéfié par M. Cailletet sous l'influence du froid et de la pression. A l'action de la chaleur dans une cloche courbe, il se transforme en produits divers où domine la benzine (C^6H^6).

Il brûle en présence de l'oxygène et produit de l'anhydride carbonique et de l'eau :

$$\underset{\text{Acétylène.}}{C^4H^2} \quad + \quad \underset{\text{Oxygène.}}{3O} \quad = \quad \underset{\text{Anhydride carbonique.}}{CO^2} \quad + \quad \underset{\text{Eau.}}{H^2O}$$

GAZ D'ÉCLAIRAGE

344. Historique. — C'est à la fin du siècle dernier que remonte l'invention de l'éclairage au gaz. Les premiers essais furent faits vers 1785 par Lebon [1], ingénieur français, qui, dans un appareil appelé *thermolampe*, distillait du bois, de la houille et produisait, en même temps que le gaz destiné à éclairer les appartements, la chaleur propre à les chauffer. L'opinion publique accueillit avec indifférence les essais de Lebon, qui furent repris, en Angleterre, par Murdoch [2]. En 1798, Murdoch établit un appareil d'éclairage au gaz dans les manufactures de James Watt [3], près de Birmingham. En

---

1. Lebon, né à Bruchay (Haute-Marne) en 1767, mort assassiné à Paris en 1801.
2. Murdoch, ingénieur anglais.

3. James Watt, mécanicien anglais, né à Greenock en Écosse, en 1736, mort en 1819.

1805, ce genre d'éclairage était définitivement adopté en Angleterre. En 1812, Winsor[1] fonda une compagnie pour l'éclairage de Londres; il vint à Paris en 1816 et en 1817 y éclaira le passage des Panoramas, le Palais-Royal, le Luxembourg et le pourtour de l'Odéon. Depuis cette époque, l'éclairage au gaz s'est développé, et d'importantes compagnies se sont fondées pour exploiter cette industrie.

345. Matières premières employées pour la fabrication du gaz. — Les substances organiques qui peuvent, par leur distillation, fournir un gaz propre à l'éclairage sont assez nombreuses; mais la houille est certainement la plus avantageuse, car elle donne non seulement du gaz, mais encore du coke, dont la valeur est à peu près égale à la moitié de la sienne, du goudron et des sels ammoniacaux que l'industrie utilise.

Distillée en vase clos, la houille donne un volume considérable de gaz hydrogènes carbonés, hydrogène, azote, oxyde de carbone, acide sulfhydrique, du sulfure de carbone, du sulfhydrate d'ammoniaque, etc. On s'expliquera la production de ces divers corps en remarquant que la houille contient, outre son carbone, de l'oxygène, de l'hydrogène, une faible portion d'azote et du soufre provenant des pyrites qu'elle contient.

Les houilles à longue flamme sont celles qui sont les plus propres à la fabrication du gaz d'éclairage, 100 kilogrammes de houille peuvent donner 23 mètres cubes de gaz; les houilles anglaises peuvent en fournir 27 mètres.

346. Fabrication du gaz d'éclairage. — Cette fabrication comprend trois phases distinctes : 1° la distillation de la houille; 2° l'épuration physique du gaz; 3° l'épuration chimique.

347. Distillation de la houille. — La houille est chargée dans des cornues en terre C (fig. 97) que l'on dispose par batteries dans des fours adossés deux à

---

1. Winsor, professeur d'origine allemande.

deux. Elles peuvent être fermées à l'aide d'un obturateur, et de leur tête part un tube abducteur. Ces cornues sont portées au rouge vif au moment où l'ouvrier les emplit; les premières portions de charbon qu'on y projette distillent immédiatement et les remplissent de gaz, de sorte que, lorsque l'ouvrier pose l'obturateur, l'air est chassé. Au sortir des cornues, tous les produits de

Fig. 97. — Cornue à gaz. Barillet.

la distillation se rendent, par les tubes abducteurs T, dans un cylindre B, appelé *barillet*, qui court le long des fours et qui est à moitié rempli d'eau. Chaque tube T plonge dans l'eau, de sorte que chaque cornue est séparée par cette eau du reste de l'appareil; et, si l'une d'elles venait à se briser, le gaz contenu au delà du barillet ne pourrait ni s'enflammer ni se mélanger à l'air. Le barillet a de plus l'avantage de condenser déjà une certaine quantité d'eau, de goudron, etc.

348. Épuration physique. — A la sortie du barillet, le gaz se rend dans un appareil réfrigérant composé d'une série de tubes en U renversés D (fig. 98), qui

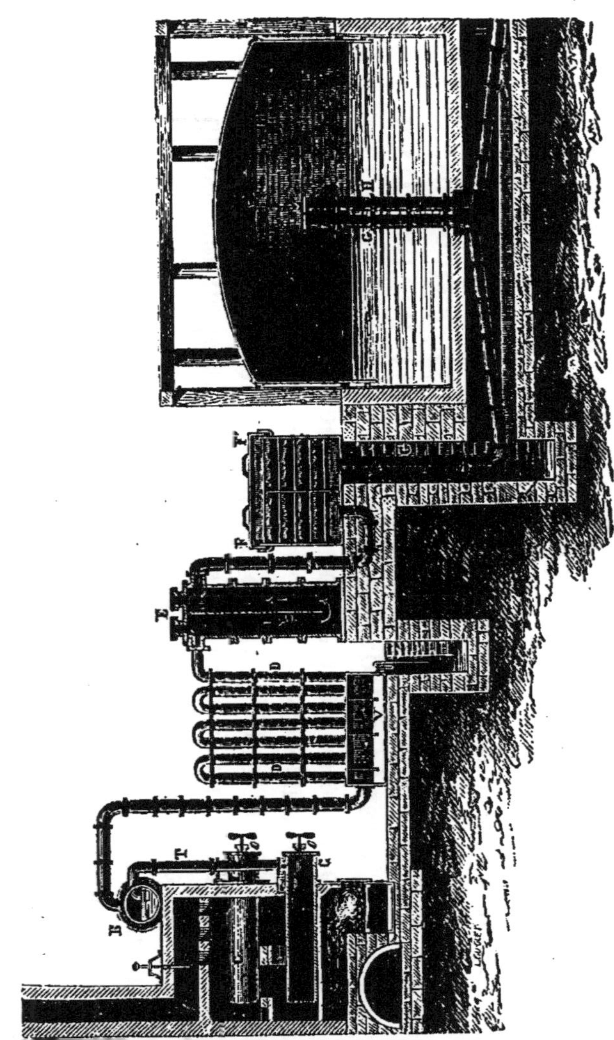

Fig. 98. — Fabrication du gaz d'éclairage.

viennent aboutir sur une caisse V que le gaz traverse pour se rendre de l'un à l'autre. C'est dans ces tubes que le gaz dépose son eau, ses goudrons, ses sels ammoniacaux, qui tombent de là dans l'eau de la caisse V. L'épuration physique s'achève dans une colonne E remplie de coke et divisée en deux compartiments. Le gaz traverse le premier compartiment de haut en bas et le second de bas en haut.

349. Épuration chimique. — Le gaz, dépouillé d'eau et de goudron, contient encore de l'acide sulfhydrique, du carbonate d'ammoniaque et du sulfhydrate d'ammoniaque. L'épuration chimique le débarrasse de ces corps. Pour cela on lui fait traverser des caisses F, F' garnies de claies superposées, sur lesquelles on a étendu un mélange de sesquioxyde de fer et de sulfate de chaux divisé par de la sciure de bois. Pour obtenir ce mélange, on précipite, au moyen de la chaux éteinte, une dissolution concentrée de sulfate de fer; il se forme du sulfate de chaux et du protoxyde de fer insolubles. L'exposition à l'air, pendant un certain temps, fait passer le protoxyde à l'état de sesquioxyde.

Au contact de ce mélange, le sulfhydrate d'ammoniaque se change en sulfate d'ammoniaque et en acide sulfhydrique. Ce dernier est retenu par le peroxyde de fer, qui se transforme en sulfure. Le carbonate d'ammoniaque et le sulfate de chaux produisent du carbonate de chaux et du sulfate d'ammoniaque.

De temps en temps, on lessive ces matières épurantes pour dissoudre le sulfate d'ammoniaque, et on les expose ensuite au contact de l'air en y ajoutant un peu de chaux. L'action combinée de l'air et de la chaux revivifie le mélange, qui peut servir de nouveau.

A la sortie des caisses d'épuration, le gaz arrive par le tube GG dans une grande cloche renversée sur l'eau et appelée *gazomètre*. Cette cloche est soutenue par des chaînes passant sur des poulies et soutenant des contrepoids. Elle se soulève, à mesure que le gaz arrive. Quand

on veut lancer celui-ci par le tuyau HH dans les con-
duites de distribution, on retire une partie des contre-

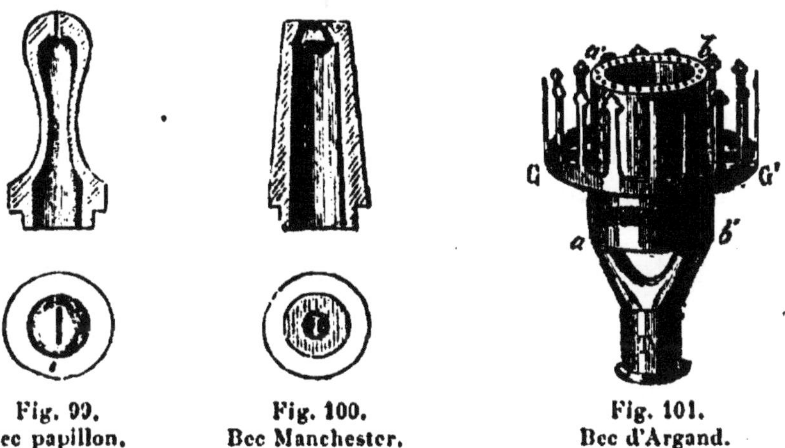

Fig. 99.
Bec papillon.

Fig. 100.
Bec Manchester.

Fig. 101.
Bec d'Argand.

poids, la cloche descend par l'effet de son poids et
chasse le gaz.

350. Becs. — Le gaz est brûlé
dans des becs de systèmes différents :

1° Le bec-bougie, qui s'emploie
dans l'éclairage d'ornement, dans
les lustres ou candélabres; le gaz
en sort par un trou circulaire uni-
que. La combustion est incomplète
et ce bec est fort peu économique.

2° Le bec *papillon-éventail* ou
bec *chauve-souris*, dans lequel la
combustion se fait déjà dans de
meilleures conditions, grâce à la
forme aplatie de la flamme, offre
une plus grande surface de contact
avec l'air. L'orifice de sortie du
gaz est une fente pratiquée dans la
tête du bec (fig. 99). Ce bec est
employé pour l'éclairage public, pour l'intérieur des
habitations.

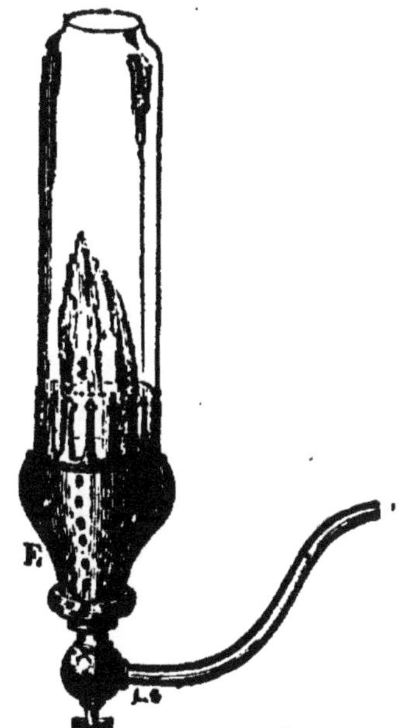

Fig. 102.
Bec à gaz perfectionné.

3° Le bec *Manchester*, qui a la forme d'un cône tronqué; le gaz arrive dans un conduit central (fig. 100) jusqu'à une petite distance du sommet; là, il se divise pour suivre deux trous qui se recourbent l'un vers l'autre, de telle sorte que les deux jets se rencontrent à la sortie. De ce choc résultent un aplatissement de la flamme, qui s'étale dans un plan perpendiculaire à l'orifice de sortie, et un ralentissement dans l'écoulement du gaz.

4° Les becs à double courant d'air, dits *becs d'Argand*, qui sont circulaires. L'extrémité du tube conducteur T (fig. 101) se bifurque et amène le gaz dans une enveloppe annulaire $aa'bb'$, dont la base supérieure forme une couronne percée de trous circulaires en nombre variable. C'est par ces trous que le gaz sort. L'air a de nombreux points de contact avec la flamme, puisqu'il arrive à l'extérieur et à l'intérieur de l'enveloppe métallique. Ce bec porte ordinairement une galerie GG' sur laquelle on pose une cheminée en verre destinée à activer le tirage et à rendre la flamme moins vacillante.

On a imaginé aussi, pour donner à la flamme plus de fixité, d'entourer (fig. 102) la partie inférieure des becs d'une enveloppe E en toile métallique ou en porcelaine percée de trous.

On a inventé dans ces derniers temps un certain nombre de becs : nous citerons le bec Auer, qui donne à la flamme un grand éclat, dû à une espèce de capuchon qui est placé dans la flamme; il est fait avec une matière qui résiste assez bien à l'action de la flamme.

BENZINE

Symbole : C^6H^6. — Poids moléculaire : $C^6H^6 = 78$.

351. Propriétés. — La benzine pure est un liquide incolore, mobile, très réfringent, d'une odeur particulière et éthérée, qui ne rappelle en rien celle des produits commerciaux vendus sous le nom de *benzine*. Elle bout à 80° et se solidifie à 4°,5. Sa densité à 0° est 0,889. L'eau ne la dissout pas; elle est soluble dans l'alcool et dans l'éther. Elle dissout le soufre, le phosphore blanc, l'iode, les résines et les corps gras. C'est cette dernière propriété que l'on utilise quand on l'emploie pour détacher les étoffes.

Elle brûle avec une flamme fuligineuse. Traitée par l'acide azotique fumant, la benzine donne lieu à la nitrobenzine :

$$C^6H^6 \quad + \quad AzO^3H \quad = \quad C^6H^5(AzO^2) \quad + \quad H^2O$$

Benzine.   Acide azotique.   Nitrobenzine.   Eau.

352. Extraction industrielle de la benzine. — La benzine se produit dans la distillation sèche d'un grand nombre de matières végétales, principalement dans celle des huiles grasses, des résines, de la houille; elle existe en proportions notables dans le goudron des usines à gaz, et c'est actuellement de cette matière qu'on l'extrait industriellement.

La distillation se fait dans des cornues cylindriques en tôle analogues par leur forme aux cornues à gaz. Les cornues ne sont pas chauffées à feu nu, mais sont séparées du foyer par une voûte, de sorte qu'elles sont portées à la température voulue par une circulation d'air chaud.

Si l'on arrête la distillation lorsque le goudron a perdu environ 25 p. 100 de son poids, le produit distillé forme ce qu'on appelle les *huiles légères*, dont le point d'ébullition atteint à peine 200° et dont la densité moyenne est telle qu'elles marquent 15° à l'aréomètre Cartier. Ce qui reste dans la chaudière est appelé *brai gras*.

Si l'on poursuit la distillation de ce résidu, il passe dans le réfrigérant des *huiles lourdes*, avec deux carbures solides, la *naphtaline* et la *paranaphtaline*, et il reste dans les cornues ce qu'on appelle le *brai sec*.

Le brai gras est employé dans la fabrication des *agglomérés*, cubes ou cylindres durs, qui servent au

chauffage des locomotives. Le brai sec est aussi employé
pour la fabrication des agglomérés; il entre dans la composition de l'asphalte, qui n'est autre que du sable et des
pierres concassées, englobés au moyen de la chaleur
dans du brai sec.

352 *bis*. Le produit le plus important de la distillation
du goudron de houille consiste dans les *huiles légères* ou
essence brute de houille. On extrait de ces huiles légères
un grand nombre de produits que l'industrie utilise, parmi
lesquels nous citerons : les matières colorantes, qui sont
employées en teinture sous le nom de *couleurs d'aniline*
et qui ont remplacé dans le plus grand nombre de cas
les matières colorantes naturelles; la benzine qui bout à
80°, le toluène qui bout à 110°; le mélange de benzine
et de toluène porte dans le commerce le nom de *naphte
incolore*, de *benzine*, de *naphte* n° 0); le mélange qui passe
à la distillation entre 120 et 150°, constitue le naphte
n° 2 *improprement* appelé *benzine à dégraisser*, puisque
le plus souvent il ne contient pas de benzine; c'est un
mélange de *toluène*, de *cumène*, de *cymène*.

On extrait la benzine pure du naphte n° 0, en le lavant
à l'acide sulfurique, à l'eau pure, à l'eau légèrement alca-
lisée. Enfin on distille en recueillant à part tout ce qui
passe un peu au-dessus de 80°.

Quant au résidu de la distillation de l'essence brute
de houille, il constitue les huiles lourdes employées en
peinture.

NAPHTALINE

Symbole : $C^{10}H^8$. — Poids moléculaire : $C^{10}H^8 = 128$.

353. Préparation. — On extrait la naphtaline du
goudron de houille. Les huiles lourdes, qui passent entre
250° et 300°, se prennent par le refroidissement en une
masse cristalline, dont on extrait la naphtaline par la
pression, qui en sépare les produits liquides.

354. Propriétés. — La naphtaline cristallise en belles lames rhomboïdales, incolores, transparentes et d'un éclat gras : elle possède une odeur particulière très persistante; sa densité est 1,048; elle fond à 79° et bout à 217°. Elle brûle avec une flamme fuligineuse : elle ne se dissout pas dans l'eau, est soluble dans l'éther et dans l'alcool. Ses dissolutions sont neutres. Elle donne naissance à un grand nombre de produits dérivés obtenus par la substitution du brome, du chlore, de l'acide hypoazotique, etc., à un certain nombre d'atomes d'hydrogène.

ESSENCE DE TÉRÉBENTHINE

Symbole : $C^{10}H^{16}$. — Poids moléculaire : $C^{10}H^{16} = 136$.

355. Préparation. — Lorsqu'on fait des incisions à la tige ou aux branches du *pinus larex*, il en découle une matière désignée sous le nom de *gomme* et qui est un mélange de résine et d'essence. On l'expose au soleil ou dans une étuve, après l'avoir mise dans un tonneau dont le fond est percé de trous; il s'écoule un liquide dont les premières portions sont les plus fluides et les plus pures : on les vend sous le nom de *térébenthine fine* ou *au soleil*.

Le résidu qui reste dans les tonneaux, est fondu et filtré à chaud sur de la paille. En le distillant, on obtient de la colophane et de l'essence de térébenthine. La *colophane*, ou *arcanson*, ou *brai sec*, est le résidu de cette distillation, qui se fait à la vapeur surchauffée à 150 et 200°.

356. Propriétés. — L'essence de térébenthine est incolore, d'une saveur âcre et brûlante. Sa densité à 0 est de 0,864. Elle bout à 161°. Elle s'enflamme difficilement et brûle à l'air avec une flamme fuligineuse. A la température ordinaire, elle s'oxyde à l'air et se transforme en résine. Cette oxydation se fait rapidement lorsqu'on la chauffe au contact de la litharge. L'acide azotique monohydraté l'enflamme; l'acide azotique étendu et bouillant en agissant sur elle donne lieu à divers acides.

Elle sert à la confection des vernis dits à l'essence et dans la peinture à l'huile. Elle a, par suite de sa transformation en résine, la propriété de rendre les peintures siccatives.

PÉTROLE

357. Le pétrole, ou *huile de pierre*, est connu de toute antiquité. L'Italie, la Perse, l'Inde, les bords de la Caspienne, Java et l'Amérique du Nord sont les principaux centres de production. Les sources que l'on y rencontre ne sont guère exploitées que depuis 1859.

Le pétrole brut est une huile de couleur foncée, qui par réflexion paraît verdâtre. Sa densité varie de 0,78 à 0,92. On distille ce produit naturel dans des cornues en fer chauffées à la vapeur. On opère d'abord entre 45 et 70 degrés pour ne mettre en liberté que des produits très légers, très inflammables, d'un emploi dangereux et que l'on désigne sous le nom d'*éther de pétrole;* sa densité est 0,65.

Entre 75 et 110° passent à la distillation des produits de composition variable et que l'on désigne sous les noms de *naphte,* d'*essence de pétrole*, d'*essence minérale;* leur densité varie de 0,702 à 0,740. On élève ensuite, par la vapeur surchauffée, la température à 150° et progressivement à 280°. Dans ces limites on recueille l'*huile d'éclairage*, appelée aussi *kérosène* et *photogène*. Elle devra être raffinée; sa densité varie de 0,780 à 0,810.

Enfin on élève progressivement la température jusqu'à 400° et on recueille des huiles lourdes généralement employées pour lubréfier les machines et qui peuvent être utilisées pour le chauffage. Leur densité varie de 0,830 à 0,900. C'est pendant cette période que distille la *paraffine*, hydrocarbure solide, qui fond de 45 à 65° suivant son origine et peut cristalliser. Ses vapeurs s'enflamment facilement à l'air. On l'extrait aussi du goudron de houille et du goudron de bois. On en a fait des bougies.

La distillation du pétrole laisse un coke plus dense que le coke de houille et qui brûle bien sur les grilles.

Le raffinage des huiles d'éclairage consiste à les traiter par l'acide sulfurique, à leur faire subir un lavage à l'eau, puis à les traiter par la soude caustique qui neutralise l'acide en excès. Dans ce traitement, le mélange est constamment agité par des palettes mues par une machine à vapeur.

L'huile d'éclairage ne doit pas contenir de matières trop volatiles, qui rendraient son emploi dangereux. Pour vérifier si l'huile satisfait à cette condition, on lui fait subir l'*épreuve du feu*, qui consiste à en chauffer une petite quantité dans une capsule. Quand la température est de 35°, on approche la flamme d'une allumette, qui ne doit pas enflammer l'huile.

CHAPITRE III

Alcools. — Alcool ordinaire.

358. Alcools en général. — On appelle *alcools* des principes neutres, composés de carbone, d'hydrogène et d'oxygène, capables de s'unir directement avec les acides et de les neutraliser en formant des *éthers*. Cette union se fait avec élimination des éléments de l'eau. Nous les considérerons comme formés par l'union d'un carbure d'hydrogène avec un corps hypothétique appelé *oxhydrile*, qui joue un grand rôle en chimie et qui a pour formule OII. On l'appelle aussi *résidu d'eau*, parce que c'est de l'eau II^2O moins H. Il est monovalent.

L'alcool ordinaire (C^2II^6O) est considéré comme formé par l'union de l'éthyle (C^2II^5), corps hypothétique et non isolable, avec l'oxhydrile (OII) :

$$C^2II^6O = (C^2II^5)(OII).$$

Par son union soit avec l'acide acétique, soit avec l'acide chlorhydrique, il donne lieu soit à l'éther éthylacétique, soit à l'éther éthychlorhydrique :

$$C^2II^5(OII) + C^2II^4O^2 = C^2II^3O^2,C^2II^5 + II^2O$$

Alcool ordinaire ou éthylique.   Acide acétique.   Éther éthylacétique.   Eau.

$$C^2II^5(OII) + IICl = C^2II^5,Cl + II^2O$$

Alcool ordinaire ou éthylique.   Acide chlorhydrique.   Éther éthylchlorhydrique.   Eau.

Les alcools forment un groupe excessivement nombreux, que l'on divise en plusieurs classes que nous n'étudierons pas dans leurs détails. Les plus importants sont les alcools primaires, comme l'alcool méthylique ou esprit de bois $CH^4O = (CH^3)(OH)$, l'alcool ordinaire ou éthylique $C^2H^6O = (C^2H^5)(OH)$, l'alcool propylique $C^3H^8O = (C^3H^7)(OH)$, etc. Les alcools que nous venons de nommer sont primaires, *monoatomiques* : ils ne contiennent qu'une fois OH. Ceux qui contiennent plusieurs fois OH sont appelés *polyatomiques*. Tels sont : le glycol, $C^2H^8O = (C^2H^6)(OH)^2$ qui est *diatomique*, la glycérine, $C^3H^8O^6 = (C^3H^5)(OH)^3$ qui est triatomique.

ALCOOL ORDINAIRE OU ALCOOL ÉTHYLIQUE

Symbole : C^2H^6O. — Poids moléculaire : $C^2H^6O = 46$.

359. On désigne sous le nom d'*alcool ordinaire* le corps dont nous avons parlé, dont la formule est C^2H^6O et qui prend naissance dans la fermentation du jus de raisin par la transformation du sucre qu'il renferme en alcool et en anhydride carbonique. Nous étudierons bientôt le phénomène de la fermentation.

Quand il n'est pas mélangé à l'eau, l'alcool est appelé *alcool absolu*.

360. Préparation de l'alcool absolu. — L'alcool le plus concentré que l'on ait obtenu dans le commerce contient de 90 à 92 pour 100 d'alcool pur. Pour le priver d'eau et l'obtenir à l'état anhydre, on laisse digérer pendant vingt-quatre heures, sur la chaux vive, une certaine quantité d'alcool à 90° de l'alcoomètre de Gay-Lussac, puis on distille au bain-marie à l'aide de l'appareil que représente la figure 103. B est la cucurbite de l'alambic plongeant dans un bain-marie qui repose sur un fourneau A ; C est le chapiteau qui communique par le tube D avec le serpentin S. La distillation doit être répétée deux à trois fois sur l'alcool obtenu.

361. Propriétés. — L'alcool pur est un liquide transparent, très fluide, incolore, ayant une saveur brû-

lante et une odeur aromatique; sa densité à 15° est de
0,795; il bout à 78°. Il est très avide d'eau, et, lorsqu'on
le mélange avec elle, la température s'élève et le volume
diminue. C'est le dissolvant par excellence des substan-

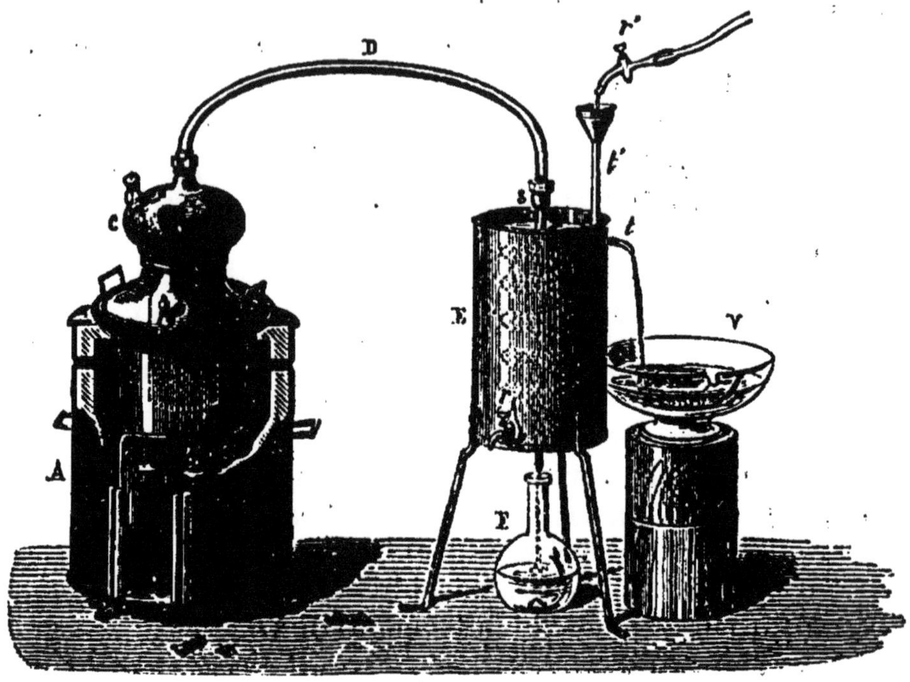

Fig. 103. — Distillation de l'alcool.

ces très hydrogénées, comme les résines, les essences,
les corps gras, les matières colorantes, etc. Il est
inflammable et brûle avec une flamme bleue; sa vapeur,
mélangée à l'oxygène, détone avec violence sous l'influence de la chaleur ou de l'étincelle électrique. Il
se produit alors de l'eau et de l'anhydride carbonique :

$$C^2H^6O \ + \ 6O \ = \ 2CO^2 \ + \ 3H^2O$$

Alcool. Oxygène. Anhydride carbonique. Eau.

L'alcool n'est pas attaqué par l'oxygène à la température ordinaire; il s'oxyde cependant avec facilité sous
l'influence de la mousse de platine ou lorsqu'il contient
des principes azotés. La transformation de l'alcool en

acide acétique, dans la fabrication du vinaigre, nous montrera bientôt l'oxydation de ce corps sous l'influence des ferments. Pour effectuer la transformation sous l'influence des corps poreux, on peut opérer de la manière suivante :

Une cloche tubulée C (fig. 104), soutenue par trois cales, qui permettent le renouvellement de l'air, repose sur une assiette, au centre de laquelle se trouve une capsule c renfermant de la mousse de platine; à l'aide d'un tube ab on laisse tomber goutte à goutte de l'alcool absolu sur la mousse de platine; on voit aussitôt des vapeurs acides se condenser sur les parois de la cloche; le liquide qui se produit est composé

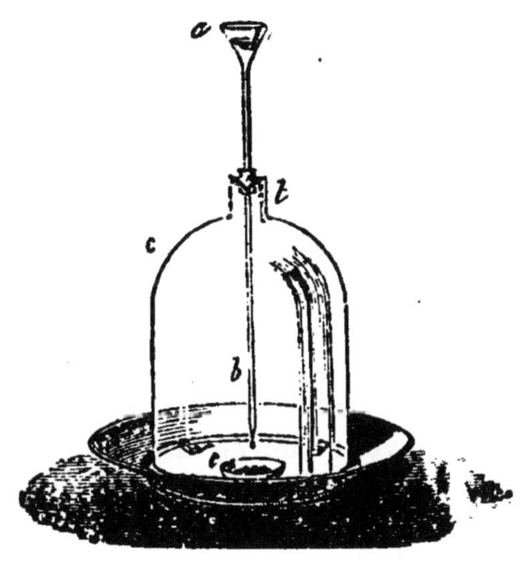

Fig. 104. — Oxydation de l'alcool.

d'acide acétique et d'un autre corps moins oxydé, appelé *aldéhyde*.

L'aldéhyde est le premier degré d'oxydation de l'alcool. Les deux formules suivantes expriment les deux degrés de cette oxydation :

$$C^2H^6O + O = C^2H^4O + H^2O$$

Alcool. Oxygène. Aldéhyde. Eau.

$$C^2H^6O + 2O = C^2H^4O^2 + H^2O$$

Alcool. Oxygène. Acide acétique. Eau.

L'alcool peut sous l'influence du chlore donner lieu au chloroforme, $CHCl^3$. Il suffit pour cela de chauffer un mélange d'alcool, de chaux et de chlorure de chaux. On obtient à la distillation un liquide incolore, mobile, d'une odeur agréable, qui est le chloroforme. On l'emploie comme anesthésique dans les opérations chirurgicales.

CHAPITRE IV

Fermentation. — Fabrication du vin, de la bière, du cidre et des alcools.

FERMENTATION ALCOOLIQUE

302. Si l'on écrase des grains de raisin et qu'on abandonne le jus à l'air, il ne tarde pas à devenir le siège de phénomènes assez complexes : on voit se produire de nombreuses bulles de gaz carbonique; en même temps la saveur sucrée diminue, puis disparaît, et par distillation du liquide on peut isoler le corps que nous venons d'étudier sous le nom d'*alcool ordinaire*. On dit que le jus sucré a *fermenté*. On peut reproduire ce phénomène dans un laboratoire de la manière suivante : On met dans un flacon à hydrogène une dissolution de sucre, on y ajoute un peu de levure de bière. On abandonne le flacon à une température de 20 à 25° : on voit bientôt l'effervescence se produire, le liquide mousser et on peut recueillir l'anhydride carbonique, qui se dégage par le tube abducteur; le liquide distillé fournirait de l'alcool.

303. Le phénomène que nous venons de décrire, est connu de toute antiquité et, depuis la fin du siècle dernier, de nombreux travaux ont été faits pour l'expliquer. C'est à M. Pasteur que l'on doit d'avoir élucidé cette importante question et d'avoir établi ce qu'on appelle la *théorie physiologique de la levure de bière*. Il considère la levure comme un être vivant, qui se produit au milieu du liquide fermentescible.

M. Pasteur fit dissoudre 10 grammes de sucre candi pur dans 100 grammes d'eau distillée; il y ajouta 15 grammes de cendres de levure, 0 gr., 1 de tartrate droit d'ammoniaque. Il sema dans ce liquide une trace de levure de bière humide (la grosseur d'une tête d'épingle). La liqueur fut abandonnée à une température de 15 à 20° : la fermentation s'établit, le sucre se dédoubla en alcool et en anhydride carbonique, et M. Pasteur constata que, pendant la fermentation, la levure de bière se reproduisait par bourgeonnement, que la liqueur à la fin de l'opération contenait infiniment plus de levure qu'il n'en avait semé. La levure ne se détruit donc pas; elle vit, se reproduit : l'accomplissement de ses fonctions vitales détermine la séparation du sucre en alcool et en anhydride carbonique.

$$C^6H^{12}O^6 \ = \ 2C^2H^6O \ + \ 2CO^2$$
Sucre.　　　　Alcool.　　　Anhydride carbonique.

364. Voici comment il faut interpréter cette action : la levure, comme les animaux supérieurs, a besoin, pour vivre et se reproduire, de matériaux qui concourent à son alimentation; elle trouve ces matériaux dans la substance fermentescible et les transforme. Mais, tandis que les animaux supérieurs prennent à l'air l'oxygène nécessaire à la combustion des aliments, tandis qu'ils prennent à ceux-ci les substances destinées à la formation de leurs tissus, de leurs os, des produits de sécrétion et d'excrétion, la levure prend cet oxygène, ces matériaux, au sucre lui-même. Mais le sucre ne peut abandonner une partie de lui-même qu'à condition de se décomposer en alcool et en anhydride carbonique. Il résulte de ces considérations que la quantité de matière sucrée qui subit le phénomène de la fermentation, doit être considérée comme divisée en deux parties, l'une qui se transforme *intégralement* en alcool et en anhydride carbonique, l'autre qui cède à la levure du carbone, de l'oxygène etc., pour la nourrir et lui permettre de se

reproduire. De cette seconde partie, tout n'est pas cédé à la levure, mais une partie sert à faire d'autres produits, dont M. Pasteur a démontré l'existence dans la liqueur fermentée. Nous citerons la glycérine, l'acide succinique, la cellulose et des matières grasses. Ajoutons que la levure prend aussi une partie des substances qui lui sont nécessaires, aux corps que M. Pasteur a introduits dans le liquide sucré, l'azote au sel ammoniacal et d'autres principes minéraux (phosphore, etc.) à la cendre de levure ; car, si l'on vient à supprimer ces substances et à semer la levure dans un liquide ne contenant que du sucre, elle ne se développe pas, ne se reproduit pas et la fermentation n'a pas lieu.

365. M. Pasteur a fait voir que dans les autres fermentations, dans celle du lait, du beurre, etc., fermentations dans lesquelles avant lui on n'avait vu ni levure ni d'autre ferment actif, il y en a toujours un, se multipliant comme la levure pendant que la fermentation s'accomplit. De plus, à chaque fermentation correspond un ferment spécial, distinct des autres non seulement par sa forme, mais aussi par les aliments qu'il consomme et par les transformations qu'il opère.

Nous ne pouvons entrer ici dans l'exposé des admirables travaux de M. Pasteur, dans l'énumération de ces êtres infiniment petits dont il a étudié la nature, les habitudes et les transformations. Nous dirons seulement qu'il les divise en deux catégories : les uns, qu'il appelle *aérobies*, ont besoin d'oxygène pour vivre ; ils le prennent à l'air ; nous citerons le végétal qui se développe sur le pain mouillé de vinaigre, sur le citron, et qu'on appelle *aspergillus niger* ; les autres, nommés *anaérobies*, n'ont pas besoin d'oxygène pour vivre. Telle est par exemple la levure de bière, qui peut vivre, se reproduire et faire fermenter le sucre sans que l'oxygène extérieur au liquide intervienne. Il y a plus : la levure peut vivre, se reproduire au contact de l'air ; mais, pour qu'elle agisse comme *ferment*, pour qu'elle décompose le sucre en alcool et en anhydride carbonique, il faut qu'elle soit à l'abri du contact de l'air.

La levure de bière est donc à la fois aérobie et anaérobie, mais plutôt anaérobie, puisqu'elle ne peut agir comme ferment qu'en dehors du contact de l'air.

Il est d'autres ferments dont la nature est plus accusée ; nous citerons le ferment de la fermentation butyrique. Ici nous avons affaire non plus à un végétal, mais à un animal. C'est un vibrion qui se meut et se reproduit à la façon des vibrions ; mais, tandis que les vibrions ordinaires vivent en absorbant de l'oxygène et en dégageant de l'anhydride carbonique, les vibrions butyriques se passent d'oxygène, et l'on peut dire que l'oxygène les tue. En effet, si l'on fait passer dans la liqueur où ils se multiplient, un courant d'anhydride carbonique pur, leur vie et leur reproduction n'en sont nullement affectées. Si l'on fait passer un courant d'oxygène ou d'air, la fermentation s'arrête, parce que le ferment périt.

Le ferment *acétique* est un mycoderme, dont nous verrons l'action en étudiant plus tard la fabrication du vinaigre.

366. Ajoutons que le sucre fermentescible n'est pas le sucre ordinaire de canne ou de betterave, mais l'espèce de sucre que nous étudierons plus tard sous le nom de *glucose*. Pour que le sucre ordinaire puisse fermenter, il faut qu'il soit d'abord transformé en glucose : cette transformation est opérée par une matière soluble dans l'eau, sorte de liquide digestif que secrète la levure.

367. Il est enfin un dernier point qu'il faut éclaircir. Puisque la fermentation alcoolique se produit naturellement, sans qu'on soit obligé de semer de levure dans le jus de raisin, puisque les autres fermentations s'établissent avec la même spontanéité, où la matière fermentescible trouve-t-elle le ferment nécessaire à sa transformation ? Les ferments, dont M. Pasteur a constaté la puissance, peuvent-ils prendre naissance spontanément au milieu de la matière morte fermentescible, ou bien

proviennent-ils d'êtres semblables à eux? La première hypothèse a été défendue par les partisans de la doctrine des générations spontanées. M. Pasteur en a démontré l'inanité et a prouvé par de nombreuses expériences que les ferments provenaient de germes contenus dans l'air. Nous citerons les deux suivantes :

Les liquides facilement fermentescibles en présence de l'air ordinaire ne fermentent plus, dès qu'on les met en contact, ou bien avec de l'air qui a passé à travers un tube chauffé au rouge, où les germes qu'ils contenaient ont été détruits, ou bien avec de l'air qui a traversé un tube rempli de coton, au milieu duquel il a laissé ses germes. La fermentation se produit, au contraire, dès qu'on introduit dans le liquide un peu du coton imprégné de ces corpuscules.

Cela est si vrai qu'il faut, pour que les grains de raisin fermentent, que leur pellicule soit brisée. Si cette pellicule reste intacte, l'intérieur du grain est fermé aux germes atmosphériques, et la fermentation ne s'établit pas. Le grain se dessèche, l'oxygène y pénètre, en oxydant certains principes, et y provoque des changements de goût : le raisin devient *raisin sec*, mais il ne périt pas. Si la pellicule est brisée, les germes prennent possession du liquide sucré, s'y développent et la fermentation transforme le sucre en alcool et en gaz carbonique. Enfin si le raisin reste sur le pied, largement exposé à l'air, il est envahi par des végétations cryptogamiques, qui agissent à la façon de l'*aspergillus niger* et brûlent le sucre en le transformant en eau et en anhydride carbonique.

308. Nous allons maintenant décrire un certain nombre d'opérations industrielles qui sont fondées sur la fermentation alcoolique.

VIN

309. Le vin est la liqueur obtenue par la fermentation du jus des raisins. Le raisin contient du sucre, des

matières albuminoïdes, des principes colorants, du tanin, des sels et en particulier du tartrate de potasse. La nature de la vigne, celle du sol sur lequel elle a été cultivée, le mode de culture et le climat sont autant de causes qui influent sur la qualité du vin.

370. La fabrication du vin rouge comprend quatre opérations distinctes :

1° Récolte de la matière première ou vendange ;

2° Foulage ou expression du jus ;

3° Fermentation du moût ;

4° Décuvage, pressurage.

La vendange se fait ordinairement à la fin du mois de septembre, et, au plus tard, dans la première quinzaine d'octobre. On doit, autant que possible, choisir pour cette opération un temps sec, s'assurer de la maturité des raisins, et éviter de les meurtrir en les cueillant ou en les transportant de la vigne à l'atelier de fabrication.

Aussitôt que le raisin est arrivé au lieu où il doit être traité, il est nécessaire de le mettre dans des conditions telles que la fermentation puisse s'établir uniformément dans toutes ses parties.

La récolte étant achevée, il faut extraire le jus du raisin pour le faire fermenter. Pour cela, on procède au *foulage*, qui est souvent précédé de l'*égrappage*, qui a pour but de séparer les grains de raisin de la rafle. La présence de la rafle au milieu du jus peut donner de l'amertume au vin. L'égrappage se fait au moyen de procédés différents : on emploie souvent une fourche à trois dents, que l'on agite dans un cuvier contenant les grappes ; la séparation étant faite, on enlève les rafles à la main.

Le foulage se fait ordinairement par des hommes qui, les jambes et les pieds nus, piétinent le raisin sur un sol légèrement incliné et entouré d'un rebord en maçonnerie. A mesure que le jus sort du grain, il s'écoule dans un baquet en bois de chêne appelé *barlong* ou *douil*. On l'y puise pour le verser dans des vases en bois nommés *tines* ou *compostes*, à l'aide desquels on le porte aux cuves de fermentation, qui sont ordinairement en chêne, et ont une capacité de 40 à 50 hectolitres.

Le raisin foulé et encuvé ne tarde pas à entrer en fermentation, si toutefois la température n'est pas inférieure à 20 degrés. Il y a deux méthodes générales pour opérer la fermentation : d'après l'une, la plus ancienne, on fait fermenter au libre contact de l'air atmosphérique, tandis que dans la seconde on interdit plus ou moins le contact de l'air.

371. Dans la première méthode, au deuxième jour d'encuvage, la fermentation commence, la température s'élève, et le sucre se transforme en alcool et en anhydride carbonique. Les matières solides soulevées par le dégagement de gaz carbonique s'accumulent à la surface et forment une croûte d'écume, qu'on appelle le *chapeau*. Au bout de quelques jours, la fermentation devient d'abord moins tumultueuse, puis s'arrête. On brasse alors le mélange de manière à immerger entièrement le chapeau et à remettre de nouveau en contact le jus sucré et les matières solides : la fermentation recommence moins tumultueuse que la première fois et finit par s'arrêter. On procède alors au *décuvage*.

Il est important, lorsque la fermentation a lieu à l'air libre, de bien saisir le moment où doit se faire le décuvage ; car, si l'on décuve trop tôt, le sucre de raisin n'est pas complètement transformé en alcool et en anhydride carbonique et, si l'on attend trop tard, le vin peut s'aigrir ou tout au moins s'appauvrir, par l'évaporation de son alcool.

372. Pour éviter ces inconvénients, il est préférable d'employer la seconde méthode dont nous avons parlé, et de faire fermenter le jus à l'abri du contact de l'air. Pour cela, dès que la fermentation commence, on lute un couvercle sur la cuve au moyen d'une pâte adhésive ; ce couvercle porte un tube, qui mène le gaz carbonique au dehors du cellier.

L'emploi des cuves couvertes a plusieurs avantages :

1° le couvercle empêche le refroidissement qui retarderait le développement de la fermentation ; 2° il s'oppose à l'évaporation de l'esprit et du bouquet du vin ; 3° il permet au gaz carbonique d'occuper entièrement le vide de la cuve, et d'intercepter tout contact avec l'air : on évite ainsi les inconvénients que nous signalions tout à l'heure et qui résultent de l'action de l'air.

373. Quel que soit le mode de fermentation employé, il faut procéder au décuvage. Pour cela on enfonce dans la cuve un panier en osier, le liquide y afflue, et on l'y puise pour le verser dans les tonneaux munis d'un large entonnoir. Mais ce procédé est mauvais ; il expose trop le vin à l'action acidifiante de l'air ; il est préférable d'adapter une grosse cannelle près du fond de la cuve, et, à l'aide d'un tuyau, de diriger dans les tonneaux le liquide soutiré.

Lorsque l'on a soutiré tout le vin qui peut s'écouler spontanément, on procède au *pressurage*. Cette opération consiste à presser le marc à l'aide d'un pressoir, de manière à en extraire le jus que retiennent encore les rafles.

374. Les vins blancs se fabriquent aussi bien avec des raisins rouges qu'avec des raisins blancs ; mais, quand on veut faire du vin blanc, on doit faire précéder la fermentation par le pressurage. Voici pourquoi : la matière colorante du raisin se trouve dans la pellicule du grain et ne peut se dissoudre qu'à la faveur de l'alcool produit dans la fermentation. Si donc, avant la fermentation, on sépare par le pressurage la pellicule et le jus, il ne pourra y avoir de coloration, puisque la matière colorante sera restée dans la pellicule.

375. **Vinage.** — Les vins rouges français contiennent environ 9 à 10 p. 100 en volume d'alcool : en d'autres termes, 100 litres de vin donnent à la distillation de 9 à 10 litres d'alcool absolu. Or certains vins du Midi et du Centre n'ont parfois, surtout dans les mauvais années, qu'un titre alcoolique de 7,55 et même 4 p. 100. Dans ces conditions, un vin ne se conserve pas longtemps sans

s'altérer et il ne pourrait se transporter à une grande distance.

L'expérience a démontré depuis longtemps qu'on remédie à ce double inconvénient en ajoutant au vin une certaine quantité d'eau-de-vie. C'est en cela que consiste l'opération du *vinage*, opération qui n'aurait que des avantages, si l'eau-de-vie ajoutée était de l'eau-de-vie de vin, mais qui peut présenter des inconvénients, au point de vue de l'hygiène, si cette eau-de-vie est d'une autre provenance.

376. Plâtrage. — Il est une autre opération qui est passée dans la pratique et qui consiste à ajouter dans la cuve une certaine quantité de plâtre avant que la fermentation ait commencé : on met en général 1 kilogramme de plâtre pour 3 ou 4 hectolitres de vendange. Voici l'effet de cette opération, que l'on désigne sous le nom de *plâtrage*.

Le moût, qui n'a pas encore fermenté, dissout le plâtre et s'en sature; quand la fermentation se produit, le plâtre se précipite sous l'influence de l'alcool dans lequel il n'est pas soluble; il entraîne avec lui un certain nombre de matières albuminoïdes, qui pourraient entrer plus tard en fermentation et nuire à la conservation du vin. De plus, le plâtre agissant sur le bitartrate de potasse, qui se trouve dans le vin, donne lieu à la formation de tartrate de chaux, de sulfate de potasse et d'acide tartrique. Cette seconde réaction se reproduit d'elle-même plusieurs fois avant la fermentation : car il y a toujours dans le moût une proportion considérable de bitartrate de potasse et un excès de plâtre prêt à se dissoudre pour reproduire la réaction précédente. Les effets du plâtrage sont donc les suivants : 1° précipitation des matières demeurées en suspension dans le vin; 2° substitution d'acide tartrique libre au bitartrate de potasse, cet acide tartrique étant, vu la répétition de la réaction, en quantité supérieure à celle que contient naturellement le vin; 3° formation de sulfate de potasse.

Les deux premiers effets du plâtrage sont assurément excellents, puisqu'ils hâtent la clarification du vin, rendent sa couleur plus vive et sa conservation plus certaine. Malheureusement la formation du sulfate de potasse peut avoir des inconvénients pour la santé, si le vin a été trop plâtré. Aussi la loi du 1er avril 1891 interdit-elle de faire circuler sur le territoire français les vins renfermant, pour chaque litre de liquide, une proportion d'acide sulfurique supérieure à celle qui se trouve dans *deux grammes de sulfate neutre de potasse.*

377. Mouillage des vins. — Le mouillage des vins est une fraude qui consiste à additionner d'eau les vins livrés au public. Pour dissimuler sa fraude, le falsificateur ajoute au vin *mouillé* de l'alcool, afin de lui rendre son titre alcoolique, mais le vin n'en est pas moins falsifié puisque chaque litre de vin ne renferme plus la proportion de principes utiles qu'il doit contenir.

378. Collage des vins. — Le vin séparé du marc par le décuvage et le pressurage continue à fermenter lentement et à dégager du gaz carbonique; en même temps il s'éclaircit et les matières en suspension déposent et forment ce qu'on appelle la *lie.* On le soutire plusieurs fois et, au printemps suivant, on procède au *collage.*

Cette opération a pour but de rendre le vin limpide et de lui enlever les principes albuminoïdes qu'il tient en suspension. On élimine ainsi la cause d'une fermentation qui tend à se développer à l'époque où la température s'élève dans les celliers. Le collage se fait en versant dans le vin du blanc d'œuf, du sang ou de la gélatine. Ces substances s'unissent au principe astringent du vin, le tanin, et forment avec lui un composé insoluble qui, se déposant sous la forme de flocons, entraîne avec lui un peu de matière colorante et en même temps tout ce qui trouble le vin. La colle de poisson est préférée pour coller le vin blanc. Pour prévenir l'acidité du vin, on ajoute souvent un peu de sel marin aux substances clarifiantes.

379. Fabrication du vin de Champagne. —

Les vins blancs mousseux de Champagne doivent la propriété de mousser à la grande quantité de gaz carbonique qu'ils contiennent en dissolution, et qui provient de ce que le vin est mis en bouteilles avant que la fermentation soit achevée.

La plupart des vins de Champagne se préparent avec du raisin rouge, dont le jus est généralement plus sucré que celui du raisin blanc. Le jus extrait par pression donne le vin blanc; le marc foulé et soumis à une pression donne le vin rosé.

Après vingt-quatre heures de fermentation dans les cuves, on soutire dans des tonneaux que l'on conserve pleins et fermés avec une bonde hydraulique. On soutire et on colle successivement trois fois à un mois d'intervalle, puis on met en bouteilles, après avoir ajouté 3 à 5 p. 100 de sucre candi.

Les bouchons doivent être maintenus avec des fils de fer, et les bouteilles conservées dans une position horizontale. Le sucre, ajouté lors de l'embouteillage, éprouve la fermentation alcoolique, et le gaz carbonique qui en résulte rend le vin mousseux.

Pendant cette fermentation, le vin se trouble et forme un dépôt que l'on enlève au bout de six mois par le *dégorgeage*. Cette opération très délicate se fait de la manière suivante :

On agite un peu la bouteille, de manière à détacher le dépôt; on la renverse graduellement jusqu'à la mettre dans la position verticale, le goulot en bas : le dépôt descend alors sur le bouchon. On ouvre les bouteilles avec précaution, et, lorsque la pression intérieure a chassé un peu de liquide et fait sortir le dépôt, on la rebouche immédiatement.

380. Chauffage des vins. —

Les vins sont sujets à contracter certaines maladies sous l'influence des ferments qui peuvent exister dans le liquide. M. Pasteur a montré que l'on pouvait prévenir ces maladies, et les arrêter lorsqu'elles n'ont pas encore produit d'effets trop considérables, en chauffant le vin, pendant quelques minutes, à 60° environ. Au début, cette opération ne modifie pas sensiblement le goût du vin; mais, après quatre à six ans, les vins chauffés ont été reconnus supérieurs aux vins non chauffés. Cette découverte de M. Pasteur rend chaque jour de grands services à l'industrie vinicole.

BIÈRE

381. La bière est une boisson légèrement alcoolique, provenant de la fermentation du sucre d'amidon et aromatisée avec des fleurs de houblon.

La bière se fabrique ordinairement avec l'orge que l'on soumet aux opérations suivantes : 1° le *maltage*; 2° la *saccharification du malt*; 3° le *houblonnage*; 4° la *fermentation alcoolique*.

382. 1° **Maltage.** — Le maltage a pour but de développer dans l'orge un ferment végétal, appelé *diastase*, qui, agissant plus tard sur la matière amylacée qu'elle renferme, la transformera en sucre d'amidon. L'orge est introduite dans de grandes cuves en maçonnerie, avec un volume d'eau quadruple du sien; on l'agite pour en détacher l'air adhérent, les grains vides ou avariés nagent à la surface de l'eau et sont enlevés, les grains sains vont au fond du liquide, et au bout de vingt-quatre heures en été et de trente-six heures en hiver, sont assez gonflés pour être portés au *germoir*.

Le *germoir* est un cellier dallé et maintenu dans un parfait état de propreté. La germination s'y effectue par le concours de l'humidité de l'air et d'une température de 13 à 17°. C'est au printemps que l'opération marche le mieux; aussi la *bière de mars* est regardée comme supérieure à celle que l'on fabrique à une autre époque de l'année. Pendant la germination, la diastase se développe, et, lorsque le germe commence à apparaître, l'épaisseur de la couche d'orge, qui était de 0^m,5 environ, est successivement réduite à 0^m,1.

Pendant la saison chaude, la germination dure environ dix à douze jours ; à la fin de l'automne, sa durée peut aller jusqu'à vingt jours.

L'orge germée est rapidement desséchée d'abord dans un grenier à air, puis dans une étuve à courant d'air appelée *touraille*, afin d'arrêter les progrès de la germination, qui entraîneraient une perte notable de matière amylacée. L'orge, une fois desséchée, est remuée de manière que les radicelles, qui sont devenues cassantes, se détachent facilement du grain ; elles en sont ensuite séparées par une espèce de tamisage. Les grains concassés et déchirés constituent le *malt*, qui est emmagasiné.

383. 2° Saccharification du malt ou brassage. — La saccharification consiste dans la transformation de l'amidon de l'orge en dextrine, puis en glucose. Cette transformation s'opère sous l'influence de la diastase, qui s'est développée pendant le maltage.

Pour cela, le malt est porté dans de grandes cuves, à double fond, appelées *cuves matières*. Le faux fond, sur lequel repose l'orge, est percé de trous. Dans l'intervalle des deux fonds se trouvent le robinet de vidange et un tube qui amène l'eau chaude. Le brassage peut s'effectuer par deux méthodes distinctes : l'une, appelée *méthode par infusion*, se pratique en Angleterre et dans les pays du Nord ; l'autre, nommée *méthode par décoction*, est appliquée pour les levures semblables à celles d'Alsace et d'Allemagne. La première donne des bières plus alcooliques, moins moelleuses et moins nutritives.

Dans la *méthode par infusion*, on opère de la manière suivante : on verse de l'eau à 40° dans la cuve matière et on y ajoute la quantité de malt nécessaire, de manière à former une pâte assez épaisse. On brasse le mélange pendant un quart d'heure avec des fourches appelées *fourquettes*; on laisse reposer pendant une demi-heure pour que le grain se trempe bien. Puis on ajoute de l'eau chaude de manière à porter la température à 60° ou 65° : on brasse fortement et on laisse reposer pendant une heure pour que la transformation de l'amidon en sucre s'effectue. La cuve doit être couverte avec soin. On ouvre alors le robinet de vidange, et le liquide appelé *moût* est conduit dans la chaudière à cuire. On répète deux fois l'opération, en élevant la température à 75° à la seconde trempe, à 80° et plus à la troisième trempe.

Dans la *méthode par décoction*, on empâte à froid, puis par l'arrivée d'eau chaude on élève la température à 38° : on brasse et on laisse reposer pendant une heure après avoir couvert la cuve. On extrait alors le tiers environ de la matière pâteuse que l'on envoie dans une chaudière à cuire, où on la fait bouillir pendant trois quarts d'heure, puis on la ramène sur le malt et on monte à 46°. On fait une seconde et une troisième opération analogue et on arrive après le quatrième mélange à la température de 75°. Le caractère distinctif de cette méthode est l'ébullition du malt avec l'eau : cette ébullition détermine la transformation des matières albuminoïdes, qui deviennent brunes et ainsi transformées rendent la bière plus moelleuse et plus nutritive. Mais la saccharification étant moins complète, la bière sera moins alcoolique.

384. 3° Houblonnage et cuisson. — Le moût est ensuite mis à bouillir avec des fleurs de houblon dans des chaudières, où il est constamment remué par un agitateur mécanique. Pendant cette ébullition, les fleurs de houblon cèdent au liquide un principe amer et un principe aromatique : le premier communique à la bière un goût particulier, le second l'aromatise et facilite sa conservation.

385. 4° Refroidissement du moût. — Lorsque la cuisson du moût est terminée, on le dirige au moyen de tuyaux en cuivre dans de grands bacs très peu profonds appelés *refroidissoirs* et placés dans des greniers bien aérés. Il s'y refroidit rapidement et laisse déposer diverses substances qu'il tenait en suspension ou en dissolution. On se sert aussi pour refroidir le moût d'appareils réfrigérants. Dans celui de M. Baudelot (fig. 105, vue de côté; fig. 106, vue de face), le liquide coule de haut en bas et en pluie sur des tuyaux parcourus de bas en haut par un courant d'eau glacée arrivant en E et sortant en E' (fig. 106). Le moût arrive en *t* (fig. 105), tombe sur deux gouttières métalliques,

Fig. 105 et 106. — Réfrigérant Baudelot.

A, *a*, percées de trous : il laisse sur ces gouttières les corps étrangers solides qu'il peut contenir et de là tombe sur les tuyaux I.

386. Fermentation. — Après refroidissement, le liquide est envoyé dans de vastes cuves appelées *guilloires*. On y ajoute de la levure de bière provenant d'une opération précédente : elle s'y reproduit et y provoque la fermentation, qui transforme le sucre en alcool et en gaz carbonique. La fermentation peut se faire de deux manières : *par dépôt* ou *superficiellement*. Cela dépend de la méthode de brassage, de la nature de la levure et de la température.

Fermentation par dépôt. Dans la fermentation par dépôt, la levure va au fond de la cuve et s'y dépose. On l'obtient à une température qui varie de 4° à 15°, et avec des moûts brassés *par décoction.* Elle se fait lentement avec calme et dure dix à vingt jours. C'est ainsi qu'on opère pour les bières de Bavière et d'Alsace. Après la fermentation, on soutire le liquide en séparant la levure qui doit être lavée, séchée et conservée pour la vente ou pour une fermentation ultérieure.

La bière ainsi produite peut être mise en tonneaux et vendue en cet état, à condition d'être bientôt consommée : car elle ne pourrait se conserver au delà de quelques mois.

Quand on veut faire de la *bière de conserve,* on dirige le produit de la première fermentation dans de grandes cuves disposées dans des caves, qui sont entourées d'une glacière constamment remplie et où règne, par conséquent, une température fixe et glaciale. La bière y est abandonnée en moyenne pendant cinq à six mois, durant lesquels se produit une fermentation lente, qui a pour effet de faire déposer les substances nuisibles à la conservation du liquide.

Fermentation superficielle. — Dans la fermentation superficielle, qui se pratique dans les villes du Nord, la levure monte à la surface du liquide et on emploie des moûts brassés par infusion et à une température qui varie entre 13° et 30° : elle est tumultueuse et dure de quatre à dix jours. On la fait commencer dans des guilloires et on l'achève dans des tonneaux, où l'on transvase le liquide : la levure produite s'écoule par la bonde restée ouverte.

387. Procédé Pasteur. — La bière est un liquide éminemment altérable. Pendant les chaleurs de l'été, elle ne résiste pas au delà de cinq à six semaines aux causes de détérioration, et le moût qui sert à la fabriquer est d'une altérabilité plus grande. C'est encore M. Pasteur qui, interprétant à ce point de vue spécial ses admirables découvertes sur les fermentations, a trouvé les causes des altérations et des maladies que cette boisson peut subir. Il a montré par des expériences directes que la bière, qui peut devenir *aigre, putride, filante, tournée, lactique*, n'est sujette à ces altérations que par suite de l'action sur elle d'organismes, ou ferments étrangers, qu'elle a reçus soit de l'air, soit des appareils de fabrication, soit enfin des levures elles-mêmes que l'on a introduites dans le moût pour le faire fermenter. Dans la communication qu'il a faite à l'Académie des sciences, il affirme qu'une bière qui ne contiendrait pas en elle-même les germes de ces ferments, pourrait être exposée aux températures les plus hautes de l'atmosphère, faire le tour du monde et séjourner dans les pays les plus chauds *sans subir la moindre altération*. Elle ne pourrait éprouver dans ces conditions que la fermentation alcoolique.

D'où viennent ces germes? toujours de l'atmosphère. Mais la fermentation ne peut se produire sans l'intervention de l'oxygène de l'air. Car si l'on enferme de la levure avec du moût non aéré, la reproduction et le développement des grains de levure ne se font que difficilement et la fermentation alcoolique, qui est la conséquence de ce développement, ne s'établit que d'une manière lente et pénible. Mais si l'on fait arriver au contact de cette levure une quantité limitée d'air, le phénomène de développement se produit, la fermentation commence et se continue avec activité sans qu'on soit obligé de renouveler l'air.

Tout revient donc à avoir du moût et de la levure dépourvus de germes et à ne les faire agir l'une sur l'autre qu'en présence d'une petite quantité d'air qui, vu son volume peu considérable, aura pu être débarrassé facilement de ses germes naturels avant son entrée dans les cuves, soit par une élévation de température, soit par une filtration à travers un tampon d'ouate. D'ailleurs, le moût, à sa sortie des cuves, où il a été produit, ne contient pas de germes actifs, puisque la température, à laquelle on l'a porté, les a tués et rendus inactifs. Il s'agit donc de le refroidir et de l'envoyer dans les cuves à fermentation, sans qu'il subisse le contact de l'air.

A cet effet, la chaudière où se trouve le moût chaud, est mise en communication avec le serpentin d'un réfrigérant Baudelot ou autre. Ce serpentin et le tube, qui le relie à la chaudière, ont été débarrassés de tout germe

Fig. 107. — Fabrication de la levure pure par le procédé Pasteur.

par une injection de vapeur, et par suite stérilisés au point de vue de la reproduction de ces germes. Le moût circule de bas en haut dans le serpentin, tandis que de l'eau froide circule extérieurement de haut en bas. En quittant le réfrigérant, il tombe dans un tube stérilisé, où il aspire une petite quantité d'air qui vient du dehors, mais qui a passé sur une surface chauffée au rouge pour y brûler ses germes. Cet air arrive pur dans le moût, auquel il donne la quantité d'oxygène nécessaire au développement de la levure. De là le moût se rend dans la cuve à fermentation. Cette cuve est fermée et a été stérilisée au préalable par une injection de vapeur.

Le levain pur est fourni à la cuve, non pas sous forme solide comme dans les procédés ordinaires, mais à l'état de moût en fermentation emprunté à une cuve voisine. Le premier levain pur est obtenu en cultivant dans des ballons de verre stérilisés de la levure ordinaire de brasserie, mise préalablement en contact avec des agents antiseptiques, qui tuent les ferments de maladie sans empêcher la levure de se reproduire.

Avec ces levains purs, *de premier jet*, on peut préparer de la levure pure, qui sert dans les brasseries, où l'on opère par les procédés ordinaires. Pour cela, on met du moût dans des bidons cylindriques (fig. 107); on le porte à l'ébullition, qui tue les germes, et ensuite on le laisse refroidir lentement : l'air rentre peu à peu par un tube métallique *t*, dont une partie est chauffée au rouge pour tuer les germes de l'air au passage; puis on fait tomber dans le bidon, par une tubulure spéciale, des grains de levure de premier jet, qui passent des ballons dans les bidons sans rencontrer l'air extérieur. La levure se reproduit alors.

C'est le contenu de ces bidons que l'on verse dans les cuves à fermentation. Au bout de 36 heures, le moût de la cuve ne tarde pas à fermenter; au bout de douze jours, il est transformé en bière, que l'on soutire à l'aide de tubes stérilisés en caoutchouc.

Les procédés de M. Pasteur fournissent une bière ayant toutes les qualités de celles que l'on fabrique par les méthodes ordinaires et qui est inaltérable. Ils ont de plus l'avantage d'affranchir les brasseurs de l'emploi de la glace.

CIDRE ET POIRÉ

388. Fabrication du cidre. — Le cidre est une liqueur alcoolique provenant de la fermentation du jus des pommes. Le procédé de fabrication est très simple. On écrase les pommes sous une meule verticale, en les faisant passer, à deux reprises, entre deux cylindres cannelés, qui peuvent se rapprocher à volonté. Pendant qu'on écrase les fruits, on y ajoute de l'eau, environ 10 à 15 p. 100. Une fois écrasées, les pommes sont mises en tas et abandonnées à elles-mêmes pendant vingt-quatre heures; il s'y développe alors la couleur jaune que présente le cidre. La pulpe ainsi préparée est soumise au pressoir, qui en extrait environ 300 litres de jus par 1000 kilogrammes de pommes.

Le liquide ainsi obtenu est mis ensuite à fermenter dans des cuves, et une partie du sucre se transforme en alcool et en gaz carbonique. La fermentation tumultueuse étant achevée, on soutire le liquide, et, si l'on veut en faire une boisson d'agrément, sucrée et mousseuse, on le met en bouteilles. Mais dans les pays ou on le boit pendant les repas, on laisse la fermentation s'achever dans de grandes tonnes, ce qui donne au cidre une saveur légèrement aigre et amère.

389. Fabrication du poiré. — Le poiré se fabrique par le même procédé que le cidre; on substitue seulement les poires aux pommes.

EAUX-DE-VIE

390. Toutes les boissons fermentées que nous avons précédemment étudiées (vin, bière, cidre et poiré), soumises à la distillation, donnent un liquide plus ou moins riche en alcool et que l'on appelle *eau-de-vie*. L'eau-de-vie que l'on obtient par une première distillation est toujours très faible; ce n'est que par une rectification nouvelle qu'on l'amène à une plus grande richesse alcoolique.

Les appareils de distillation sont variables quant à leur forme. C'est à Édouard Adam que l'on doit les premiers moyens d'extraire économiquement l'alcool du vin; son appareil a été successivement perfectionné.

Nous n'entrerons pas dans la description détaillée de ces différents appareils, dont le but commun est l'économie du combustible. Nous décrirons seulement celui de Champonnois.

L'appareil Champonnois se compose d'une chaudière C (fig. 108), où se trouve le liquide à distiller; au-dessus est placée une colonne rectificatrice composée de dix-sept tronçons cylindriques, emboîtés les uns dans les autres. Ils portent chacun une cloison horizontale percée à son centre d'un trou à rebords saillants et recouverts d'une calotte hémisphérique dentelée sur sa circonférence de base. Les dix-sept étages de la colonne communiquent l'un avec l'autre par des tubes verticaux, que l'on voit sur la figure, alternant de droite à gauche. En haut de la colonne est un appareil appelé *analy-*

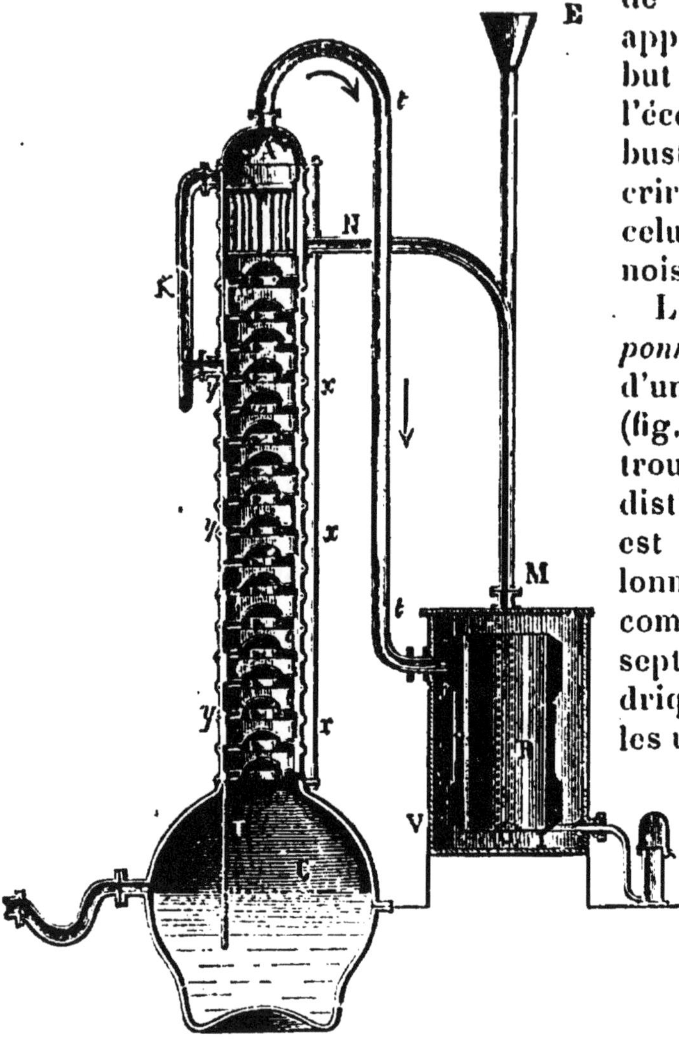

Fig. 108. — Appareil Champonnois.

seur, formé d'une lame métallique (voir les détails sur la figure 109) contournée en spirale, et qui communique par un tube *tt* (fig. 108) avec le réfrigérant R ; ce réfrigérant plonge dans un récipient V rempli de liquide froid amené par un entonnoir E.

Voici maintenant comment fonctionne cet appareil : le liquide à distiller arrive froid dans le fond du vase V ; il passe par le tube MN dans la colonne rectificatrice, tombe sur la première tablette, et de là s'écoule par le premier tube vertical, situé à gauche, sur la seconde tablette ; de proche en proche, il arrive dans la chaudière où il est amené par le tube T. Quant à la vapeur, elle suit une marche inverse : s'élevant de la chaudière, elle passe dans le trou central de la tablette inférieure, de là dans la première calotte hémisphérique, d'où elle s'échappe en barbotant à travers le vin situé sur cette première tablette ; elle y laisse un peu de vapeur d'eau et échauffe le vin ; de tablette en tablette, elle gagne l'analyseur A, circule entre les

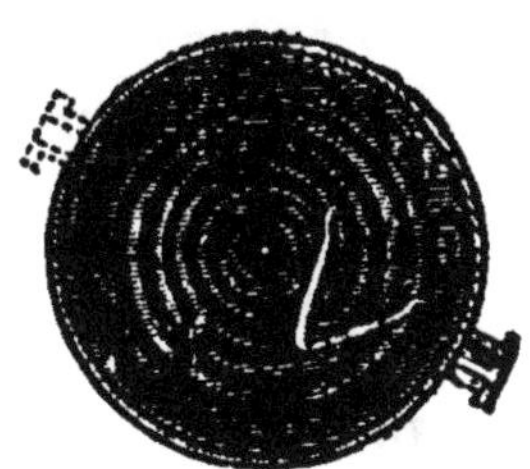

Fig. 109. — Analyseur.

spires de la lame qui le forme, y laisse condenser de la vapeur d'eau et passe par le tube *tt* dans le réfrigérant R, où a lieu la condensation définitive.

On voit qu'ici, comme dans tous les appareils analogues, on utilise la chaleur de la vapeur et que le vin arrive chaud dans la chaudière ; la vapeur d'alcool perd l'eau qu'elle contient, à mesure qu'elle progresse dans le rectificateur.

391. L'eau-de-vie doit être bien claire, très blanche lorsqu'elle est nouvelle, un peu ambrée à trois ou quatre ans, très jaune si elle est vieille. Les eaux-de-vie les plus

estimées sont celles de la Charente, qui, avec celles de quelques cantons de la Charente-Inférieure, figurent dans le commerce sous le nom d'*eaux-de-vie de Cognac*, que l'on divise en *fine champagne* et en *eaux-de-vie des bois*. La fine champagne est la plus estimée.

La supériorité que les eaux-de-vie de Cognac ont sur les autres, tient à ce qu'on les fabrique avec des vins blancs, qui, ayant fermenté sans la peau du raisin, n'ont pu se charger du principe âcre qu'elle renferme.

Les eaux-de-vie des deux Charentes marquent 49° à 50° à l'alcoomètre de Gay-Lussac.

Parmi les eaux-de-vie communes, celles d'Armagnac tiennent le premier rang ; elles sont expédiées à 50°; celles de Montpellier sont les plus communes ; elles marquent de 50 à 60°.

392. Trois-six. — On désigne, dans le commerce, sous le nom d'*esprit-de-vin* ou *trois-six*, de l'alcool marquant 85°, parce que trois parties mélangées à poids égal avec de l'eau produisent six parties d'eau-de-vie potable, appelée *preuve de Hollande* et marquant 50°. Le *trois-cinq* serait de l'alcool qui, mélangé dans la proportion de trois parties en poids d'alcool avec deux parties d'eau, donnerait cinq parties en poids d'eau-de-vie.

Très souvent les débitants fabriquent des eaux-de-vie en coupant les trois-six avec de l'eau pour les ramener à 50°; ils diminuent ainsi les frais de transport et autres. Ils les colorent ensuite avec du caramel, du sucre de réglisse et du cachou, puis les aromatisent de diverses manières.

393. Eaux-de-vie de cidre, de poiré, de bière, de marc. — Les eaux-de-vie de cidre, de poiré, de bière, se distinguent de l'eau-de-vie de vin par leur mauvais goût et par leur odeur. Il en est de même de l'eau-de-vie de marc, que l'on obtient en faisant fermenter le marc du raisin avec de l'eau tiède et en distillant ensuite le liquide alcoolisé.

394. Rhum et tafia. — Le rhum et le tafia sont des

liquides alcooliques obtenus par la distillation d'une liqueur préparée avec la mélasse de la canne à sucre. Le rhum est supérieur au tafia : cette supériorité vient des soins apportés à sa fabrication. Il nous vient d'Amérique, principalement des Antilles, de la Jamaïque et de la Guadeloupe. Sa force alcoolique est de 51° à 53°.

395. Kirsch. — Le kirsch (par abréviation du mot allemand, *kirschenwasser*, eau de cerises) est le produit de la distillation d'une liqueur fermentée faite avec des cerises sauvages. Cette fabrication se fait en grand dans la Forêt-Noire, en Allemagne, en Suisse, et dans une partie des départements de la Haute-Saône, des Vosges et du Doubs.

396. Alcool de betteraves. — L'alcool de betteraves provient de la distillation d'un liquide alcoolique, que l'on obtient en faisant fermenter le jus sucré de betteraves. Cet alcool contient une huile essentielle, qui lui communique une odeur et une âcreté particulières. On peut le débarrasser de ce principe par une rectification convenablement dirigée.

397. Alcool de grains. — Les alcools de grains sont obtenus par la distillation de liqueurs alcooliques provenant de la fermentation de liquides sucrés que produit la fermentation du sucre d'amidon. Deux modes de saccharification sont employés : l'un consiste dans l'emploi de la diastase et s'applique principalement à l'orge, au seigle ou au blé; dans l'autre, la transformation en sucre de la matière amylacée des grains est produite par l'action des acides : c'est ainsi qu'on agit pour le riz et le dari.

398. Alcool de pommes de terre. — L'alcool de pommes de terre a une origine toute semblable. La fécule que renferment les pommes de terre, est transformée en sucre par l'action des acides; le liquide sucré est mis à fermenter, puis distillé.

CHAPITRE V

Éthers. — Éther ordinaire.

399. Éthers en général. — Nous avons vu (358) que les alcools ont la propriété de se combiner avec les acides pour donner lieu à des composés appelés *éthers*. Tels sont les éthers éthylacétique, éthylchlorhydrique. Les éthers ont des propriétés physiques qui dépendent de celles de l'alcool et de l'acide qui leur ont donné naissance. Ces propriétés, comme la densité, la chaleur spécifique, le point d'ébullition, peuvent en général être prévues par des règles que nous ne pouvons donner ici.

L'eau décompose les éthers et régénère l'acide et l'alcool. Il en est de même des bases.

$$\underset{\text{Éther éthylacétique.}}{C^2H^5,C^2H^3O^2} \quad + \quad \underset{\text{Eau.}}{H^2O} \quad = \quad \underset{\text{Alcool éthylique.}}{C^2H^6O} \quad + \quad \underset{\text{Acide acétique.}}{C^2H^4O^2}$$

400. Éthers mixtes. — Indépendamment de ces éthers, il en est d'autres appelés *éthers mixtes* qui sont formés, sous l'influence d'un acide, par l'action d'un alcool sur un alcool, cette union se faisant encore avec élimination d'eau. Tel est l'éther ordinaire $C^4H^{10}O = (C^2H^4)(C^2H^6O)$, qui est de l'alcool ayant perdu H^2O, ou C^2H^4 uni avec une molécule d'alcool (C^2H^6O).

401. Éther ordinaire, ou sulfurique, ou vinique, ou éthylique $(C^4H^{10}O)$. — L'éther ordinaire est, comme nous venons de le dire, un éther *mixte*.

Préparation. — Quand on chauffe de l'alcool ordinaire avec de l'acide sulfurique, l'action est assez com-

complexe. Au-dessus de 100°, il se forme de l'acide *sulfo-vinique* (SO^4H,C^2H^5) ou éther *éthylsulfurique*; il se forme en même temps, comme l'a montré M. Villiers-Moriamé, de l'éther sulfurique *neutre* ($SO^4(C^2H^5)^2$). Mais, si l'on élève la température vers 145°, il se produit l'éther mixte appelé éther *éthylique, vinique, sulfurique* ou *éther ordinaire* ($C^4H^{10}O$). Si l'on double la dose d'acide et qu'on élève

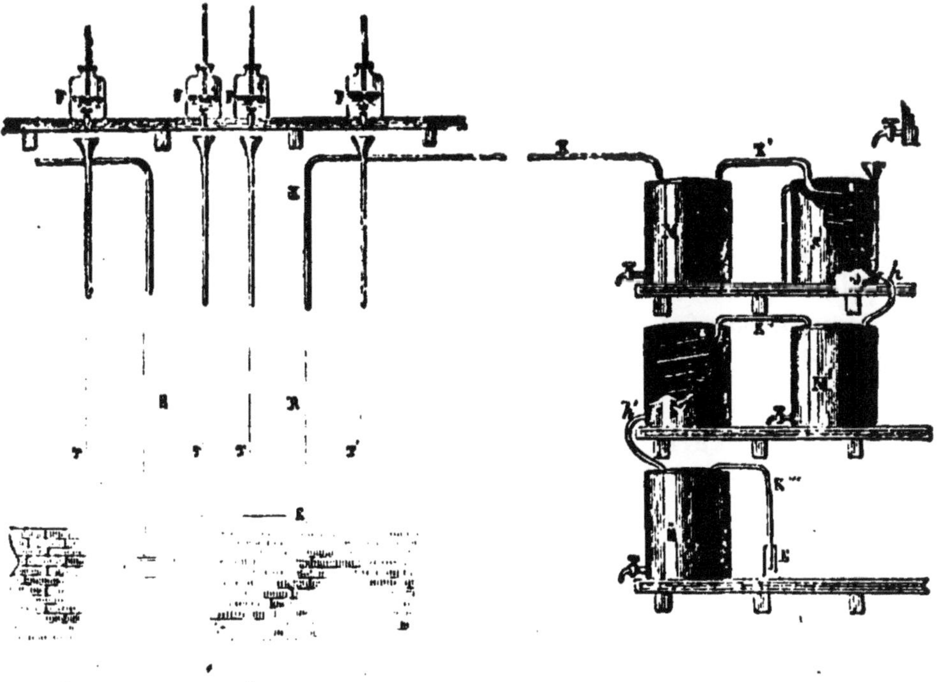

Fig. 110. — Fabrication de l'éther sulfurique.

la température au delà de 170°, il se produit un dédoublement de l'alcool en eau et en éthylène. C'est comme cela que nous avons préparé ce gaz.

Dans l'industrie, on prépare l'éther sulfurique de la manière suivante :

Des vases en plomb E, ayant la forme d'une poire (fig. 110), sont placés dans des chaudières en fonte disposées dans un massif de maçonnerie; ces vases contiennent le mélange qui sert à la fabrication de l'éther.

Ils sont alimentés d'alcool par les tubes en plomb T, T'
qui reçoivent ce liquide des flacons F. Les tubes RK
emportent les vapeurs dans une série de serpentins
M, S, M', S', M''. Le liquide est chauffé par de la vapeur
surchauffée qui circule dans les chaudières.

L'éther ainsi fabriqué contient de l'alcool et de l'eau,
dont on le débarrasse par une rectification. Ce corps est
désigné dans le commerce sous le nom d'*éther*.

Propriétés physiques et chimiques de l'éther. — L'éther
ordinaire est un liquide incolore, très fluide, d'une odeur
forte et caractéristique, d'une saveur âcre et brûlante.
Sa densité est 0,75 à la température de 0°. Il se solidifie
à — 31° en lamelles cristallines. L'éther bout à 34°,5.
La densité de sa vapeur est 2,565. Il se mêle difficilement à l'eau, à la surface de laquelle il surnage : ces
liquides peuvent se dissoudre l'un dans l'autre. L'éther
dissout le soufre, le phosphore et les substances riches
en carbone, comme les huiles et les graisses.

Il brûle à l'air avec une flamme blanche et donne de
l'anhydride carbonique et de l'eau.

$$C^4H^{10}O \; + \; 12O \; = \; 4CO^2 \; + \; 5H^2O$$

Éther.   Oxygène.   Anhydride carbonique.   Eau.

Soumis à une oxydation lente, l'éther donne de l'aldéhyde comme l'alcool.

Usages. — L'éther est un dissolvant employé dans
les laboratoires. Respiré avec l'air il provoque le som-
meil et l'anesthésie. Il sert en médecine.

CHAPITRE VI

**Acide acétique. — Acide oxalique. — Acide tartrique. —
Acide tannique ou tanin. — Application au tannage.**

402. Acides organiques en général. — On rencontre en chimie organique un grand nombre de corps ayant la fonction *acide*, c'est-à-dire étant capables de se combiner aux bases pour former des sels. Les sels des acides organiques jouissent des mêmes propriétés que les sels de la chimie minérale et leur sont comparables de tous points.

Ces acides peuvent être considérés comme provenant des alcools où H^2O a été remplacé par O^2.

$$C^2H^6O \quad + \quad O^2 \quad = \quad C^2H^4O^2 \quad + \quad H^2O$$

Alcool éthylique.   Oxygène.   Acide acétique.   Eau.

Quand l'alcool est polyatomique (358), c'est-à-dire quand il contient plusieurs fois OH, on peut y remplacer H^2O par O^2 autant de fois que le symbole de l'alcool renferme OH. Ces acides sont *monobasiques*, quand ils proviennent d'un alcool monoatomique. Ils sont *polybasiques*, quand ils proviennent des alcools polyatomiques.

Les alcools polyatomiques peuvent donner lieu à des acides à fonction complexe, quand H^2O n'a pas été remplacé par O^2 autant de fois qu'il est contenu dans le symbole de l'alcool. Nous n'insisterons pas sur ces acides.

ACIDE ACÉTIQUE

Symbole : $C^2H^4O^2$. — Poids moléculaire : $C^2H^4O^2 = 60$.

403. Propriétés. — L'acide acétique chimiquement pur est solide au-dessous de 16° : c'est ce qu'on appelle l'acide acétique cristallisable. Au-dessus de 16° il est liquide, incolore : son odeur est pénétrante, sa saveur très acide. Mis en contact avec la peau, il produit des ampoules. Sa densité est 1,063. Sa formule est $C^2H^4O^2$. Il provient de l'oxydation de l'alcool vinique. Sa vapeur, passant dans un tube de porcelaine chauffé au rouge, se décompose en eau, en anhydride carbonique, en une petite quantité d'acétone (C^3H^6O), en benzine, en naphtaline et en acide phénique.

Étendu d'eau, l'acide acétique constitue le vinaigre.

L'anhydride de l'acide acétique a pour formule $C^2H^6O^3 = (C^2H^3O)^2O$.

La formule des acétates à métal monoatomique M′ est $C^2H^3O^2,M'$. Celle des acétates à métal diatomique M″ est $(C^2H^3O^2)^2M''$.

404. Préparation. — Dans les laboratoires, on prépare l'acide acétique en chauffant dans une cornue un mélange d'acétate de soude et d'acide sulfurique. L'acide acétique distille : on le recueille dans un ballon dans lequel s'engage le col de la cornue.

$$2[(C^2H^3O^2)Na] + SO^4H^2 = SO^4Na^2 + 2C^2H^4O^2$$

Acétate de soude.	Acide sulfurique.	Sulfate de soude.	Acide acétique.

PRÉPARATION INDUSTRIELLE
DE L'ACIDE ACÉTIQUE OU VINAIGRE

405. 1° Par la méthode d'Orléans ou du vin. — Cette méthode consiste à oxyder à l'air l'alcool que contient le vin. Les vins destinés à l'acétification peuvent être indifféremment blancs ou rouges, mais ils doivent toujours être parfaitement clairs; aussi prend-on la précaution de les filtrer, lorsqu'ils présentent le plus léger trouble.

Les appareils destinés à l'acétification du vin sont des tonneaux, placés dans des celliers où les vinaigriers entretiennent une température de 30 degrés environ; cette température ne doit pas être dépassée. On introduit dans un tonneau dont la capacité est de 230 litres, 100 litres de vinaigre de bonne qualité, puis un dixième en volume de vin ordinaire. Après six semaines ou deux mois on retire, de huit jours en huit jours, 10 litres de vinaigre et on ajoute 10 litres de vin. Ce procédé est lent et ne donne, une fois en train, que 10 litres de vinaigre tous les huit jours.

M. Pasteur a étudié les conditions dans lesquelles se fait l'acétification du vin, et a proposé d'heureuses modifications à ce procédé.

Il a découvert qu'à la surface du vinaigre se développe une plante qu'il appelle *mycoderma aceti*, que le développement de cette plante est nécessaire à l'acétification, et que, si l'on vient à la submerger dans le liquide, de manière à la soustraire au contact de l'air, l'oxydation de l'alcool s'arrête. Il a remarqué d'ailleurs que les animalcules, dits *anguillules du vinaigre*, qui se développent dans ce liquide, se trouvant privés de l'oxygène de l'air nécessaire à leur respiration par la présence du mycoderme, qui s'étale comme un voile à la surface du liquide, réunissent leurs efforts pour le submerger, l'entraîner au fond du liquide et lui faire perdre ainsi la propriété qu'il a d'opérer l'acétification de l'alcool. De là résulte la lenteur avec laquelle se fabrique le vinaigre, puisque, pendant l'opération, le mycoderme, agent nécessaire de l'acétification, se trouve submergé et qu'il faut qu'il s'en développe une nouvelle quantité à la surface du liquide pour que la transformation recommence.

M. Pasteur, pour éviter ces inconvénients, sème le *mycoderma aceti* à la surface d'une eau contenant 20 p. 100

de son volume d'alcool et 1/10 d'acide acétique; il active son développement en ajoutant à la liqueur des phosphates, qui sont la nourriture minérale de la plante. De cette manière, le mycoderme se développe avec rapidité; les anguillules n'ont pas le temps d'apparaître et d'exercer leur action nuisible. A mesure que l'acétification s'opère, on ajoute de nouvelles quantités de vin.

Par ce procédé, une cuve d'un mètre carré de surface, contenant 50 à 100 litres, fournit par jour 5 à 6 litres de vinaigre. M. Pasteur opère à une basse température, ce qui permet la conservation des principes qui donnent du montant au vinaigre.

406. 2° Par la méthode allemande. — Ce procédé est plus rapide que le procédé d'Orléans, mais il donne un vinaigre de qualité inférieure. L'appareil inventé par Wagemann et Schulzenbach est d'une grande simplicité. A la partie supérieure d'un tonneau, de 2 mètres de haut et 1 mètre de diamètre, se trouve un double fond *ii* (fig. 111), percé de trous à travers lesquels passent des bouts de ficelle, qui les bouchent partiellement; le tonneau est rempli de copeaux de hêtre et présente des trous *a* sur sa surface latérale. Le liquide alcoolique, composé d'une partie d'alcool, de cinq parties d'eau et

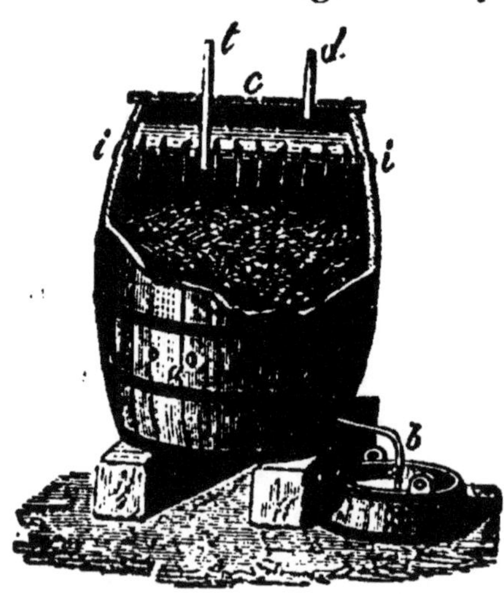

Fig. 111. — Fabrication du vinaigre.

d'un millième de levure de bière, est versé par le tube *d* qui traverse le couvercle, s'écoule lentement le long des ficelles, traverse les copeaux sur lesquels il s'étale et présente une large surface à l'oxydation. L'air entre par les trous à travers le tonneau, en sens inverse, transforme l'alcool en vinaigre et s'échappe par le tube *t*.

407. 3° Par la distillation du bois. — On peut aussi fabriquer le vinaigre par la distillation du bois. Le bois est chargé dans un cylindre en fonte A (fig. 112), placé dans un fourneau à grille. L'appareil communique avec un serpentin *g,g,g* entouré de manchons *m,m,m* communiquant entre eux par des tubes *o* ; dans ces man-

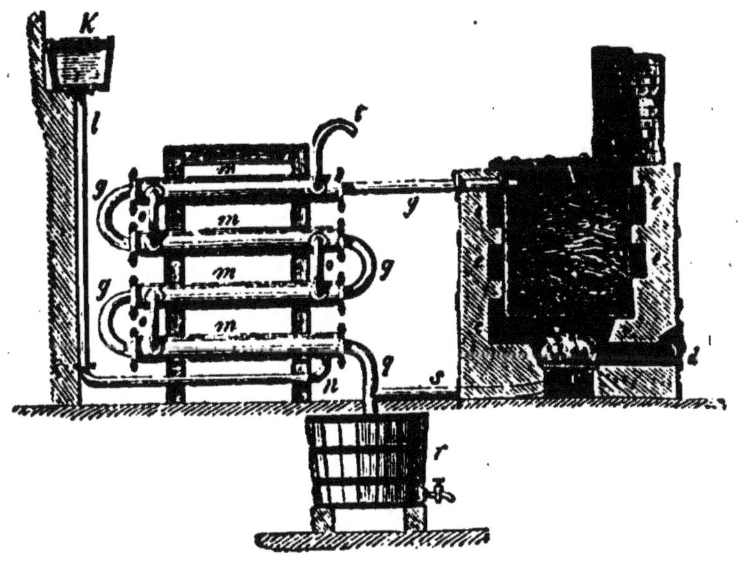

Fig. 112. — Distillation du bois.

chons circule de bas en haut de l'eau froide venant d'un réservoir K et s'échappant en *t*. Les produits de la distillation du bois, condensés dans le serpentin, s'écoulent dans le réservoir *r*. Nous ferons remarquer que les gaz combustibles se rendent par l'embranchement *s* sous la grille C, y brûlent, et leur combustion concourt à entretenir la distillation.

Le produit obtenu est désigné sous le nom d'*acide pyroligneux* brut. Il renferme de l'esprit de bois que l'on sépare par distillation, de l'acide acétique, des goudrons et de l'acétone. On transforme l'acide en acétate de soude, que l'on purifie par des cristallisations répétées ; l'acétate de soude ainsi purifié est ensuite traité par l'acide sulfurique, qui le décompose, forme du sulfate de soude et met en liberté l'acide acétique, que l'on isole par distillation.

408. Usages de l'acide acétique et des acétates. — Le vinaigre est surtout employé pour l'assaisonnement des mets et pour la conservation des condiments; il n'est que peu utilisé dans l'industrie. L'acide acétique cristallisable est employé en photographie. L'acide pyroligneux, soit brut, soit rectifié, est rarement employé à l'état libre; il sert pour la conservation de quelques substances, mais son importance lui vient de l'emploi qu'on en fait dans la fabrication des acétates.

Les acétates d'alumine et de fer sont d'une grande utilité dans la teinture et dans l'impression des tissus; l'acétate de plomb sert à la fabrication de la céruse; l'acétate de cuivre, ou *vert-de-gris*, est employé en quantité considérable pour la peinture et pour la fabrication des papiers peints.

ACIDE OXALIQUE

Symbole : $C^2H^4O^4$. — Poids moléculaire : $C^2H^4O^4 = 92$.

409. L'acide oxalique est un acide bibasique provenant du glycol, alcool diatomique, $C^2H^4(OH)^2$, où H^2O a été remplacé deux fois par O^2.

Cet acide est très répandu dans le règne végétal, notamment à l'état de bioxalate de potasse dans la grande oseille.

410. Préparation. — 1° Dans la Souabe et en Suisse, on l'extrait de la grande oseille, dont on presse les feuilles pour en faire couler un jus dont on retire le sel d'oseille, qui n'est qu'un mélange de bioxalate et de quadroxalate de potasse. Ce sel, dissous et traité par l'acétate de plomb, donne un précipité d'oxalate de plomb insoluble, que l'on décompose par une quantité convenable d'acide sulfurique étendu, qui donne du sulfate de plomb insoluble et de l'acide oxalique en dissolution. La dissolution laisse cristalliser l'acide oxalique.

2° On peut préparer l'acide oxalique en oxydant l'amidon par l'acide azotique. La liqueur, concentrée par l'évaporation, donne de beaux cristaux d'acide oxalique.

En grand, on le prépare aujourd'hui par l'action oxydante des alcalis hydratés sur la cellulose. On se sert de la sciure de bois et de la potasse.

411. Propriétés. — L'acide oxalique se présente sous la forme de cristaux blancs. Il est soluble dans l'eau. Les cristaux d'acide oxalique ont une composition qui correspond à la formule $C^2H^4O^4 + H^2O$. La formule des oxalates neutres à métal monoatomique M' est $C^2H^2O^4,M'^2$, celle des oxalates acides est $C^2H^2O^4M'H$. Celle des oxalates neutres à métal diatomique M'' est $C^2H^2O^4M''$.

L'acide oxalique se volatilise entre 130° et 150° et se décompose partiellement en oxyde de carbone, en anhydride carbonique et en acide formique.

L'acide sulfurique le décompose en oxyde de carbone et en anhydride carbonique. Nous avons utilisé cette réaction pour préparer l'oxyde de carbone (tome I, 130). C'est un réducteur énergique.

Il forme dans les sels de chaux un précipité d'oxalate de chaux.

412. Usages. — L'acide oxalique est employé en teinture; les imprimeurs sur tissus s'en servent pour dissoudre, en certains points, les oxydes dont les étoffes sont imprégnées; aux points rongés le tissu devient blanc, tandis qu'à côté il conserve la couleur de l'oxyde métallique. On s'en sert aussi pour récurer les ustensiles en cuivre (sa dissolution porte alors le nom d'*eau de cuivre*), et pour effacer sur le linge les taches de rouille et d'encre. Ces dernières applications reposent sur la faculté qu'a l'acide oxalique de former des sels solubles avec les oxydes de cuivre et de fer.

ACIDE TARTRIQUE

$$\text{Symbole} : C^4H^6O^6 = C^4H^2(H^2O)^2(O^2)^2.$$
$$\text{Poids moléculaire} : C^4H^6O^6 = 150.$$

413. L'acide tartrique est un acide à fonction complexe, bibasique et dialcoolique provenant de l'érythrite, alcool tétraatomique $C^4H^6 (OH)^4$ où H^2O n'a été remplacé que deux fois par O^2. L'acide tartrique se trouve dans le jus des raisins; lorsque la fermentation est terminée, les vins laissent déposer contre les parois des futailles des lamelles cristallines blanches et rouges, que l'on appelle *tartre*, et qui sont principalement formées de bitartrate de potasse.

En dissolvant le tartre brut par l'eau chaude et en précipitant la matière colorante par l'argile, on obtient par cristallisation la *crème de tartre* ou *tartre pur* ou *bitartrate de potasse.*

414. Préparation. — Pour préparer l'acide tartrique, on dissout le tartre pur dans l'eau bouillante et on y ajoute peu à peu de la craie en poudre. La chaux, que contient la craie, s'empare de l'excès d'acide tartrique du bitartrate et il se forme du tartrate neutre de potasse soluble et du tartrate de chaux insoluble : en versant dans la liqueur du chlorure de calcium, on précipite le reste de l'acide tartrique à l'état de tartrate de chaux. Ce tartrate, réuni au premier, est mis en digestion avec de l'acide sulfurique étendu d'eau. Il se forme du sulfate de chaux insoluble, que l'on sépare par filtration; l'acide tartrique dissous, que contient la liqueur, cristallise par l'évaporation.

415. Propriétés. — L'acide tartrique est un corps solide blanc : il est soluble dans l'eau. Il se précipite sous forme de cristaux transparents d'une saveur acide. Il fond vers 170°, puis perd deux molécules et devient anhydre. A une température plus élevée, il perd de l'eau, de l'anhydride carbonique, et donne lieu à deux acides, l'*acide pyrotartrique* et l'*acide pyruvique*.

Calciné au contact de l'air, l'acide tartrique se boursoufle, s'enflamme et répand une odeur de pain grillé.

Il est bibasique et forme avec un métal monoatomique M', des tartrates neutres dont la formule est $C^4H^4O^6,M'^2$ et des tartrates acides dont la formule est $C^4H^4O^6M,H$. Le bitartrate de potasse est le plus important de ces sels : il est très employé dans la teinture des laines. L'émétique, employé en médecine comme vomitif, est un tartrate double de potasse et d'antimoine.

Les tartrates alcalins sont les seuls qui soient solubles.

416. Usages. — L'acide tartrique est employé dans les laboratoires comme réactif des sels de potasse, dans lesquels il donne un précipité blanc cristallin.

On fait souvent servir l'acide tartrique à la préparation des boissons rafraîchissantes. Avec 2 grammes d'acide tartrique, 100 grammes de sucre et quelques gouttes d'esprit de citron pour un litre d'eau, on produit une limonade très agréable à boire.

ACIDE TANNIQUE OU TANIN

Symbole : $C^{14}H^{10}O^9$. — Poids moléculaire : $C^{14}H^{10}O^9 = 322$.

417. État naturel. — Le tanin se trouve dans les arbres du genre chêne, notamment dans l'écorce, et dans la noix de galle. La noix de galle est une excroissance qui se développe sur les rameaux et sur les feuilles des chênes, par suite de la piqûre de petits insectes.

418. Préparation. — On fait passer de l'éther sur de la noix concassée, maintenue au moyen d'un tampon de coton dans une allonge, qui s'engage dans le col d'une carafe, et que l'on ferme avec un bouchon (fig. 113). L'eau de l'éther dissout le tanin, et cette dissolution tombe goutte à goutte dans le fond de la carafe, sans se mélanger à l'éther qui surnage. La dissolution de tanin, évaporée doucement, donne un résidu spongieux, très brillant, qui est le tannin pur.

Fig. 113. — Préparation du tanin.

419. Propriétés. — Le tanin est un acide monobasique, solide, se présentant sous la forme d'une masse spongieuse, amorphe, rarement incolore et le plus souvent jaunâtre. Il est très soluble dans l'eau; sa dissolution a une réaction faiblement acide.

Sous l'influence de l'eau, il se transforme en acide gallique ($C^6H^6O^5$), et sous l'influence de la chaleur en acide pyrogallique ($C^6H^6O^3$) avec dégagement d'anhydride carbonique.

L'acide tannique précipite la plupart des dissolutions métalliques; il précipite en noir bleuâtre les sels de sesquioxyde de fer. C'est ce précipité, tenu en suspension dans une eau gommeuse, qui constitue la matière colorante de l'encre ordinaire que l'on prépare en faisant bouillir de la noix de galle avec de l'eau, filtrant et ajoutant du sulfate ferreux et de la gomme arabique pour donner de la consistance à l'encre.

Le tanin ne précipite pas d'abord les sels de protoxyde de fer, mais à la longue et sous l'influence de l'air le protoxyde de fer se suroxyde et le précipité apparaît. C'est ce qui explique pourquoi l'encre ordinaire, qui est faite avec du tanin et du sulfate de protoxyde de fer dissous dans une eau gommeuse, donne des caractères qui sont d'abord blanchâtres, mais qui noircissent avec le temps.

TANNAGE DES PEAUX

420. Les peaux des animaux, dont on se sert pour la confection des chaussures, des harnais, etc., doivent, avant d'être employées, subir un traitement qui les rende imputrescibles et les empêche de s'imprégner facilement d'humidité. Ce traitement est désigné sous le nom de *tannage*, parce qu'il consiste à utiliser la propriété qu'a le tanin de pouvoir se combiner avec la peau des animaux et de contracter avec elle une combinaison imputrescible, insoluble et capable de supporter les alternatives de sécheresse et d'humidité sans absorber l'eau. Le tanin est emprunté pour cela à l'écorce des chênes réduite en poussière, et spécialement à celle du *chêne à crochets*. Cette poussière porte le nom de *tan*.

Les peaux destinées au tannage se divisent en trois catégories : les *peaux fraîches*, comme celles qui sont vendues par les bouchers, les *peaux salées* et les *peaux desséchées*. C'est dans ces deux derniers états que nous arrivent les peaux de l'Amérique. Les peaux de buffles servent à la fabrication des cuirs forts; celles de vaches, de veaux, de chevaux, à la fabrication des cuirs mous; celles de moutons, de chèvres, d'agneaux, de chevreaux, à la fabrication des cuirs minces et flexibles pour gants et maroquins.

421. On amène les peaux sèches au même état que les peaux fraîches, en les immergeant dans l'eau pendant plusieurs jours, et en les étirant ou en les piétinant. Les peaux fraîches doivent être macérées pendant deux ou trois jours, pour perdre leurs principes solubles, et notamment le sang dont elles sont imprégnées.

Celles qui sont destinées à donner des cuirs mous subissent quatre opérations consécutives. La première

est celle du *pelanage*, qui a pour but de rendre les poils
et les lambeaux de chair prêts à abandonner facilement
la peau. Elle consiste à faire passer successivement les
peaux dans quatre ou cinq cuves (*pelain*) contenant un
lait de chaux. Le pelanage dure de trois à quatre semaines.

Le pelanage terminé, on procède au *débourrage* ou *épilage*, opération qui consiste : 1° à enlever le poil en
raclant la peau de haut en bas avec un couteau émoussé,
dit *couteau rond*; 2° à frotter la peau avec une pierre
en grès bien unie, de manière à faire disparaître les
aspérités qui se trouvent du côté des poils; 3° à net-
toyer complètement avec le couteau les deux côtés de
la peau jusqu'à ce qu'elle soit bien blanche.

L'épilage se fait plus facilement quand on s'est servi,
comme l'a indiqué M. Félix Boudet, de la soude caustique dans le pelanage.

Les peaux ne sont pas encore suffisamment gonflées
pour être soumises au tannage proprement dit. On
produit ce gonflement en les plongeant pendant quinze
jours dans des cuves contenant une infusion de *tannée*
(tan épuisé et altéré par un long séjour à l'air). Cette
dissolution, qui est acide et faible, est appelée *jusée*.
Pendant cette opération, les peaux subissent un commencement de *tannage*.

Le tannage proprement dit est la dernière opération.
Il a lieu dans des fosses en maçonnerie, où l'on dispose
par couches alternatives les peaux et le tan. Toute la
masse est ensuite humectée avec de l'eau déjà chargée
de tan. Les fosses remplies renferment en général sept
à huit cents peaux, et sont abandonnées à elles-mêmes
pendant quatre à huit mois; pendant cet intervalle, on
ne relève les peaux qu'une seule fois pour mettre celles
de dessus en dessous et réciproquement, et pour
renouveler le tan.

Au sortir des fosses, les cuirs forts ont une consistance spongieuse. On leur donne de la compacité en
les martelant.

Le tannage des peaux destinées à la confection des cuirs forts est en général le même que celui que nous venons de décrire pour les cuirs mous. Cependant on substitue au pelanage l'*échauffe*, opération qui consiste à faire subir une légère fermentation putride aux peaux entassées dans une chambre chauffée à 25° environ.

Toutes les peaux ne sont pas tannées par l'écorce de chêne; celles qui sont destinées à la confection des maroquins sont tannées par le *sumac*; les cuirs de Russie le sont par l'*écorce de bouleau*.

Les opérations de tannage sont fort longues, comme on a pu le voir par la description que nous venons d'en donner; on a proposé plusieurs modifications destinées à les rendre plus rapides, mais jusqu'ici il n'en est pas dont le succès ait été consacré par l'expérience.

Nous ajouterons enfin qu'on peut rendre les peaux imputrescibles sans avoir recours au tannage : le mégissier et le chamoiseur emploient des peaux rendues imputrescibles par d'autres procédés.

CHAPITRE VII

Corps gras. — Saponification. — Bougies stéariques.

422. On rencontre dans les êtres organisés des substances que l'on désigne sous le nom de *corps gras neutres*, qui sont des mélanges de divers principes immédiats : la stéarine, l'oléine, la margarine, la butyrine, etc. Chevreul [1] en a fait l'étude en 1815. Il a montré que ces corps, en présence des alcalis, se dédoublent en un liquide appelé *glycérine* et en un acide qui se combine à l'alcali pour former un *savon*. Ce savon sera un stéarate, un margarate, un oléate, un butyrate, suivant que l'alcali aura agi sur la stéarine, la margarine, l'oléine ou la butyrine. La glycérine, dont nous allons étudier bientôt les propriétés, a pour formule $(C^3H^8O^3)$. C'est un alcool triatomique dont la formule rationnelle est $(C^3H^5)(OH)^3$ ou $(C^3H^5)(H^2O)^3$. Avant les travaux de M. Berthelot, on ne savait pas si, dans les corps gras, la glycérine et l'acide préexistaient à l'action de l'alcali; M. Berthelot a démontré cette préexistence en faisant la synthèse de l'oléine, de la margarine, de la stéarine et de la butyrine, par la combinaison avec la glycérine des acides oléique, margarique, stéarique et butyrique.

La stéarine $(C^3H^5)(C^{18}H^{36}O)^3$ est un éther de la glycérine formé par la substitution de trois molécules d'acide stéarique à trois fois H^2O. La margarine $(C^3H^5)(C^{16}H^{32}O^2)^3$

---

1. Chevreul (Michel-Eugène), né à Angers en 1786, mort à Paris en 1889. Membre de l'Académie des sciences, professeur de chimie au Muséum d'histoire naturelle.

et l'oléine $(C^3H^2)(C^{18}H^{34}O^2)^3$ sont aussi des éthers de la glycérine.

GLYCÉRINE

Symbole : $C^3H^8O^3 = C^3H^5(OH)^3$. — Poids moléculaire : $C^3H^8O^3 = 92$..

423. Préparation de la glycérine. — La glycérine, qui a été découverte par Scheele en 1789, se prépare à l'aide de la glycérine impure obtenue dans la fabrication des bougies. On traite ce produit par l'alcool concentré qui la dissout; on filtre et on distille pour séparer l'alcool. La glycérine est ensuite redissoute dans l'eau, puis mise à digérer avec de la litharge. On filtre de nouveau et on précipite par l'hydrogène sulfuré le plomb dissous. On décolore complètement la liqueur par le charbon animal et on évapore d'abord au bain-marie, puis dans le vide.

424. Propriétés physiques et chimiques. — La glycérine est un liquide incolore, de saveur sucrée, de consistance sirupeuse. Sa densité à 15° est 1,78. Elle se dissout dans l'eau par l'agitation. Elle distille vers 280°.

Soumise à l'action d'une température croissante, la glycérine se déshydrate, puis se décompose en produits divers parmi lesquels nous citerons l'*acroléine* $(C^6H^4O^2)$, liquide d'une odeur irritante et d'une saveur brûlante.

L'acide azotique, en agissant sur la glycérine, peut donner lieu à la *nitroglycérine* $C^3H^2(AzO^3H)^3$, corps liquide excessivement détonant qui se décompose par la chaleur ou par le choc en anhydride carbonique, en azote et en oxygène.

La nitroglycérine mélangée à du sable constitue la dynamite, qui est moins dangereuse à manier et qui ne détone que par l'explosion d'une capsule au fulminate de mercure.

CORPS GRAS NATURELS

425. Les corps gras naturels sont en général formés par le mélange des corps que nous venons d'étudier : stéarine, margarine, oléine, butyrine associées avec quelques autres analogues. Nous citerons trois exemples : le suif de mouton contient, en plus des corps gras ordinaires, une combinaison de la glycérine avec les acides butyrique et caproïque. La cire des abeilles contient, en outre de l'acide cérotique, une substance appelée *myricine* et qui est un éther palmitique d'un alcool nommé *alcool myricique.*

On divise les corps gras naturels en cinq groupes principaux :

Les *huiles,* qui sont liquides à la température ordinaire ;

Les *beurres,* qui sont mous à 18° et fondent à 36° ;

Les *graisses,* ou corps gras, qui proviennent des ani.maux, et qui sont mous et très fusibles ;

Les *suifs,* ou corps gras de même origine, mais plus solides et ne fondant qu'à 30°.

Les *cires,* qui sont dures et cassantes, ne se ramollissent qu'à partir de 35° et ne fondent qu'à partir de 60°.

Les corps gras sont des substances neutres, sans odeur ni saveur bien prononcées, insolubles dans l'eau, onctueuses au toucher, s'enflammant à une température élevée, tachant le papier, c'est-à-dire le rendant transparent, sans qu'il puisse retrouver par l'action de la chaleur son opacité primitive. Les corps gras sont capables de se *saponifier,* c'est-à-dire de se décomposer, sous l'influence des alcalis, en un corps neutre et en un acide, qui reste combiné à l'alcali et forme avec lui un *savon.* (Nous étudierons plus loin les savons, 440 à 447). Tous les corps gras ne jouissent pas au même degré de la propriété de se saponifier ; aussi distingue-t-on :

1° Les *corps gras facilement saponifiables* qui, en se saponifiant, mettent la glycérine en liberté : tels sont les huiles, les graisses, les suifs et les beurres;

2° Les *corps gras difficilement saponifiables*, qui engendrent par la saponification un corps neutre différent de la glycérine, mais qui en joue le rôle chimique : tels sont la cire et le blanc de baleine.

CORPS GRAS FACILEMENT SAPONIFIABLES

426. On doit à Braconnot [1] et à Chevreul la connaissance des principes qui entrent dans la composition des corps gras facilement saponifiables. Avant eux on croyait que les huiles et les graisses étaient des principes immédiats purs, dont les propriétés physiques différaient. Aujourd'hui il est prouvé que :

1° Les huiles végétales et le beurre de vache sont essentiellement formés de deux substances : l'une liquide, d'apparence huileuse, analogue par son aspect à l'huile d'olive blanche; on l'appelle *oléine*; l'autre, appelée *margarine*, solide, dure comme le suif, se présentant en petites lames blanches et nacrées, insipide, inodore et fusible à 28°. Le beurre de vache contient en plus de la *butyrine*, qui a pour formule $C^3H^2(C^4H^8O^4)^3$ et qui est analogue à la tristéarine. L'huile d'olive peut être considérée comme composée de margarine tenue en dissolution par l'oléine. Lorsqu'on refroidit l'huile d'olive, elle se congèle, et cette congélation est due à la précipitation de la margarine, qui n'est pas soluble dans l'oléine à une basse température.

2° Les corps gras, d'origine animale, comme les graisses et les suifs, sont essentiellement formés d'oléine et de deux corps solides, la margarine et la *stéarine*. La

---

1. Braconnot (Henri), pharmacien militaire, né en 1780 à Commercy, mort en 1855 à Nancy, où il était di- recteur du jardin botanique. Correspondant de l'Institut.

consistance des corps gras est en raison directe de la quantité de substance solide (stéarine et margarine) qu'ils renferment.

3° Indépendamment de ces principes immédiats, on rencontre dans les corps gras des principes colorants ou odorants, qui varient d'une espèce à l'autre.

427. Les corps gras, quelle que soit leur origine, présentent de grandes analogies dans leurs propriétés.

Ils ont tous une densité inférieure à celle de l'eau, une saveur et une odeur peu prononcées; ils sont incolores quand ils sont purs. Ils ne sont pas volatils, bouillent à des températures élevées, mais différentes pour chacun d'eux. Ainsi l'huile d'olive bout à 320° et l'huile de ricin à 263°. Chauffés au contact de l'air à une température supérieure à leur point d'ébullition, ils se décomposent en anhydride carbonique, en gaz inflammable et en *acroléine*; puis ils s'épaississent, se colorent et s'enflamment.

Lorsque les huiles et les graisses sont à l'abri de l'air, elles se conservent fort longtemps; mais à son contact elles acquièrent une saveur âcre et désagréable, deviennent acides et rances. En même temps qu'elles subissent ces phénomènes d'oxydation, plusieurs huiles végétales perdent peu à peu leur liquidité et finissent même par se solidifier. Les huiles qui éprouvent cette transformation sont appelées *huiles siccatives* : telles sont les huiles de lin, de noix, d'œillette, etc.

La siccativité des huiles peut être augmentée par l'ébullition en présence de 7 à 8 p. 100 de litharge en poudre fine; c'est ce que l'on fait avec l'huile de lin employée dans la confection des peintures et des vernis gras.

Les huiles *non siccatives* perdent aussi de leur fluidité au contact de l'air et deviennent moins combustibles.

C'est à l'absorption de l'oxygène par les huiles, au dégagement de chaleur dont elle est accompagnée, que l'on doit attribuer les combustions spontanées et les incendies qui se produisent dans les magasins d'huiles et dans les endroits où l'on accumule des chiffons ou des déchets imbibés d'huile.

428. Extraction des corps gras. — L'industrie extrait les corps gras par des procédés qui varient avec leur nature et avec leur provenance. Ainsi les matières grasses d'origine animale sont enfermées dans une multitude de petites cellules, qui sont elles-mêmes enveloppées de membranes plus ou moins résistantes ; l'extraction de ce genre de corps gras suppose donc la séparation de la matière grasse et du tissu membraneux. Cette séparation s'effectue par plusieurs moyens que l'on pratique dans la fabrication des chandelles : 1° *la fonte aux cretons*, qui consiste à fondre dans des chaudières le *suif en branches* venant des abattoirs ; on opère ainsi la séparation des matières grasses et des membranes ; 2° *la fonte à l'acide et à l'alcali*, dans laquelle cette séparation est obtenue à chaud dans des chaudières fermées, soit en faisant agir l'acide sulfurique sur le suif, soit en faisant agir le sel de soude. La fabrication des huiles nous fournira l'occasion d'indiquer comment les corps gras d'origine végétale sont extraits par expression des graines ou des fruits qui les renferment.

EXTRACTION DES HUILES VÉGÉTALES

429. Les huiles végétales s'obtiennent en soumettant à l'action de presses les graines ou les fruits des plantes oléagineuses. L'expression se fait à froid pour les huiles très fluides qui sont employées comme aliments (huile d'olive, d'œillette) ou comme médicaments (huile de ricin, de creton). Pour celles qui sont concrètes, on fait l'expression à chaud, en pressant les graines entre des plaques métalliques chaudes. On peut aussi faire bouillir les graines dans l'eau après les avoir écrasées. L'huile vient se rassembler à la surface et s'y fige ; c'est ainsi qu'on extrait le beurre de cacao, l'huile de laurier, le beurre de muscade, l'huile de palme, etc. Les huiles destinées à l'éclairage et aux autres besoins des arts s'obtiennent aussi par expression des graines.

430. Extraction de l'huile d'olive. — Les olives sont écrasées sous des moulins à meules verticales (fig. 114) et réduites en une pulpe qu'on renferme dans

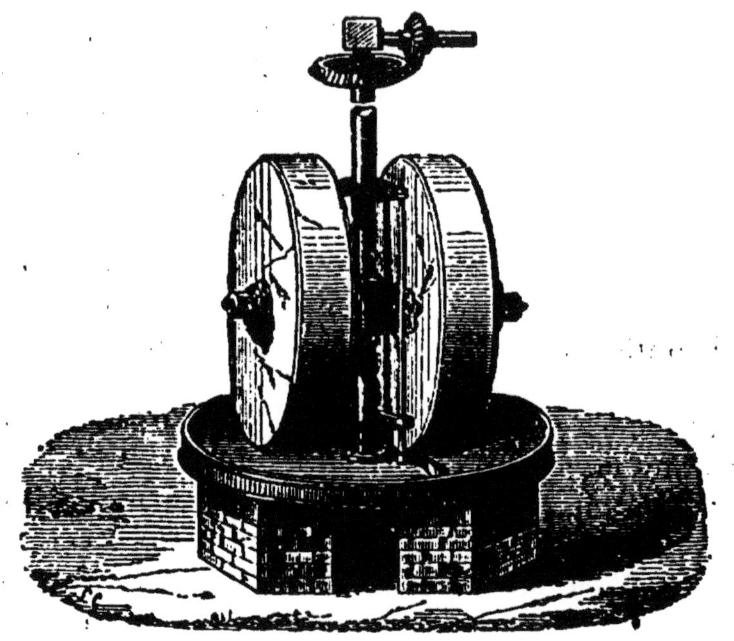

Fig. 114. — Machine à écraser les graines et fruits alimentaires.

des cabas ou *scouffins*, que l'on soumet à l'action de presses hydrauliques horizontales.

On appelle huile d'olive *vierge* celle qui est fabriquée avec des olives récoltées à la cueillette et non à la gaule, soigneusement triées et portées sous une presse aussitôt après leur réduction en pulpe. L'huile vierge est ver-dâtre et, malgré son goût de fruit, elle est très recher-chée pour les aliments.

L'huile *ordinaire* de table s'obtient en délayant dans l'eau bouillante la pulpe des olives qui ont fourni l'huile vierge, et en la soumettant à la pression. Elle est d'une belle couleur jaune, moins agréable au goût que la pré-

cédente, et se rancit plus facilement. On l'emploie aussi
pour graisser les laines et les machines.

Enfin, l'huile dite *huile de recense* ou *huile lampante*,
et qui n'est utilisée que dans les savonneries, s'obtient
en pressant à nouveau les tourteaux, ou *grignons*, non
entièrement épurés par les deux pressions précédentes,
en les broyant, puis en les faisant chauffer avec de l'eau
et les exprimant de nouveau.

**431. Extraction des huiles dites huiles de
graines.** — Cette extraction se pratique dans le département du Nord sur une très grande échelle.

Dans les grandes exploitations,
le broyage se pratique au moyen
de deux machines distinctes : la
première est un laminoir ou concasseur en fonte (fig. 115), ali-
menté par une trémie en bois *a*,
au fond de laquelle tourne un
petit cylindre cannelé, dont la
vitesse de rotation est réglée
de manière à ne laisser passer
qu'une quantité de graines pro-
portionnée à l'action des cylin-

Fig. 115. — Concasseur des
graines oléagineuses.

dres *b*, qui tournent très lentement. Les graines ainsi concassées sont ensuite portées sous des meules verticales, et
la pulpe qu'elles produisent est soumise à une pression
énergique. La graine d'œillette, pressée à froid, donne
une *huile vierge*, qui peut servir à l'alimentation. Quand
on veut sacrifier les qualités culinaires au rendement, il
faut soumettre préalablement la pulpe à une température
de 60 à 80° dans des chauffoirs à vapeur.

Les tourteaux, broyés et pressés de nouveau, donnent
une huile de qualité inférieure, *huile de rebat*.

432. Depuis longtemps, M. Deiss a utilisé, pour
l'extraction des huiles, l'action dissolvante que le sulfure
de carbone exerce sur elles. Après avoir extrait des
graines tout ce qu'elles peuvent donner d'huile par

action mécanique, il soumet les tourteaux à l'action du sulfure de carbone, qui dissout les corps qu'ils contiennent encore. Puis on distille le mélange; le sulfure de carbone, vu sa grande volatilité, s'évapore complètement et laisse l'huile comme résidu.

433. Épuration des huiles. — L'emploi de la chaleur a l'inconvénient de fournir des huiles un peu altérées, susceptibles de rancir facilement, et contenant un mucilage, une matière albuminoïde, dont la présence est nuisible à leur emploi dans l'éclairage, parce qu'elle fait charbonner les mèches.

Pour remédier à cet inconvénient, Thénard a indiqué un excellent moyen d'épuration. Il bat l'huile en présence de 1 1/2 à 3 centièmes d'acide sulfurique. L'acide carbonise le mucilage et le précipite. Le battage se fait dans des tonneaux ou plus avantageusement dans un bac allongé (fig. 116), où la matière est constamment

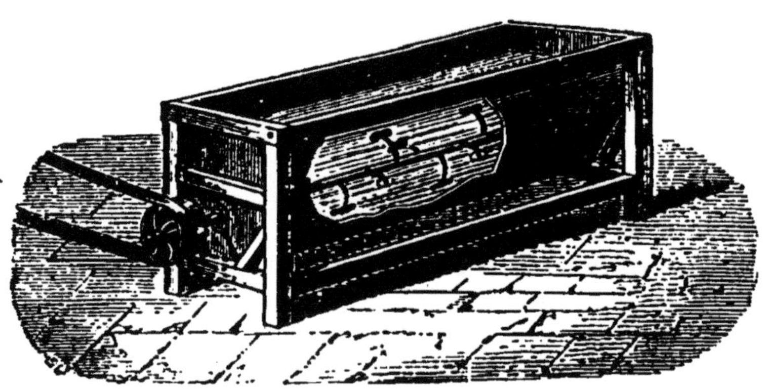

Fig. 116. — Épuration des huiles.

brassée par un agitateur héliçoïdal. L'huile devient d'abord verte; sa nuance tourne ensuite au brun, et, au bout de vingt-quatre heures, les parties albumineuses et le mucilage carbonisé se déposent. On ajoute, par hectolitre, 20 à 30 litres d'eau à 35 ou 40°, ou bien on fait passer un courant de vapeur, ce qui vaut mieux. On bat pendant dix minutes, puis on fait écouler le mélange et on l'abandonne au repos pendant trois ou quatre jours. Les eaux acides vont au fond du réservoir; au-dessus se trouve une couche d'huile troublée par un dépôt noir; enfin à la partie supérieure est une couche d'huile épurée et très limpide. On enlève celle-ci, et on soumet la seconde couche à un filtrage à travers du coton serré ou une toile métallique; on en extrait ainsi une nouvelle quantité d'huile claire. Les eaux acides sont employées au décapage des métaux ou à la fabrica-tion des couperoses.

FABRICATION DES BOUGIES STÉARIQUES

434. L'emploi des chandelles de suif a été presque exclusivement remplacé par celui des bougies stéa-riques, dont l'invention est due à Gay-Lussac et à Che-vreul (1825), et que l'on fabrique avec les acides extraits des corps gras neutres. Ces acides ont un point de fusion supérieur à celui des matières d'où ils provien-nent, et, à ce titre, sont d'un emploi plus avantageux pour l'éclairage. Les bonnes bougies stéariques fondent à 55°,5 et donnent une lumière plus belle que celle des chandelles; leur mèche se consume d'elle-même, sans qu'on soit obligé de la couper, comme cela arrive pour les chandelles; enfin, elles ne répandent pas d'odeur en brûlant.

Les trois principes suivants servent de base aux pro-cédés employés pour extraire des corps gras neutres les acides gras, qui servent à la fabrication des bougies stéariques : 1° on peut saponifier le suif avec de la chaux, c'est-à-dire combiner les acides gras avec la chaux, qui élimine la glycérine; puis décomposer le savon calcaire par l'acide sulfurique, qui précipite la chaux à l'état de sulfate et met les acides gras en liberté; 2° l'acide sulfurique chauffé avec les corps gras en isole la glycérine, avec laquelle il produit de l'acide sulfo-glycérique, et forme avec les acides gras des combinaisons appelées acides *sulfogras* (acide sulfoléique, sulfomargarique, sulfostéarique), que l'eau bouillante décompose ensuite, et dont elle isole les acides gras que l'on volatilise dans un courant de vapeur d'eau; 3° enfin la vapeur d'eau surchauffée exerce sur les corps gras neutres la même action séparatrice que les alcalis et les acides, et les dédouble en glycérine et en acides gras.

Les trois principes que nous venons d'exposer ont donné lieu à cinq procédés différents pour l'extraction des acides gras. Nous ne décrirons que ceux qui sont le plus employés : 1° le procédé par saponification calcaire; 2° le procédé par saponification sulfurique et distillation.

SAPONIFICATION CALCAIRE

435. Le procédé de M. de Milly par *saponification calcaire* consiste à chauffer les corps gras sous pression de vapeur avec de l'eau et de la chaux. L'opération se fait dans des chaudières autoclaves que représente la figure 117. Le corps gras fondu (suif, graisse ou huile de palme), l'eau et le lait de chaux arrivent par le tuyau de charge F, la vapeur d'eau par le tuyau B. On opère sous une pression de 8 kilogrammes et avec une quantité de chaux très faible, 4 à 5 pour 100 environ. La chaux se combine d'abord avec une certaine quantité d'acides gras, et fait un savon calcaire en éliminant la glycérine : puis l'eau et la vapeur décomposent ce savon, mettent son acide gras en liberté et régénèrent la chaux, qui reproduit la réaction sur une nouvelle quantité de corps gras et ainsi de suite. Au bout de huit heures, on laisse tomber la température à 130 degrés et on obtient le dernier savon calcaire formé, qui est disséminé dans les acides gras produits dans le cours de l'opération. L'eau et la glycérine vont, à l'état liquide, au fond de la chaudière, où arrive un tube muni d'un robinet C. Dès qu'on ouvre le robinet C, la pression de la vapeur chasse au

dehors le liquide qui est recueilli à part; après lui
sortent le savon et les acides gras sous forme de masse
pâteuse que l'on envoie dans des réservoirs, où on la
mélange avec une petite quantité d'acide sulfurique.

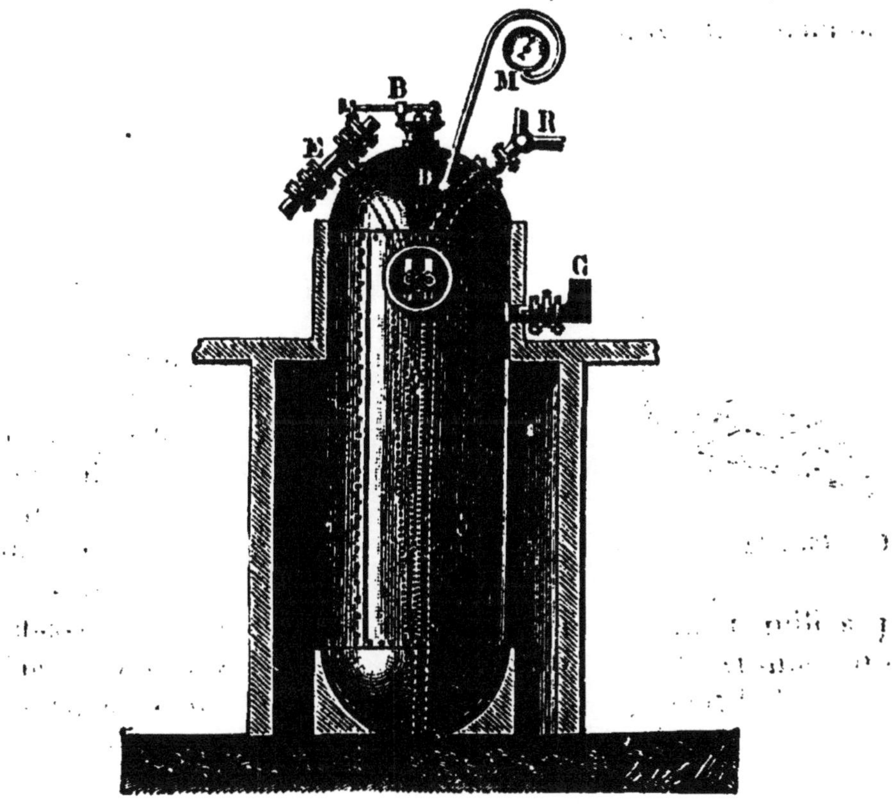

Fig. 117. — Chaudière autoclave de M. de Milly.

Celui-ci s'empare de la chaux du savon calcaire pour
former avec elle du sulfate de chaux insoluble, qui va
former au fond des réservoirs un dépôt solide, au-dessus
duquel surnagent les acides gras, que l'on purifiera
ensuite par distillation.

SAPONIFICATION SULFURIQUE

436. Le procédé par *saponification sulfurique*, dont
nous avons exposé le principe, permet d'utiliser des

produits plus fusibles que le suif des herbivores, de moindre valeur, et auxquels la saponification calcaire ne pourrait être appliquée que difficilement : telles sont les huiles de palme et de coco, les suifs d'os provenant du traitement à l'eau bouillante, que les fabricants de noir animal font subir aux os avant la calcination, les graisses

Fig. 118. — Saponification sulfurique.

vertes que produisent les étaux des bouchers, des tripiers, les résidus de cuisine, le graissage des cylindres, etc., enfin les produits gras provenant de la décomposition par l'acide sulfurique des eaux savonneuses employées au lavage des laines, et désignées sous le nom de graisses de *Reims* et de *Tourcoing*.

La meilleure méthode de saponification sulfurique est celle de M. Knob, dans laquelle on opère la saponification presque instantanément par l'emploi d'un excès d'acide.

Deux réservoirs S et P (fig. 118), traversés chacun par un serpentin de vapeur, contiennent, le premier de l'acide sulfurique concentré, le second les huiles ou les graisses à travailler; les deux réservoirs sont portés à la température de 90°. A la partie supérieure de la cuve à décomposer, que l'on voit au-dessous du réservoir S, se trouve une caisse oblongue doublée de plomb C, dans laquelle un ouvrier, placé sur un banc B, laisse couler 50 kilogrammes de corps gras fondu; il y ajoute 15 kilo-grammes d'acide sulfurique, recueilli dans un seau que montre la figure, et qui est au-dessous du robinet S. Au bout d'une minute de contact, la réaction de l'acide sur le corps gras est accomplie, et l'ouvrier, faisant bas-culer la caisse C, renverse le tout dans l'eau bouillante de la cuve à décomposition : les acides sulfoléique, sul-fomargarique et sulfostéarique se décomposent bientôt au contact de l'eau bouillante et l'acide sulfoglycérique se dissout. Quand l'opération est finie, il s'est formé trois couches distinctes dans la cuve : la couche supé-rieure L″ renferme les acides gras; la couche L′ vient en dessous et contient l'eau, l'acide sulfurique et la glycérine; la couche inférieure L est formée des mêmes substances salies par des matières charbonneuses.

Les acides gras ainsi obtenus sont, comme ceux que fournit la saponification calcaire, soumis à deux lavages, puis portés à l'appareil distillatoire.

437. Distillation des acides gras. — La distil-lation des acides gras a pour but de les purifier. A cet effet ils sont envoyés dans des chaudières C (fig. 119), où ils sont soumis à l'action d'un courant de vapeur d'eau, qui a été surchauffée dans un foyer séparé, où circule un serpentin RR parcouru par la vapeur qu'amène un tube représenté sur la gauche de la figure. Les acides gras distillent et vont se condenser dans un système de tubes en U. Ces tubes sont eux-mêmes entourés d'autres tubes concentriques au premier. Dans l'intervalle annu-laire laissé entre les deux systèmes de tubes, circule de l'eau, qui arrive froide en O et sort chaude en T. Sous son influence, les acides **gras** se condensent et s'écoulent dans les réservoirs D. Les flèches, que l'on voit sur la

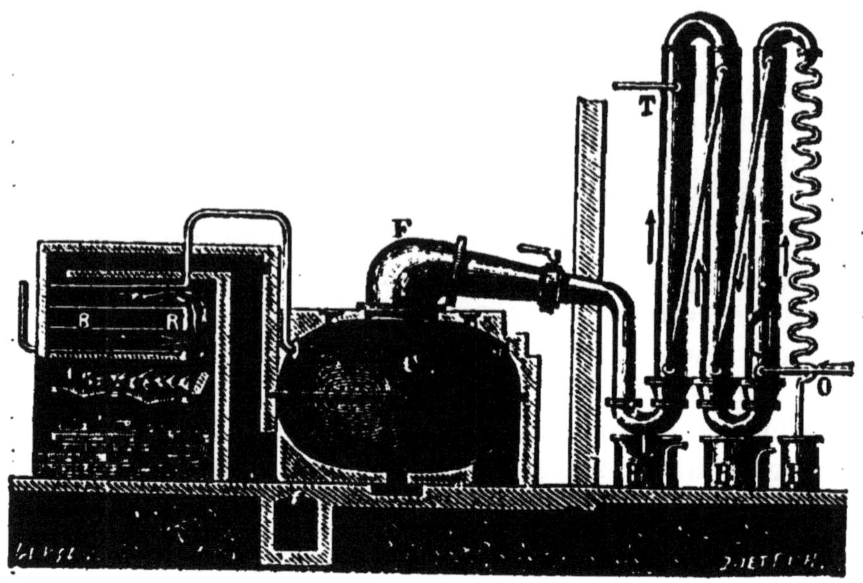

Fig. 119. — Distillation des acides gras.

figure, indiquent la double circulation des acides gras et de l'eau.

438. Pressurage des acides gras. — Les acides gras obtenus par l'une des méthodes précédentes sont coulés dans des moules en fer-blanc disposés comme le représente la figure 120, de telle sorte que l'excès de liquide qui arrive dans chacun d'eux, puisse se déverser dans le moule inférieur. On abandonne la matière dans ces moules, où elle cristallise. La matière solide ainsi obtenue se compose d'acides margarique et stéarique qui sont solides, et d'acide oléique liquide qui est disséminé au milieu des précédents. On sépare ce dernier par deux pressurages faits le premier à froid, le second à chaud.

Le pressurage à froid s'exécute par des presses hydrauliques verticales (fig. 121). Chaque pain est enfermé dans un sac de laine, appelé *malfil*. Les sacs sont empilés les

uns au-dessus des autres et séparés de distance en distance par des plaques métalliques destinées à régulariser
la pression et munies sur leurs bords de rigoles, qui

Fig. 120. — Moules à
couler les acides gras.

Fig. 121. — Presses hydrauliques
pour acides gras.

recueillent l'acide oléique et le conduisent dans des tuyaux
verticaux.

Lorsqu'au bout de cinq à six heures la presse verticale
a épuisé son action, les malfils sont vidés et les pains
sont mis dans des sacs en crin, appelés *étreindelles*, et
soumis au pressurage à chaud. On se sert pour cela d'une
presse hydraulique horizontale : l'eau arrive en R
(fig. 122) dans le cylindre G et agit sur la tige T, qui
presse les étreindelles disposées entre des plaques creuses

P ; ces plaques sont portées à une température qui ne
doit pas dépasser 35°, par la vapeur qu'amènent des
tuyaux en caoutchouc II, II. L'acide oléique s'écoule,
entraînant avec lui une certaine quantité d'acide stéarique,
et après l'opération on trouve dans chaque étreindelle un
pain sec et dur d'acides gras. L'acide oléique, au sortir

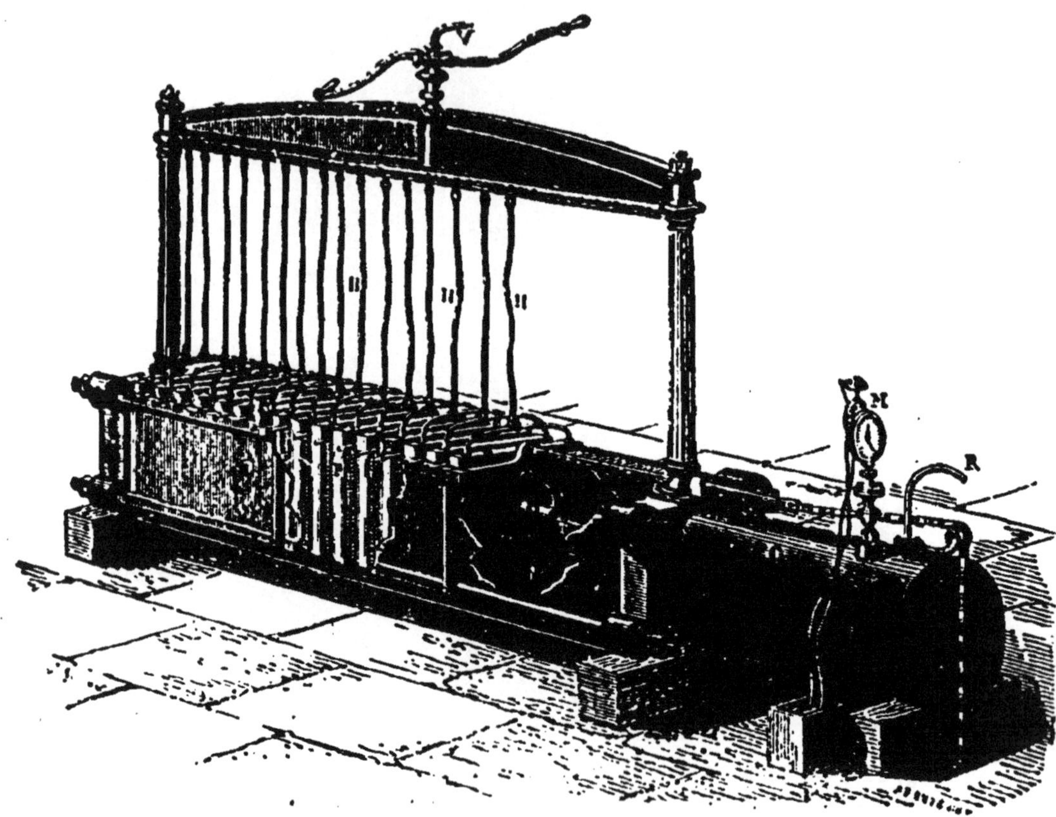

Fig. 122. — Presses hydrauliques pour acides gras.

de la presse à chaud, se rend dans de vastes réservoirs
souterrains, où il laisse déposer, par le refroidissement,
les acides solides qu'il a entraînés et qu'on soumet à un
autre pressurage.

On emploie maintenant pour le refroidissement les
appareils à anhydride sulfureux liquide de M. Pictet.

439. Moulage des bougies. — L'admirable découverte de Chevreul et de Gay-Lussac fut entravée dans la

pratique par les inconvénients que présentait la mèche
de coton ordinaire, qui absorbait une trop grande quantité de matière grasse. Cambacérès eut l'idée d'y substituer une mèche en nattant trois fils de coton; mais sa
combustion laissait un résidu charbonneux, qui contra-

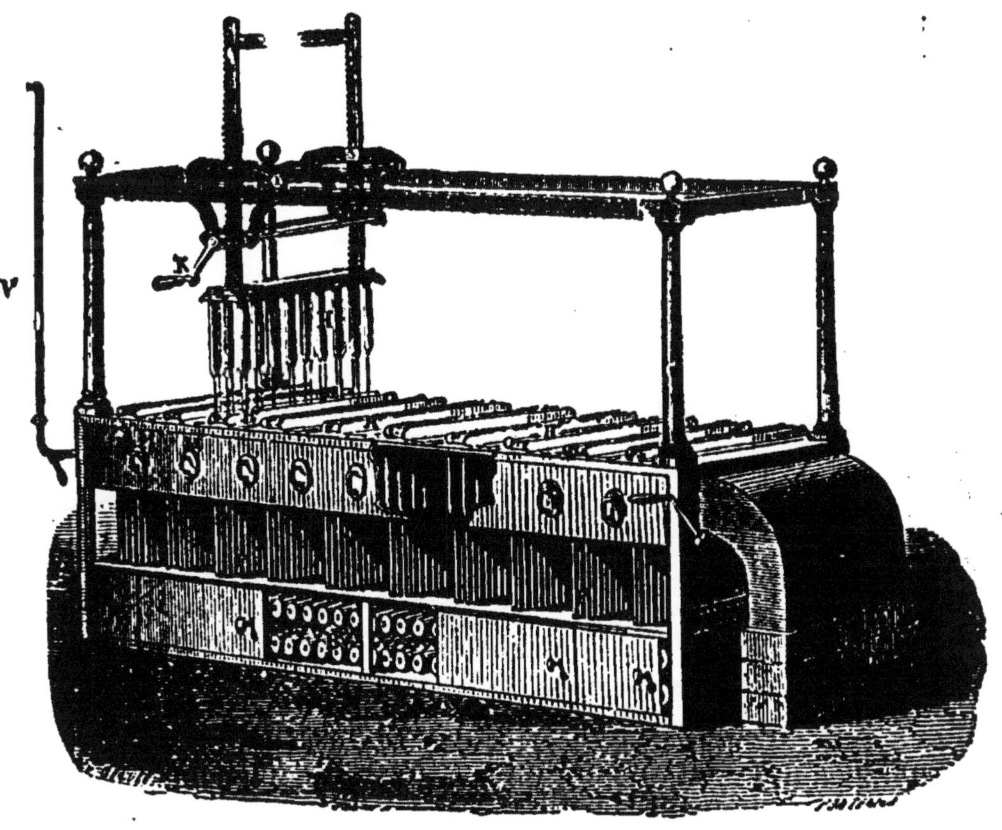

Fig. 123. — Moulage des bougies.

riait l'ascension des corps gras, ou qui, en tombant dans
le godet formé par la fusion à la partie supérieure de la
bougie, liquéfiait trop rapidement la matière et la faisait
couler. Pour remédier à cet inconvénient, M. de Milly a
imaginé d'imprégner la mèche d'acide borique. Celui-ci
vitrifie les cendres de la mèche; il en résulte une petite
perle vitreuse et lourde, qui, courbant la mèche en dehors

de la flamme, lui permet de brûler complètement et rend complètement inutile l'opération du mouchage.

Dans les grandes usines, le moulage se fait d'une manière très expéditive, à l'aide de la machine que nous allons décrire et qui est due à M. Cahouet.

Les moules sont disposés par groupes de seize dans une grande caisse de tôle, que l'on peut chauffer et refroidir successivement à l'aide du tuyau V' (fig. 123),

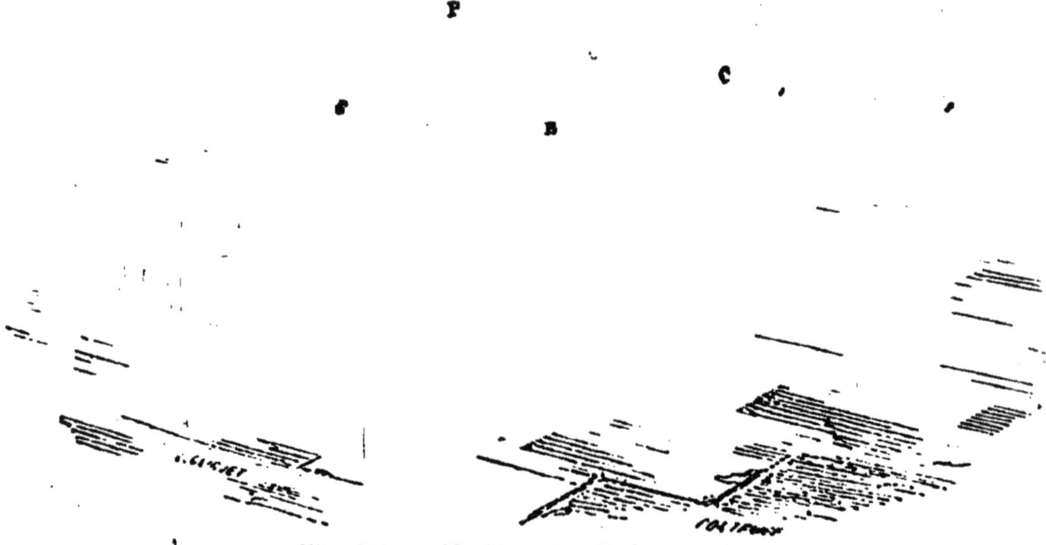

Fig. 124. — Machines à polir les bougies.

qui amène de la vapeur, ou du tuyau V, qui amène un courant d'air froid lancé par une machine soufflante.

Au-dessous de cette caisse s'en trouve une autre, où les mèches sont enroulées par des bobines B; à chaque moule correspond une bobine. Les mèches, sortant de la caisse inférieure, se rendent dans la caisse supérieure, et chacune d'elles, après avoir traversé un moule suivant son axe, est pincée à sa partie supérieure par une plaque, que peut soulever une crémaillère K. La caisse supérieure étant chauffée à l'aide de la vapeur V', on coule dans un groupe les acides gras fondus à part; un courant d'air froid refroidit ensuite les moules, les acides se solidifient, et on détache à la fois les seize bougies d'un groupe. Pour cela, on amène au-dessus de lui la crémaillère K, à l'aide de laquelle on soulève les plaques qui pincent les seize mèches; les bougies sortent des moules et s'élèvent : la mèche, se déroulant de chaque bobine, les suit dans leur ascension et se trouve disposée pour une opération suivante dans l'axe du moule. On coupe alors la mèche et on enlève les bougies; il ne reste plus qu'à les laver, les rogner et les polir. Le lavage s'effectue dans le baquet U (fig. 124), qui renferme de l'eau de savon ou une solution de carbonate de soude. Les bougies sont ensuite posées sur des roues cannelées R, qui les présentent à un petit rouleau circulaire chargé de les couper à la longueur voulue. Elles tombent de là sur une table, où sont disposés des rouleaux en bois sur lesquels elles subissent l'action d'une brosse B, qui est animée d'un mouvement de va-et-vient et qui les polit. Elles cheminent sur cette table sous l'action de la brosse, et arrivent à l'extrémité prêtes à être livrées à la consommation.

SAVONS

440. Les savons sont des combinaisons des acides des corps gras avec les bases. Nous avons vu (422) que la stéarine, la margarine et l'oléine étaient des éthers de la glycérine; nous avons vu (Chapitre V) que les éthers en présence de l'eau ou d'une base se décomposaient, donnaient un sel formé par la combinaison de la base avec l'acide de l'éther et que l'alcool de l'éther était régénéré. C'est sur ces principes que repose la fabrication des savons : si l'on met les corps gras en présence d'une base, la potasse ou la soude par exemple, la glycérine se régénère et il se forme un sel par la combinaison de l'alcali avec les acides du corps gras. Ce sel est un savon.

Les savons à base de potasse et de soude sont solubles dans l'eau, dans l'alcool et dans l'éther; les autres sont insolubles dans l'eau, et le plus souvent aussi dans l'alcool et dans l'éther. L'économie domestique n'emploie que des savons solubles. Les savons à base de soude sont plus durs que les savons de potasse, parce que les stéarates, margarates et oléates de soude sont toujours plus consistants et moins attaquables par l'eau que les mêmes genres de sels à base de potasse.

Les stéarates et les margarates de potasse et de soude étant toujours plus durs et moins solubles que les oléates des mêmes bases, un savon de potasse ou de soude sera toujours d'autant plus dur qu'il renfermera plus de stéarate ou de margarate, et moins d'oléate. On voit donc que les qualités du savon dépendent non seulement du choix de la base, mais aussi de celui du corps gras.

Les savons durs sont obtenus avec la soude et les huiles d'olive, d'amandes, d'arachide, de coco, le suif et les autres graines. En France, en Italie et en Espagne, on se sert principalement d'huile d'olive de qualité inférieure; dans les pays du Nord, qui n'ont pas d'huile d'olive, on la remplace par le suif ou la graisse.

Les savons mous sont préparés avec la potasse et les graisses ou les huiles de graines.

441. Savons durs. — On obtient les savons durs de Marseille en saponifiant par la soude des huiles, qu'on désigne sous le nom de *recenses*.

La soude employée est la soude brute artificielle caustifiée par la chaux. Pour produire cette caustification, on mélange la soude brute, réduite en poudre grossière, avec le tiers de son poids de chaux éteinte. Le mélange est placé dans des bassins en maçonnerie percés, près de leur fond, d'une ouverture, qui permettra aux lessives de couler dans de vastes citernes. On amène dans ces bassins, appelés *barquieux*, l'eau pure et une lessive faible provenant d'un lavage précédent. La dissolution de la soude s'opère peu à peu, la chaux lui enlève son acide carbonique et forme avec lui du carbonate de chaux insoluble. Au bout de deux heures, on soutire cette première lessive, qui est très concentrée, et qui marque de 18° à 25° à l'aréomètre. Par deux autres lessivages on obtient des lessives moins concentrées, l'une qui marque de 15 à 18°, l'autre de 4 à 8°. Par un mélange de ces trois lessives on obtient celle qui doit d'abord servir dans la fabrication du savon.

La lessive étant préparée, on procède à la saponification de l'huile, qui comprend trois phases principales : l'*empâtage*, le *relargage* et la *coction*.

L'huile, ne se mêlant pas facilement à l'eau, a besoin d'être très divisée pour arriver au contact de l'alcali : tel est le but de l'*empâtage*, qui a pour but d'opérer la formation d'une émulsion, c'est-à-dire de mettre l'huile, à l'état de division extrême, en suspension dans l'alcali. Pour cela, on introduit dans une grande chaudière, à fond hémisphérique en tôle, 31 hectolitres 1/2 de lessive à 100°, on porte à l'ébullition, et on y verse en plusieurs fois 6000 kilogrammes d'huile; celle-ci perd bientôt sa transparence et forme avec l'alcali une espèce d'émulsion blanche, qui acquiert peu à peu de la consistance et de l'homogénéité.

Lorsque l'*empâtage* est complet, on procède au *relargage*, afin d'enlever à l'huile empâtée l'eau que la soude y a portée. Cette opération consiste à mettre la masse d'huile empâtée en contact avec une dissolution de soude chargée de sel marin. On brasse continuellement le mélange, et l'émulsion savonneuse avec excès d'huile, ne pouvant se dissoudre dans l'eau salée, lui cède la plus grande partie de son eau, et se rassemble à la surface sous forme d'une pâte consistante et colorée. On laisse alors tomber le feu, et, au bout de quelque temps, on ouvre un robinet, dit *épine*, situé à la partie intérieure de la cuve; on laisse écouler trois fois plus de liquide qu'on n'en a introduit pour le *relargage*, et on pratique la *coction*.

Cette opération a pour but d'achever la saponification : elle consiste à faire bouillir le savon, qui contient encore un excès d'huile, avec de nouvelles lessives douces et concentrées. La saponification est achevée, lorsque le savon se dissout dans l'eau chaude sans laisser d'yeux à la surface, et lorsque, comprimé entre le pouce et l'index, il prend une consistance très dure. On met le savon à sec en l'exprimant de nouveau et on obtient un produit noirâtre, qui durcit par le refroidissement. Sa couleur est due au sulfure de fer mêlé à un savon alumino-ferrugineux provenant de la soude brute.

On convertit ce savon en savon blanc ou en savon marbré.

442. Savon blanc. — Pour faire le savon blanc, on délaye le savon noir dans une lessive faible; le savon alumino-ferrugineux se dépose lentement; on enlève le savon blanc qui surnage et on le coule dans des moules ou *mises*, où il se solidifie; on découpe ensuite la masse solide en pains rectangulaires.

443. Savon marbré. — Le savon marbré ou madré s'obtient en délayant le savon noir dans une quantité moindre de lessive, de telle sorte que le savon alumino-ferrugineux, coloré par le sulfure de fer, au lieu de se déposer au fond de la chaudière, reste en suspension dans la masse, au milieu de laquelle il forme des veines bleuâtres. Le savon marbré est plus estimé que le savon blanc, parce qu'on ne peut l'obtenir qu'avec 30 pour 100 d'eau au plus, tandis que le savon blanc peut en contenir 40 et 50 pour 100.

444. Savons unicolores. — On prépare des savons unicolores avec les huiles de coco, de palme, de sésame, d'arachide, l'acide oléique, les suifs d'os, etc. On peut les préparer, soit par le procédé précédent, soit par un procédé qui en diffère peu et que nous ne décrirons pas.

Ces savons, dits *économiques*, ne méritent pas toujours cette désignation, car il en est qui renferment jusqu'à 75 p. 100 d'eau.

445. Savons mous. — Les savons mous, dits *savons noirs* ou *savons verts*, sont toujours à base de potasse, et sont fabriqués avec les huiles les moins chères, huile de chènevis, d'œillette, de colza. Leur préparation est des plus simples. Il suffit de faire bouillir les huiles avec des lessives caustiques de potasse, de concentrer le mélange pour chasser l'excès d'eau, puis de le couler dans des tonneaux lorsqu'il est arrivé à la consistance voulue.

Ces savons sont verts, quand on les fait avec des huiles jaunes et qu'on y ajoute à la fin de la cuisson un peu d'indigo. Ils sont noirs, quand on les a colorés par du sulfate de fer, du tanin et du bois de campêche.

446. Savons de toilette. — Les savons de toilette se préparent avec des matières très pures. Ils doivent être autant que possible débarrassés d'alcali.

Le savon transparent s'obtient en traitant des râclures de savon de suif par l'alcool chaud, qui ne dissout que le savon et laisse les impuretés. La dissolution, refroidie et éclaircie par le repos, est versée dans des moules où elle se solidifie; le savon ne devient transparent qu'au bout de plusieurs semaines.

447. Usage des savons. — Le savon blanc est employé pour le blanchissage du linge, de la soie, de la laine, pour les besoins de la toilette; il agit alors à la manière des alcalis faibles et dissout les corps gras. Le savon marbré, qui est plus alcalin et plus mordant, est employé pour les tissus forts. Enfin les savons mous, qui sont très alcalins, sont employés pour le blanchissage du linge commun et pour le dégraissage de la laine.

CHAPITRE VIII

Principes sucrés. — Sucre de canne et de betterave.

448. Principes sucrés. — On rencontre, dans les végétaux et chez les animaux, un certain nombre de corps que l'on désigne sous le nom de principes *sucrés*, qui sont neutres, très solubles dans l'eau et possèdent une saveur sucrée. Ce sont des alcools polyatomiques.

Nous citerons :

I. La *mannite* ($C^6H^{14}O^6$), que l'on rencontre dans la *manne*, exsudation fournie par diverses espèces de frênes.

II. Les *glucoses*, dont la formule est $C^6H^{12}O^6$. On rencontre dans ce groupe :

1° La *glucose ordinaire* ou *sucre de raisin*, que l'on trouve dans le jus du raisin et que l'on peut produire artificiellement par l'action de l'acide sulfurique sur la fécule ou sur l'amidon. Sous l'influence de l'acide, ces deux corps se transforment en *glucose*, corps solide, soluble, d'une saveur beaucoup moins sucrée que le sucre ordinaire, capable de se transformer par la fermentation en alcool et en anhydride carbonique. La glucose est employée dans la fabrication de la bière et de l'alcool (alcool de grains, alcool de pommes de terre) : on l'utilise pour améliorer les vins faits avec des raisins manquant de maturité ; elle remplace souvent le miel dans la fabrication du pain d'épice.

2° La *lévulose*, ou *sucre de fruits*, ou *sucre incristallisable*, matière sucrée, liquide, qui existe dans les sucs acides des végétaux et notamment dans les fruits (groseilles, cerises, fraises, etc.).

Le sucre de fruits se transforme en glucose : c'est ce qui arrive, lorsqu'on abandonne des raisins ou des pruneaux secs à l'air. La glucose, produit de cette transformation, vient à la surface, où elle forme une poussière blanche : il en est de même de la cristallisation que l'on trouve sur les confitures.

Le sucre de fruits, toutes choses égales d'ailleurs, fermente beaucoup plus tôt que la glucose.

III. Le *sucre de canne et de betterave*, ou *sucre ordinaire* ($C^{12}H^{22}O^{11}$), que l'on trouve dans la canne à sucre et dans la betterave.

SUCRE DE CANNE

Symbole : $C^{12}H^{22}O^{11}$. — Poids moléculaire : $C^{12}H^{22}O^{11} = 342$.

449. État naturel. — Le sucre ordinaire est très répandu dans le règne végétal; il se rencontre surtout dans la canne à sucre, dans la racine de betterave, de carotte, de navet, dans les melons, les citronnelles, etc., etc.

C'est principalement de la canne et de la betterave qu'on extrait le sucre pour les besoins de l'économie domestique.

450. Propriétés du sucre ordinaire. — Le sucre cristallise en prismes; sa densité est 1,6. Lorsqu'on le brise ou qu'on le frotte contre un corps dur dans l'obscurité, il devient phosphorescent. L'eau froide en dissout le double de son poids; l'alcool très concentré en dissout à peine.

Il fond vers 160° et devient un liquide épais, transparent, qui, en se refroidissant, se prend en une masse amorphe et vitreuse, connue sous le nom de *sucre d'orge :* le sucre d'orge perd peu à peu sa transparence et passe en cristallisant à l'état de sucre ordinaire.

Chauffé vers 220°, le sucre perd de l'eau, se transforme en un corps brun, le caramel. A une température plus élevée, il se décompose complètement et donne pour résidu du charbon pur, très léger.

Le sucre s'unit aux bases : une dissolution sucrée est capable de dissoudre une grande quantité de chaux, ou de baryte, ou d'oxyde de plomb, avec lesquels elle forme des sucrates. La dissolution perd alors toute saveur sucrée.

Sous l'influence des acides étendus, le sucre cristallisable se transforme rapidement en glucose, ou plutôt en un mélange de glucose et de lévulose. Ces deux corps exercent sur la lumière polarisée une action inverse. Lorsque le sucre de canne a subi cette action des acides, il est dit *interverti*.

$$C^{12}H^{22}O^{11} + H^2O = C^6H^{12}O^6 + C^6H^{12}O^6$$

Sucre de canne.   Eau.   Glucose.   Lévulose.

Le sucre de canne ne réduit pas les sels de cuivre, tandis que la glucose les réduit; il doit être interverti pour obtenir la réduction.

Le sucre ordinaire, sous l'influence des acides minéraux étendus, se transforme, à chaud, en sucre incristallisable. Les chlorures de potassium et de sodium, le chlorhydrate d'ammoniaque, se combinent au sucre et forment avec lui des combinaisons solubles dans l'eau et cristallisables. Ce fait occasionne des pertes considérables pour les betteraves cultivées sur le bord de la mer.

Les acides concentrés, et en particulier l'acide sulfurique, le décomposent.

On considère souvent le sucre de canne comme un éther mixte formé par l'union de deux molécules de glucose avec élimination d'une molécule d'eau.

$$2(C^6H^{12}O^6) = C^{12}H^{22}O^{11} + H^2O$$

Glucose.   Sucre de canne.   Eau.

EXTRACTION DU SUCRE DE BETTERAVE

451. La plus grande partie du sucre consommé en France est extraite de la betterave. La variété la plus

employée est la betterave de Silésie à collet rose. Ce fut vers l'année 1605 qu'Olivier de Serres, célèbre agronome français, signala la présence du sucre dans la betterave; plus tard les expériences de Margraff, chimiste allemand (1747), celles d'Achard à Berlin (1797), de Benjamin Delessert à Paris (1812) montrèrent qu'on pouvait faire industriellement l'extraction du sucre de betterave. Depuis cette époque, la production n'a fait que progresser : aujourd'hui son importance est considérable dans les départements du Nord, du Pas-de-Calais, de la Somme, de l'Aisne et de l'Oise.

452. Lorsque les betteraves ont acquis tout leur développement, on les arrache; on met à part celles qui sont endommagées et qui ne se conserveraient pas; puis on coupe la partie de la racine qui était sortie de terre et portait des feuilles. Cette partie ne contient pas de sucre. Les betteraves ainsi émondées sont portées dans des silos, où on les conserve jusqu'à l'époque où elles sont soumises au traitement que nous allons décrire.

Elles sont d'abord soumises à un lavage mécanique qui les débarrasse des matières terreuses. En quittant le laveur, les betteraves sont reprises par des chaînes à godets qui les mènent dans un local, que chaque usine doit réserver à l'administration des contributions indirectes, chargée d'établir la quotité de l'impôt que prélève l'État sur le sucre fabriqué.

Il s'agit maintenant d'extraire le sucre. Autrefois on commençait par râper la betterave au moyen de machines spéciales et la pulpe produite était soumise à l'action de presses hydrauliques, qui en extrayaient le jus. Plus tard on s'est servi d'un autre mode d'extraction, appelée *macération,* et consistant à mettre la betterave découpée mécaniquement en contact avec de l'eau qui dissolvait le sucre et produisait le jus sucré. Aujourd'hui on emploie généralement le système de la *diffusion,* dont nous allons expliquer le principe.

453. **Diffusion.** — La betterave, en sortant du

wagonnet peseur, est livrée à une machine, qui la découpe en petites lanières, appelées *cossettes*, de 12 à 15 centimètres de longueur, de 7 à 8 millimètres de largeur et de 1 à 2 millimètres d'épaisseur. Ces lanières sont livrées à une courroie sans fin horizontale qui les porte aux diffuseurs.

Le procédé par diffusion repose sur les phénomènes suivants, connus en physique sous les noms d'*endosmose* et d'*exosmose*. Supposons qu'une paroi poreuse divise un vase en deux compartiments A et B : A renfermant une dissolution plus dense que l'eau, de l'eau sucrée par exemple, et B renfermant de l'eau. Il se produit *naturellement* un échange de liquides entre les deux compartiments : celui de A passe en B et celui de B en A. L'équilibre n'est atteint que lorsque le liquide a pris par cet échange la même densité de part et d'autre de la paroi. Si l'on enlève le liquide de B et qu'on le remplace par de l'eau, un nouvel échange va se faire, mais moins rapidement, parce que la différence entre le liquide de A et celui de B sera moins grande. On comprend qu'on arriverait ainsi à extraire successivement tout le sucre de A.

Cela compris, supposons qu'on verse dans un vase une certaine quantité de cossettes et par-dessus de l'eau chaude. Chacune des cellules dont se composent les cossettes, va jouer le rôle du compartiment A; le liquide sucré et l'eau vont s'échanger à travers les parois de la cellule et l'on obtiendra un jus sucré; en le remplaçant successivement par de l'eau pure, on finira par épuiser les cossettes. Mais, si l'on opérait de cette manière, c'est-à-dire si, à chaque opération, on mettait de l'eau pure en contact avec les cossettes, on aurait finalement un volume de jus trop considérable à évaporer par la suite. Il est plus naturel et plus économique de ne mettre l'eau pure qu'en contact avec des cossettes déjà presque épuisées : le liquide ainsi obtenu par endosmose et exosmose a une densité plus forte que l'eau pure : si on l'envoie sur des cossettes moins épuisées que les précédentes, il rencontrera dans ces cossettes un jus plus dense que lui et un nouvel échange aura lieu. Le jus plus dense ainsi obtenu sera envoyé sur des cossettes moins épuisées encore, et ainsi de suite jusqu'à ce qu'on arrive aux cossettes fraîches. Toutes ces opérations sont réalisées automatiquement dans une série d'appareils appelés *diffuseurs* que nous allons décrire et dont l'ensemble constitue une batterie de diffusion.

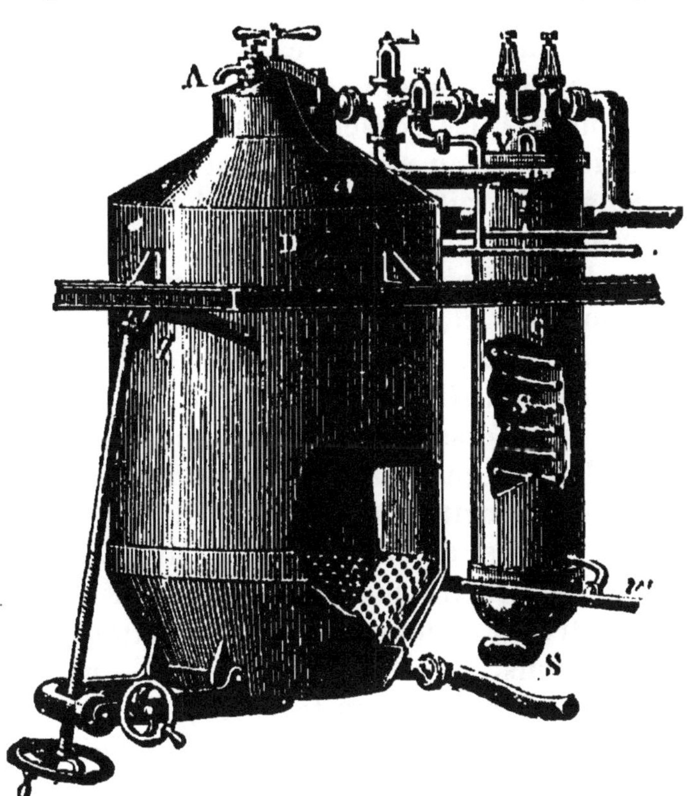

Fig. 125. — Diffuseur système Cail.

Chaque diffuseur se compose d'un vase cylindrique D (fig. 125), terminé en haut et en bas par des parties coniques. En haut se trouve une ouverture, par laquelle on introduit les cossettes quand le couvercle A est soulevé; en bas est une ouverture, qui servira à décharger les cossettes épurées. A côté de chaque diffuseur se trouve un appareil C, appelé *calorisateur*. C'est un cylindre parcouru par un serpentin de vapeur et qui servira à échauffer les liquides que l'on enverra dans les diffu-

19.

seurs. Soit une série de diffuseurs auxquels nous donnerons les numéros 1, 2, 3, 4, 5 et 6, disposés verticalement à côté les uns des autres. Par un système de tuyaux et de robinets, que nous ne décrirons pas, chacun des diffuseurs peut être mis en communication soit avec les diffuseurs voisins, soit avec un réservoir d'eau. Pour fixer les idées, supposons que le diffuseur numéro 1 contienne des cossettes déjà presque épuisées, le numéro 2 des cossettes plus riches en sucre, et ainsi de suite jusqu'au numéro 6, qui contiendra des cossettes fraîches. On fait arriver par le bas de 1 de l'eau venant de réservoirs situés à un niveau supérieur et échauffée dans les *calorisateurs;* elle traverse le diffuseur 1 de bas en haut et, comme elle a encore tout son pouvoir dissolvant, elle épuise les cossettes et, arrivée en haut, elle forme un sirop que l'on envoie dans le diffuseur 2. Le pouvoir dissolvant de ce jus est moins grand que celui de l'eau pure, mais, comme il se trouve ici en présence de cossettes plus riches, il leur prend encore du sucre, et ainsi de suite jusqu'au diffuseur 6 qui contient des cossettes fraîches. Il en sortira à l'état de sirop concentré. A ce moment de l'opération, les cossettes de 1 sont épuisées, on les extrait par le bas et on les remplace par des cossettes fraîches; 1 va maintenant jouer le rôle que jouait 6, 2 celui de 1, 3 celui de 2, et ainsi de suite. A ce moment on envoie l'eau pure dans 2. Elle y épuise les cossettes, passe dans 3 et revient à 6, d'où elle sort à l'état de jus concentré. On voit que, par le système de circulation, les cossettes de chaque diffuseur sont successivement épuisées. Le caractère de ce mode de dissolution n'est pas seulement dans le système de circulation des liquides, mais aussi dans l'emploi d'eau et de jus portés à une température telle que l'intérieur des vases soit toujours à 50 degrés environ.

Le jus est ensuite mélangé à un lait de chaux préparé dans l'usine : on met environ cinq volumes de lait de chaux pour cent volumes de jus sucré.

454. Râperies. — Avant de continuer la description
de la fabrication du sucre, nous ferons remarquer qu'il
est important, au point de vue économique, de répartir
les frais généraux sur la plus grande masse possible de
produits, de s'approvisionner largement de betteraves
et d'amener la *partie utile* de la plante, c'est-à-dire le
sucre, à l'usine de fabrication en laissant la partie *inutile*
sur les lieux de production pour éviter les frais de transport de cette partie inutile, qui se compose du tissu
charnu.

De tous les moyens qui ont été proposés, le suivant
paraît être jusqu'ici le plus industriel. On installe dans les
centres de culture des établissements appelés *râperies*
qui reçoivent les betteraves, les transforment en cossettes, fabriquent par diffusion le jus sucré et le *chau-
lent*, c'est-à-dire le mélangent à la chaux. Puis à l'aide
de pompes et de tubes souterrains en fonte qui relient
les râperies à la sucrerie, on envoie à celle-ci le jus
sucré, après l'avoir tamisé pour enlever la pulpe folle
qui pourrait se déposer dans les tubes et les obstruer.
Le lait de chaux a pour but d'empêcher l'altération que
le jus sucré pourrait subir dans le transport. La distance des râperies à l'usine d'extraction est très variable ;
elle ne doit pas être inférieure à 6 kilomètres, parce qu'il
n'y aurait pas une économie suffisante et on a dépassé
25 kilomètres sans inconvénients.

Les tuyaux sont en fonte, on les réunit par emboîte-
ment et on les enterre à 80 centimètres environ de profondeur ; leur diamètre varie de 65 à 120 millimètres :
le jus y circule avec une vitesse de 30 centimètres par
seconde.

Le système des râperies a été appliqué pour la première fois en 1767, à l'usine de Montcornet, dans
l'Aisne.

Ce système présente de réels avantages : 1° il laisse
la pulpe à la portée des cultivateurs qui l'emploient
pour nourrir les bestiaux ; 2° il évite les longs trans-

ports de betteraves, qui sont toujours coûteux, toujours difficiles à l'époque de la fabrication et qui dégradent singulièrement les routes; 3° il permet de répartir les frais de combustible employé à l'évaporation des jus sur une plus grande masse de liquide et par suite de diminuer les pertes de la chaleur.

455. Carbonatation et filtration. — C'est du jus sucré fabriqué dans les *râperies* que l'on extrait le sucre, lorsque ce jus arrive à l'usine centrale. Mais comme la betterave est d'une composition très complexe, le jus renferme, indépendamment du sucre, un grand nombre de substances étrangères qu'il faut d'abord séparer. Ces substances sont des acides, des matières gommeuses, de l'albumine, des matières grasses, etc. Pour opérer la séparation de ces substances, on procède à une double opération, qu'on appelle la *double carbonatation*.

Le jus qui arrive des râperies ne contient en général que de 1 à 2 pour 100 de lait de chaux. Arrivé à l'usine, il est envoyé dans les chaudières de carbonatation. Ce sont de grandes caisses en tôle montées sur un plancher (fig. 126); elles peuvent être chauffées par un serpentin S parcouru par de la vapeur et peuvent recevoir un courant de gaz carbonique amené au fond, par un tube *t* percé de trous. A son arrivée dans la chaudière, le jus est mélangé à du lait de chaux, de manière à atteindre la teneur de 5 volumes de lait de chaux pour 100 de jus sucré. On chauffe le liquide à l'aide du serpentin de vapeur, puis on fait arriver le courant de gaz carbonique, dont les bulles s'élèvent en bouillonnant dans la masse sucrée. Pendant cette opération, il se forme d'abondantes écumes formées par les matières étrangères, que la chaux précipite, et par le carbonate de chaux pulvérulent et insoluble, que le gaz carbonique forme avec la chaux ajoutée au liquide sucré. Pour éviter que les écumes ne se prennent en masse à la surface, un agitateur à palettes les remue constamment.

Lorsque le traitement a duré assez longtemps, ce dont l'ouvrier juge par un essai chimique très simple que nous ne décrirons pas, on vide la chaudière par une ouverture située à la partie la plus déclive du fond et on envoie la masse boueuse dans un appareil appelé

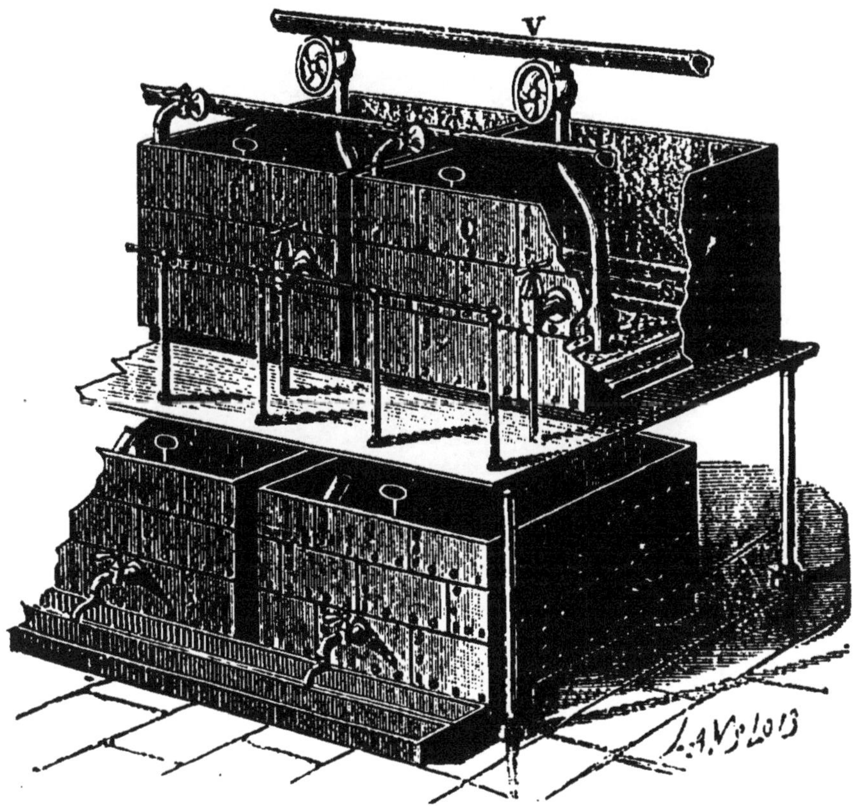

Fig. 126. — Cuve à carbonater.

monte-jus qui, par une pression d'air comprimé, l'envoie aux appareils de filtration.

Il faut en effet remarquer qu'en ce moment le liquide se compose d'une dissolution de sucre renfermant encore un peu de chaux et mélangé aux écumes produites par la carbonatation. Il faut le séparer de ces écumes; pour cela, on l'envoie aux *filtres-presses* que représente la figure 127 et qui se composent de grandes caisses, dans lesquelles sont suspendus verticalement des cadres métalliques, entourés de toiles et serrés l'un contre l'autre par une vis R, tout en laissant entre eux un intervalle vide. Le liquide sucré arrive par T dans le tube XY, tombe par les trous S (fig. 128) dans les

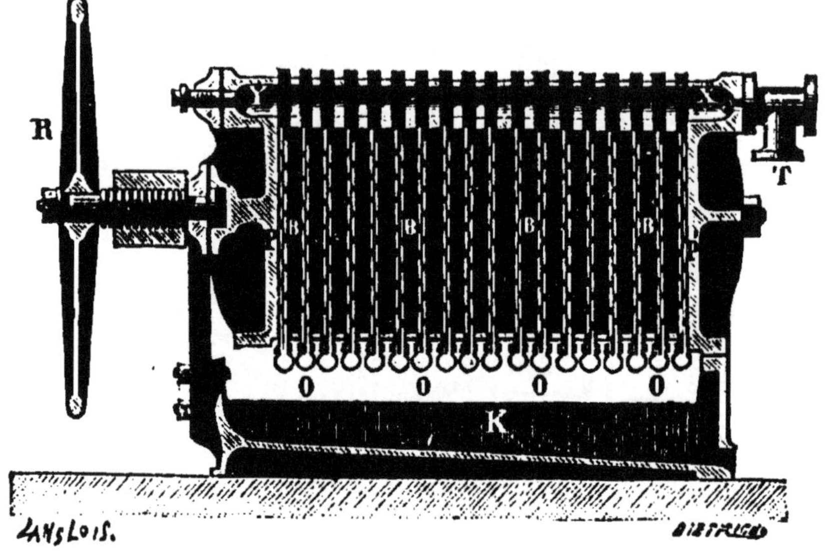

Fig. 127. — Filtre-presse.

intervalles B laissés entre les cadres, passe à travers les toiles et laisse les boues et écumes dans les intervalles; le liquide filtré s'écoule par le bas en O dans un réservoir K.

Les boues forment actuellement une espèce de galette solide, qui retient du jus sucré. On fait alors traverser le filtre par un courant d'eau pure qui dissout le sucre et produit un sirop destiné à rentrer dans la fabrication. Après lavage, les filtres sont démontés, les galettes extraites et vendues comme engrais.

Le jus sucré après filtration contient encore de la chaux et des matières étrangères solubles; on lui fait subir une nouvelle carbonatation, une nouvelle filtration à travers des cadres garnis de toile et suspendus dans des caisses fermées. Il est prêt pour l'évaporation, et ne constitue plus qu'une dissolution ou sirop de sucre, dont il s'agit d'extraire le sucre.

456. Évaporation. — Il faut d'abord évaporer le sirop et l'amener à un degré de concentration tel qu'il laisse cristalliser le sucre. Mais, comme le sucre pourrait s'altérer sous l'influence de la chaleur, il est important d'évaporer le sirop à une température aussi basse que possible; on a imaginé pour cela de faire le vide dans les chaudières d'évaporation : la diminution de pression permet au liquide de bouillir à une température plus basse.

Les fabricants de sucre se servent pour cela d'appareils de formes diverses, parmi lesquels nous citerons ceux de Cail et Cie comme donnant de très bons résultats.

Ils se composent de trois chaudières A, B, C dans lesquelles on fait le vide à l'aide de pompes à air et qui (fig. 129) présentent à leur partie inférieure des tubes verticaux destinés à recevoir le liquide sucré; autour de ces tubes circule de la vapeur qui les échauffe. Le sirop est amené d'abord dans la chaudière A; autour des tubes de cette chaudière circule la vapeur, qui a servi aux machines

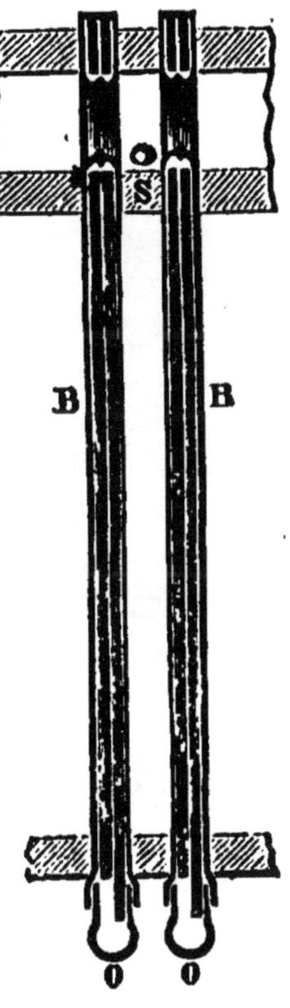

Fig. 128. — Élément d'un filtre-presse.

motrices de l'usine : le liquide sucré s'échauffe, entre en ébullition et la vapeur qu'il forme va circuler autour des tubes de la seconde chaudière, après avoir passé dans un appareil D, où elle laisse les gouttelettes de sirop entraînées mécaniquement. La vapeur produite dans la seconde chaudière par l'évaporation du sirop va réchauffer les tubes de la troisième; enfin celle que donnent les sirops de C est condensée dans un appareil E, où arrive de l'eau froide. On comprend que cette condensation augmente le vide de la chaudière C; aussi la pression va-t-elle en diminuant de A en C, et le point d'ébullition va-t-il aussi en s'abaissant. Les sirops évaporés dans la première chaudière passent dans la

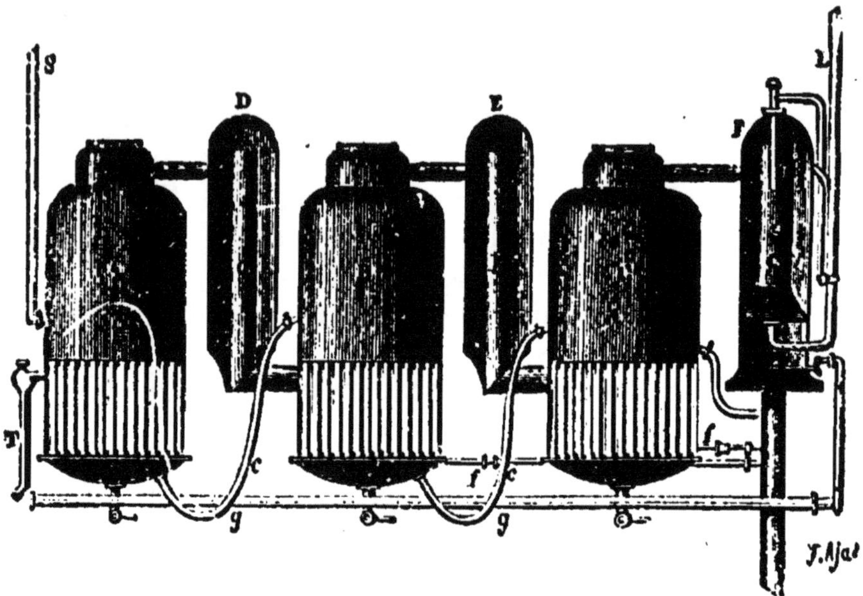

Fig. 129. — Appareil à triple effet pour l'évaporation des sirops.

seconde, et de celle-ci dans la troisième, où ils sont amenés au degré de concentration voulu.

On voit toute l'économie que réalisent de semblables appareils, puisqu'ils utilisent non seulement la vapeur des machines motrices, mais aussi celle que produit l'évaporation des sirops.

457. Cuite du sucre. — Lorsque le liquide sucré est arrivé à un degré de concentration suffisante, il est filtré de nouveau sur du noir et envoyé à l'appareil à cuire. Cet appareil se compose d'une grande chaudière (fig. 130) dans laquelle on peut faire le vide et qui est chauffée à l'aide d'un courant de vapeur circulant dans un serpentin. Lorsque le sirop est assez cuit, ce qu'on voit à travers une fenêtre vitrée que porte la chaudière, on laisse entrer l'air et on fait écouler la masse sucrée et pâteuse, qui est appelée *masse cuite*, dans de grandes cuves de refroidissement, où elle se solidifie. Le sucre se présente alors sous forme de petits grains ou cristaux d'un brun assez foncé. Cette couleur est due au mélange du sucre blanc avec des mélasses et des produits de qualité inférieure.

Pour opérer la séparation du sucre blanc, on se sert d'appareils appelés *toupies* ou *turbines*. Ils se composent d'une enveloppe cylindrique de fonte FF (fig. 131), dont le fond

Fig. 130. — Chaudière à cuire dans le vide.

porte un pivot sur lequel peut tourner, avec une très grande vitesse, une tige verticale qui entraîne avec elle dans sa rotation une espèce de panier B,B, dont les parois sont percées d'un grand nombre de trous.

On rend la liquidité à la masse cuite en y ajoutant un peu de sirop et on l'envoie dans le panier; on met l'appareil en mouvement : pendant la rotation, il se développe une force, dite *force centrifuge*, qui tend à porter aussi loin que possible de l'axe les matières que renferme le vase percé de trous; le sucre se trouve donc appliqué contre les parois, les grains solides ne peuvent passer à travers les trous, mais la partie liquide de la masse cuite passe dans l'intervalle situé entre le panier et l'enveloppe cylindrique et vient s'écouler au dehors par le tube *f*. Dans l'espace de huit à dix minutes, la matière brune est éliminée et le sucre se présente sous forme de petits grains blancs, qui constituent le *sucre blanc indigène*. On arrête la turbine; l'ouvrier à l'aide de manettes en cuivre y puise le sucre qui est immédiatement mis en sac. C'est du sucre de *premier jet*.

Fig. 131. — Turbine à sucre.

Quant à la partie liquide qui est sortie de la turbine, elle est cuite de nouveau dans le vide, envoyée dans de grands bassins en tôle placé dans des greniers chauffés à 30 degrés et appelés *emplis*. On l'y abandonne pendant un temps plus ou moins long; elle y cristallise. On la turbine de nouveau et on a des sucres de *second jet* moins blancs que les premiers. La partie liquide qui sort des turbines est traitée de la même manière, envoyée dans des emplis à 50 degrés. Le turbinage en extrait du sucre de *troisième jet*. Enfin la partie liquide est vendue sous le nom de *mélasses* aux distilleries qui en extraient de l'alcool après fermentation.

La chaux et le gaz carbonique, qui sont employés dans la fabrication du sucre, sont fabriqués dans l'usine même. On se sert pour cela de pierre calcaire ou carbonate de chaux que l'on chauffe à une température suffisamment élevée dans un four à chaux : le carbonate se décompose et le gaz carbonique, qui se dégage, est aspiré par des pompes chargées de le refouler dans des réservoirs, d'où il sera envoyé dans les chaudières à carbonater.

458. Extraction du sucre de canne. — Le sucre de canne s'extrait de la canne à sucre, dont la culture demande un climat chaud, comme celui de la Havane, des Indes, de l'Egypte. La tige est coupée près de la racine et on en extrait un jus sucré que l'on soumet à un traitement analogue à celui que nous venons de décrire.

RAFFINAGE DU SUCRE

459. Le sucre brut extrait des betteraves et le sucre brut de canne, qui nous arrive des colonies, contiennent encore un certain nombre de corps étrangers, qui existaient dans le suc de la plante elle-même, ou ont dû lui être ajoutés, comme la chaux, pendant la fabrication. Le raffinage a pour but d'éliminer toutes ces matières étrangères. Cette industrie se pratique dans des usines spéciales qu'on appelle *raffineries*. Elle est concentrée surtout à Paris dans un petit nombre d'établissements, parmi lesquels figurent en première ligne la raffinerie Say, la raffinerie Lébaudy, la raffinerie Sommier et la raffinerie Parisienne. En province, Marseille et Nantes sont les centres les plus importants du raffinage du sucre.

Les matières étrangères que l'on trouve dans le sucre brut sont habituellement de l'eau, des matières colorantes, des principes gommeux, des détritus de matières organiques et une partie des sels solubles minéraux (de potasse, de soude, etc.) que la plante avait empruntés au sol et qui sont restés dans le jus pendant toute la fabrication. Les sucres bruts de canne sont en général acides, ceux de betteraves alcalins par la présence d'une certaine quantité de chaux que la fabrication n'a pas séparée. Aussi les mélange-t-on souvent en raffinerie pour corriger l'acidité des uns par l'alcalinité des autres. Les opérations principales par lesquelles le raffineur se débarrasse des matières étrangères, sont le *turbinage*, la *clarification*, la *filtration*, la *cuite* et le *clairçage*.

1° *Turbinage, fonte et clarification*. — Si le sucre est suffisamment pur, on le dissout dans l'eau sans autre traitement préalable : sinon, on le passe à la turbine en y ajoutant une certaine quantité de sirop, qui pendant la rotation de l'appareil le blanchit. Cette opération est la même que celle que nous avons décrite précédemment.

Le sucre blanc ou blanchi par l'action des turbines est dissous dans l'eau chaude, que contient une chaudière chauffée à la vapeur. C'est ce qu'on appelle la *fonte ;* quand la dissolution est assez chaude, on ajoute du noir animal fin et du sang ; puis à l'aide d'un monte-jus on fait passer le liquide dans une chaudière à clarifier. Que se passe-t-il dans cette chaudière ? Pour nous en rendre compte, il faut remarquer que le sang contient de l'albumine, et que le noir animal, qui provient de la calcination des os en vase clos, est un mélange de charbon, de phosphate de chaux et de carbonate de chaux, mélange qui a la propriété d'absorber les matières colorantes du sirop et une partie des sels qu'il contient en dissolution. Dans la chaudière, l'albumine du sang se coagule et forme plus tard dans les filtres une espèce de réseau, qui emprisonne dans ses mailles le noir fin et l'entraîne à la surface, à mesure qu'il remplit son rôle décolorant et épurateur.

2° *Filtration ou décoloration*. — Quand le liquide est arrivé à 100 degrés environ, on vide la chaudière pour envoyer son contenu dans des filtres de natures diverses. Ce sont, soit des filtres Taylor, composés de sacs de toile suspendus dans des caisses, et alors la filtration s'opère de dedans en dehors, les écumes restant dans les sacs ; soit des filtres analogues à ceux qui sont employés dans les sucreries et composés de cadres métalliques entourés de toile : alors la filtration se fait de dehors en dedans et les écumes restent sur la surface extérieure des toiles.

A la sortie de ces filtres, le sirop, déjà très épuré, est envoyé sur des filtres à noir en grains destinés à parfaire la décoloration et l'épuration. Ce sont des colonnes de 10 à 12 mètres de hauteur et remplies de noir. Quand le 'filtre est monté à neuf, il reçoit d'abord un sirop très pur appelé *clairce*, qui servira plus tard. Puis il reçoit des sirops de plus en plus impurs et colorés. Le passage sur les filtres donne un sirop peu coloré et propre à être cuit.

3° *Cuite à cristallisation et réchauffage.* — Il reste à faire cristalliser le sirop. S'il était absolument pur, il suffirait de l'évaporer suffisammcht et de l'abandonner à un refroidissement lent : le sucre cristalliserait. Mais tel n'est pas le cas. La cristallisation par refroidissement donnerait des cristaux plus ou moins isolés, et l'on veut que le sucre se présente pour la consommation sous forme d'une masse dense et compacte. De plus les masses cuites ne sont jamais d'un blanc parfait et l'on doit y laisser une quantité d'eau suffisante pour retenir et entraîner, en s'écoulant, les matières étrangères. Aussi l'opération, qui va suivre, est-elle l'une des plus importantes de l'industrie du raffinage.

Le sirop sortant des colonnes à noir est envoyé dans des appareils à cuire dans le vide, semblables à ceux des sucreries. On y fait la cuite en grains et on nourrit le grain par des arrivées successives de nouveau sirop. Plus la dissolution sucrée est pure, moins le cuiseur lui laisse d'eau à la cuite, *plus la cuite est serrée.* Si la dissolution est moins pure, le cuiseur laisse plus d'eau et fait une cuite *plus légère.*

Quoi qu'il en soit, les masses cuites sont envoyées dans de grandes chaudières chauffées par un double fond à vapeur : on les y réchauffe pour qu'elles ne se refroidissent pas trop pendant la coulée en formes.

4° *Emplissage des formes et opalage.* — Après le réchauffage, la masse est versée dans des formes coniques en terre cuite ou plus souvent en tôle galvanisée. Les formes sont placées le sommet en bas et portent à ce sommet un petit trou, qui est bouché par un tampon de linge appelé *tape* ou *tapette.* Ces formes sont disposées dans de grands greniers chauffés à 35 degrés au moins et qui ont reçu le nom d'*empli*. Quelque temps après le remplissage, on voit se former à la surface du pain une croûte cristalline, qu'il est nécessaire de briser en brassant la masse avec un couteau de bois à deux reprises différentes, sans quoi la cristallisation serait irrégulière. C'est ce qu'on appelle *opaler* ou *mouver*.

5° *Égouttage et clairçage.* — Au bout de huit à dix heures, lorsque la cristallisation est faite, on porte les pains dans des greniers, où on les dispose sur un *lit de pains*, ou plancher percé de trous qui reçoivent les formes, dont on a débouché le trou inférieur en enlevant la tapette et en y passant une alène. Les sirops, qui imprègnent le pain, s'égouttent peu à peu et sont reçus dans une rigole métallique qui les ramène à la fabrication générale. Cet égouttage ne donne encore que des sucres plus ou moins colorés, parce que le sirop n'a pu s'écouler de lui-même. Il faut alors procéder à l'opération du *clairçage*, qui consiste à verser sur la base du pain des sirops de plus en plus purs; ces sirops en s'infiltrant de haut en bas dans le pain déplacent peu à peu le sirop coloré qui imprègne le sucre. On continue jusqu'à ce que le sirop qui s'écoule soit aussi pur que celui qui a été versé sur la base du pain.

6° *Égouttage forcé.* — Pour forcer les dernières traces de sirop à s'écouler, on place les formes sur des tubulures coniques, garnies de rondelles de caoutchouc, et disposées verticalement sur un tube horizontal mis en communication avec une pompe à air aspirante. Cette pompe fait le vide dans le tube : la pression atmosphérique appuie la forme sur la rondelle en caoutchouc, qui fait joint et d'autre part force les dernières traces de clairce à s'écouler. Cet appareil est appelé *sucette*.

7° *Plamotage et lochage.* — Quand les pains sont complètement égouttés, on nettoie leurs bases soit à la main avec un couteau, soit avec une machine spéciale, de manière à bien aplanir cette base. C'est l'opération du *plamotage*. Puis on *loche* les pains en frappant la forme sur un billot de bois, de manière à en détacher la masse sucrée, que l'on reçoit sur la main.

8° *Étuvage et habillage.* — Le sucre ainsi extrait des formes est encore humide et friable. Pour lui donner la consistance nécessaire, on le place pendant six à dix jours dans des étuves sur des cloisons horizontales. Ces étuves sont entretenues à une température de 50 à 55 degrés par un courant d'air chaud circulant de bas en haut.

A la sortie des étuves, les pains sont portés dans un magasin chauffé, où ils sont triés, puis mis en papier. C'est l'*habillage* des pains.

Les sirops provenant des différentes phases de la fabrication, turbinage, clairçage, sont classés d'après leur pureté. Les meilleurs sont recuits à nouveau comme dans les sucreries, puis mis à cristalliser dans les emplis. Ils sont ensuite turbinés : le sucre en grains, que produit ce turbinage, est redissous et rentre dans la fabrication. Les sirops moins purs sont vendus comme mélasses.

Ajoutons que le noir animal, qui a servi à la décoloration, est revivifié ; on le soumet à une fermentation, à des lavages à l'acide chlorhydrique étendu et à l'eau. Il est ensuite séché, puis calciné dans des appareils dont le système varie.

On fabrique aujourd'hui, pour les besoins de la casserie mécanique, d'assez grandes quantités de sucre en *tablettes*. Ces tablettes sont prismatiques et se prêtent mieux au sciage mécanique que le sucre en pains. La matière sucrée est coulée dans des moules prismatiques, que l'on soumet à l'essorage dans des turbines à force centrifuge pour débarrasser le sucre de l'excès de sirop.

CHAPITRE IX

Amidon. — Fécules. — Farines. — Panification.

460. Les principes neutres, qui constituent la masse principale des végétaux, peuvent être représentés par du carbone uni à l'hydrogène et à l'oxygène dans les proportions de l'eau; de là le nom d'*hydrates de carbone*, qui leur est souvent attribué. Tels sont la dextrine, l'amidon, le glycogène, ou dextrine animale, découvert par Claude Bernard dans le foie, l'inuline qui existe dans un grand nombre de synanthérées; la lichénine qui existe dans les lichens et les mousses; les gommes; les mucilages; la cellulose végétale; la cellulose animale ou tunicine.

Tous les hydrates de carbone sont amorphes et incristallisables; tous sont fixes, insolubles dans l'alcool et dans les liquides hydro-carbonés.

AMIDON. — FÉCULE

Symbole : $C^6H^{10}O^5$.

461. On rencontre en abondance dans les organes d'un grand nombre de végétaux une substance *neutre*, la *matière amylacée*. Elle existe plus particulièrement dans les graines des céréales (blé, orge, seigle); dans celles des légumineuses (fèves, haricots, pois, lentilles); dans les tubercules de la pomme de terre, de la patate, des ignames, dans les racines de la carotte, de la guimauve, etc.

La matière amylacée, que l'on retire du blé et des graines des légumineuses, s'appelle *amidon;* celle que l'on extrait de la pomme de terre et de diverses tubercules porte le nom de *fécule.*

La composition de la matière amylacée correspond à la formule $(C^6H^{10}O^5)$. Cette composition reste la même, quelle que soit la source d'où provienne cette substance. La différence de provenance ne s'accuse que dans la forme et dans les caractères physiques.

Tous les grains de matière amylacée examinés au microscope constituent de petites sphères, ou ovoïdes plus ou moins réguliers, qui présentent un petit point noir ou tache appelée *hile.* Les dimensions de ces grains varient avec leur provenance, mais ils sont toujours formés de couches concentriques solidifiées, représentant en quelque sorte des sacs emboîtés les uns dans les autres. On rend cette structure évidente en chauffant de la fécule jusqu'à 200°, en l'imbibant d'eau et en l'examinant au microscope. La figure 132 représente l'aspect que l'on observe.

La matière amylacée est blanche, insipide, insoluble dans l'eau froide. Lorsqu'on la chauffe jusqu'à 60°, au contact de l'eau, les grains crèvent et se prennent en une masse gélatineuse que l'on appelle *empois;* mais l'amidon ne se dissout pas, quelle que soit l'apparence de limpi-

Fig. 132. — Grain d'amidon.

dité que l'on donne à la liqueur en l'étendant d'eau. A l'ébullition, l'amidon mis en présence d'une grande quantité d'eau passe en partie à l'état d'amidon soluble.

On peut préparer l'amidon soluble en chauffant 400 grammes d'amidon avec 2 litres d'une solution sulfurique au cinquantième jusqu'à dissolution complète.

Les solutions de potasse ou de soude transforment aussi la fécule ou l'amidon en empois. Chauffé à 200°, l'amidon sec se transforme, sans changer de composition, en une substance gommeuse et soluble que l'on appelle *dextrine*. Cette substance ne bleuit pas au contact de l'iode, tandis que l'amidon prend une belle teinte bleue. Toutefois, la coloration n'a lieu qu'autant qu'il est humide ou à l'état d'empois. Les acides transforment aussi l'amidon en dextrine et, lorsque leur action se prolonge, la dextrine se transforme elle-même en *glucose*.

EXTRACTION DE L'AMIDON

462. 1° Par la fermentation. — On fait un mélange de blé concassé et de 3 à 4 fois son volume d'eau additionnée de 12 à 15 centièmes d'une eau dite *eau sûre*, et provenant d'une opération précédente. On abandonne le tout à la fermentation pendant un temps qui varie de quinze à trente jours suivant la saison. Pendant cette fermentation, la matière azotée du blé, le gluten, se dissout et se décompose; il se produit des acides lactique, acétique, carbonique, sulfhydrique, etc.; mais les grains d'amidon restent intacts. On reconnaît que la fermentation est complète, lorsque le grain s'écrase facilement sous les doigts et se sépare de son enveloppe corticale.

Il n'y a plus alors qu'à effectuer la séparation d'une manière complète. C'est ce qui se fait en jetant la matière amylacée sur des tamis qui peuvent contenir 20 à 30 litres; ils sont munis de toiles métalliques, dont la finesse varie, et d'une manivelle M (fig. 133), qui sert à faire tourner un axe sur lequel sont fixées des palettes horizontales S, S'. Ces palettes frottent directement sur la matière que porte la toile métallique, l'écrasent et séparent l'amidon du son. Cette séparation se fait au milieu de l'eau que

Fig. 133. — Extraction de l'amidon.

l'on a ajoutée, et ce liquide passant à travers la toile métallique entraîne les granules d'amidon, tandis que les matières étrangères, le son, restent sur le tamis.

Cette opération ne donne pas encore un produit d'une pureté suffisante. Aussi l'amidon est-il lavé plusieurs fois, égoutté d'abord sur la toile, puis sur une aire en plâtre. La dessiccation est achevée dans une étuve, où, par suite du retrait qu'occasionne la chaleur, l'amidon

Fig. 134. — Extraction de l'amidon.

se divise en aiguilles prismatiques assez régulières. Cette forme est une garantie de la pureté de l'amidon, car on ne peut l'obtenir avec la fécule.

Le procédé que nous venons de décrire est insalubre à cause des gaz qui se dégagent pendant la fermentation : il a de plus l'inconvénient de détruire le gluten du blé, mais il peut être employé pour les farines avariées, d'où il n'est plus possible d'extraire cette substance.

463. 2° Par le malaxage de la pâte de farine. — On fait une pâte avec 2 parties de farine et 1 partie d'eau; l'eau entraîne l'amidon, et le gluten reste. Ce pétrissage de la pâte, qui se fait à la main dans les laboratoires, lorsqu'on veut préparer de petites quantités d'amidon, s'exécute, dans l'industrie, avec une machine due à M. Martin (de Grenelle) et appelée *amidonnière*.

Cet appareil se compose de deux parties entièrement symétriques; chacune d'elles représente une caisse allongée B (fig. 134), dont le fond est hémi-cylindrique; une portion de la surface du demi-cylindre est formée par une toile métallique. Dans l'intérieur de chaque caisse est disposé un cylindre cannelé en bois C, qui peut rouler, sur le fond de l'appareil et sur la toile métallique, d'un mouvement alternatif demi-circulaire qu'il reçoit d'une manivelle M. Au-dessous des caisses sont des auges prismatiques. La pâte de farine est déposée par fractions sur le fond de l'amidonnière, où elle est malaxée par le cylindre C sous un filet d'eau continu qu'amène le tuyau T. L'eau entraîne les grains d'amidon à travers la toile métallique et se rend, par des tuyaux de décharge, dans le réservoir R. Le gluten de la farine reste sur la toile métallique. L'amidon ainsi préparé n'est pas suffisamment pur; il contient quelques parcelles de gluten entraînées à travers les toiles métalliques. On l'en débarrasse par une fermentation qui dure moins longtemps que dans le procédé précédent, et on le soumet ensuite aux opérations que nous avons décrites (lavage, égouttage, etc.).

Ce procédé a l'avantage d'être plus salubre que le précédent, puisqu'il évite la plus grande partie de la fermentation, d'isoler et de conserver intact le gluten, qui trouve aujourd'hui un débouché important dans la fabrication des pâtes alimentaires; mais il exige l'emploi de farines de bonne qualité et ne permet pas d'opérer avec des farines avariées, dont le gluten ne pourrait se réunir.

EXTRACTION DE LA FÉCULE

464. Jusqu'à la fin du siècle dernier, les céréales ont été employées exclusivement à la fabrication de la matière amylacée. Les premières tentatives faites pour trouver une substance capable de les remplacer remontent à 1710, mais c'est seulement vers les premières années de ce siècle que l'extraction de la fécule de pomme de terre

Fig. 135. — Extraction de la fécule.

est devenue l'objet d'une industrie sérieuse; depuis cette époque elle a pris une très grande importance. Nous allons décrire rapidement le procédé employé.

Les pommes de terre doivent d'abord être débarrassées de la terre et des pierres qu'elles peuvent contenir. Pour cela, on les met dans une trémie T (fig. 135), d'où elles passent dans un cylindre A à claire-voie, formé de lames en bois montées sur un châssis en fer et tournant avec une vitesse de 24 tours par minute. Ce cylindre plonge à moitié dans l'eau que renferme l'auge M; il est muni intérieurement d'une espèce de vis, appelée *colimaçon*, qui, tournant en sens inverse, fait frotter les pommes de terre les unes contre les autres et contre la claire-voie du cylindre; ce frottement les débarrasse de la terre. La vis les conduit ensuite, par l'intermédiaire d'un plan incliné, dans une caisse P, appelée *épierreur*, au fond de laquelle se meut une fourche formée de griffes très espacées. Cette fourche ramasse les tubercules et les jette sur le plan incliné L, tandis que les pierres les plus petites retombent entre les intervalles qui séparent les griffes. Du plan incliné L, les tubercules tombent dans la *râpe* on *cylindre dévorateur*, qui est enfermé dans la boîte R. Cette râpe se compose d'un cylindre armé, parallèlement à son axe de rotation, de petites lames de scie qui déchirent la pomme de terre.

La pulpe déchirée, ou *gâchis*, tombe dans un caniveau, d'où un jet d'eau S la chasse pour la pousser dans le réservoir commun F, où la pompe C la prend pour la porter au tamis.

L'opération du tamisage a pour but d'effectuer la séparation de la fécule et de la pellicule qui l'enveloppe.

Elle s'exécute sur des tamis en toile métallique TT' (fig. 136), qui peuvent tourner dans les auges en fonte M, M'. Un intervalle de quelques centimètres reste libre entre la toile métallique et le fond de l'auge. La pulpe arrive dans l'intérieur d'un premier tamis T, où elle se trouve soumise au mouvement de rotation du cylindre, à l'action d'un filet d'eau et à celle de brosses fines tournant en sens inverse du cylindre.

La séparation de la fécule et des pellicules s'opère : la fécule passe avec l'eau à travers la toile métallique; la pulpe, à peu près épuisée, se rend par un caniveau C dans un réservoir commun H, où elle sera reprise plus tard pour être passée de nouveau aux tamis et y abandonner les dernières parties de fécule qu'elle renferme. Quant à l'eau chargée de fécule, elle passe dans un second tamis T', dont la toile métallique est plus fine et peut retenir les parcelles de pulpe qui avaient échappé au premier tamis T. Quelquefois un troisième et un quatrième tamis sont disposés à la suite des deux premiers.

Fig. 136. — Fabrication de la fécule.

Au sortir des tamis, l'eau coule sur des plans inclinés P, P', placés l'un au-dessus de l'autre, suivant une étendue assez grande, et y dépose la fécule. Celle-ci est reprise à la pelle, et, pour la débarrasser des matières terreuses qu'elle contient encore, on la met dans de grands cuviers pleins d'eau, où elle forme dépôt; enfin on la soumet à des lavages. Elle est ensuite égouttée, séchée d'abord à l'air, puis dans une étuve à air chaud.

465. Usage des matières amylacées. — L'amidon du blé sert d'une manière presque exclusive à la confection de l'empois employé pour apprêter le linge blanchi.

La fécule sert au collage des papiers à la cuve, à la fabrication des sirops de fécule; la teinture et l'impression des tissus l'emploient pour certains apprêts et pour épaissir les couleurs. Elle sert à la préparation de la dextrine, qui est elle-même employée pour les apprêts des tissus, pour parer les fils de chaîne destinés au tissage des étoffes, pour la fabrication des étiquettes gommées et celle des bandes agglutinatives employées par la chirurgie à consolider la réduction des fractures.

PANIFICATION

466. Farines. — On appelle *farine* le produit de la mouture de diverses graines débarrassées des parties corticales par le tamisage. Ces parties corticales constituent le *son*, qui entraîne toujours avec lui une certaine quantité des éléments constitutifs de la farine.

La farine employée de préférence dans la fabrication du pain est la farine de froment. Les farines d'orge et de seigle sont moins estimées; mais on les mélange avec la farine de froment pour la fabrication du pain de qualité inférieure. Ce mélange prend le nom de *méteil*.

Les farines de céréales se composent d'amidon, d'une matière azotée, le gluten, de glucose, de dextrine et d'eau. Le gluten et l'amidon peuvent s'extraire facilement par le procédé suivant. On fait une pâte avec de l'eau et de la farine et on la malaxe à la main sous un filet d'eau continu; l'amidon se sépare du gluten, est entraîné par le courant d'eau et, au bout d'un certain temps, on n'a plus dans la main qu'une substance molle, élastique, qui est le gluten.

467. Fabrication du pain. — On appelle *pain* une pâte de farine de blé, pétrie avec soin, mise à fermenter pendant quelque temps et cuite au four. Le *levain* est un ferment qu'on ajoute à la pâte pour provoquer chez elle une fermentation, qui donne naissance à du gaz carbo-

nique et à de l'alcool. Le dégagement du gaz augmente
le volume de la pâte en y produisant de nombreuses
cellules, dont la capacité augmente encore par la
cuisson, détermine la dilatation des bulles de gaz et la
production de vapeurs. Le gonflement est d'autant plus
grand, et, par suite, le pain d'autant plus léger, que la
farine contient plus de gluten. Le pouvoir nutritif du
pain augmente d'ailleurs avec la quantité de gluten con-
tenue dans la farine.

Le levain employé peut être de la levûre de bière,
mais il ne faut pas le mettre en trop fortes proportions,
car cette substance donne au pain une saveur désagréable; elle a aussi l'inconvénient de s'altérer avec une
grande rapidité, et c'est seulement dans les lieux à
portée des brasseries qu'on peut s'en servir avec un
véritable avantage. La levûre de bière est souvent remplacée par un levain qu'on prépare en prélevant une
portion de la pâte à la fin de chaque opération. Abandonnée dans un endroit chaud, cette portion fermente et
devient elle-même un véritable ferment, capable de
provoquer la fermentation de la pâte dans laquelle on la
mettra.

468. Voyons maintenant comment on fait le pain. A
chaque opération, le boulanger verse dans ' pétrin,
espèce de coffre de bois de chêne, le leva   é d'un
précédent pétrissage, et ajoute la quanti   u u que
l'habitude lui fait juger nécessaire. Il divise le levain
avec les mains, puis introduit dans la masse liquide la
quantité de farine destinée à la fabrication de la pâte et
en fait un mélange homogène. Cette opération s'appelle
la *frase*. Elle est suivie de la *contre-frase*, qui consiste
à retourner la pâte de droite à gauche et de gauche à
droite, à la soulever et à la laisser retomber ensuite de
manière à y introduire de l'air. Ce travail de la pâte a
pour effet de faire un mélange très homogène, de bien
répartir l'eau dans la masse, de lui permettre d'hydrater
l'amidon, d'en faire crever les grains, d'hydrater le

gluten et de dissoudre le sucre et les autres matières solubles.

469. Depuis un certain nombre d'années, le pétrissage mécanique tend à se substituer au pétrissage à bras, sur lequel il présente des avantages incontestables, sous le rapport de l'hygiène, de la propreté et de la régularité du travail. Le pétrin de M. Boland est le seul que nous décrirons. Il se compose (fig. 137) d'un demi-cylindre CC

Fig. 137. — Pétrin Boland.

dans lequel se meut, sous l'influence de la vapeur ou de tout autre moteur, un système de lames de fer tournées en spirales D, D, et disposées de telle sorte que leurs différentes parties en tournant soulèvent, allongent, élèvent la pâte et la déplacent avec lenteur, ce qui est préférable à un mouvement rapide qui la déchire.

470. Lorsque le pétrissage est terminé, soit à bras, soit mécaniquement, on *tourne* la pâte, c'est-à-dire qu'on la divise en *pâtons*, qui sont pesés et placés dans des corbeilles garnies de toile saupoudrée de farine : ces corbeilles sont disposées en avant du four, pour que le pain y soit soumis à une température convenable. Dans ces circonstances la fermentation se produit : une partie de la dextrine que renferme la farine, est transformée en glucose sous l'influence du gluten, et ce glucose, se joignant à celui que contient déjà la pâte, subit, sous l'action du levain, la fermentation alcoolique qui le

transforme en alcool et en gaz carbonique. Les pâtons se gonflent sous l'influence des gaz et des vapeurs produites; c'est à ce moment de l'opération qu'il faut surveiller le phénomène et avoir assez d'expérience pour ne pas laisser faire trop de progrès à la fermentation qui, d'alcoolique qu'elle est d'abord, deviendrait acétique; or, l'acide acétique liquéfiant le gluten, la masse perdrait sa ténacité, les gaz s'échapperaient, et, la pâte s'affaissant, la panification serait manquée.

471. Lorsque les pâtons sont convenablement levés, il n'y a plus qu'à les cuire. Pour cela, ils sont introduits dans un four chauffé à l'avance et ils y restent environ trente-cinq à soixante minutes, suivant leur grosseur. L'enfournement s'opère avec une pelle à long manche, saupoudrée de petit son.

Les fours ont une forme elliptique; la sole est plane et la voûte très surbaissée est percée de plusieurs ouvertures, qui communiquent avec la cheminée principale. On les chauffe en y brûlant des fagots de bois sec. Lorsque la température intérieure est de 290° à 300°, on enlève la braise, on balaye la sole et on enfourne.

472. Depuis quelques années on emploie, surtout dans les grandes villes, des fours qui présentent de grands avantage. au point de vue de la propreté, de l'économie du combustible et de la régularité de la cuisson. Ces fours, appelés *aérothermes*, ont un foyer extérieur et ont la forme d'un moufle, autour duquel circulent la flamme et les produits de la combustion de la houille ou du coke. L'un des plus ingénieux est celui de M. Rolland. La sole est située au milieu du four et peut tourner sur un axe vertical, de manière à venir successivement présenter ses différentes parties devant la porte. Grâce à cette disposition, l'enfournement et le défournement sont très faciles.

473. Le pain bien cuit doit présenter les caractères suivants : être ferme, avoir une couleur d'un jaune doré, une odeur agréable et aromatique, et résonner quand on frappe le dessous avec les doigts.

474. Ajoutons enfin que M. Mège-Mouriès est parvenu à obtenir du pain blanc et de bon goût avec la farine contenant encore du son, et à supprimer par conséquent le pain bis. Nous ne décrirons pas le procédé de M. Mège-Mouriès; nous dirons seulement qu'il repose sur ce fait que la coloration du pain bis est due, non à la présence de son très fin, comme on le croyait généralement, mais à l'action sur les farines d'une substance, appelée *céréaline*, qui n'existe que sur la partie corticale du blé. M. Mège-Mouriès arrive, par quelques modifications apportées dans la mouture et dans la fabrication du pain, à annihiler ce principe colorant.

CHAPITRE X

Cellulose. — Papier.

CELLULOSE

Symbole : $C^{24}H^{40}O^{20}$.

475. Les tissus des végétaux sont constitués en grande partie par des principes isomériques et insolubles correspondant à des multiples de $C^6H^{10}O^5$. Ces divers principes jouissent de propriétés analogues, mais ne sont pas identiques. Traités à plusieurs reprises par les alcalis et les acides, ils sont ramenés à l'état d'une substance blanche, qu'on appelle *cellulose* et dont la formule est $C^{24}H^{40}O^{20}$, c'est-à-dire $(C^6H^{10}O^5)^n$, dans laquelle $n = 4$.

Les jeunes cellules végétales, la moelle de sureau, le vieux linge et le papier non collé sont constitués par la cellulose presque pure.

476. Propriétés. — La cellulose est solide, blanche, translucide, insoluble dans l'eau, l'alcool, l'éther, les acides et alcalis étendus. Sa densité est 1,45. Un seul liquide la dissout, c'est le réactif de Schweizer ou solution ammoniacale d'oxyde de cuivre. Elle est précipitée de cette solution par l'eau et les acides étendus. La chaleur la décompose au-dessus de 100°.

Mise en contact pendant *peu de temps* avec l'acide sulfurique, qu'on enlève bientôt par des lavages, elle acquiert des propriétés analogues à celle de l'amidon : elle gonfle dans l'eau et bleuit en présence de l'iode.

Le papier trempé dans l'acide sulfurique étendu de la moitié d'eau, puis lavé, acquiert des propriétés nouvelles de cohérence, devient à demi translucide et constitue le parchemin végétal.

L'action prolongée des acides étendus transforme la cellulose en dextrine et en glucose.

L'action de l'acide nitrique concentré la transforme en acide oxalique.

Plongée dans un mélange d'acide azotique et d'acide sulfurique, elle peut se transformer en trois substances différentes, parmi lesquelles se trouve le *coton-poudre*, ou *pyroxyline*, substance explosible $(C^{24}H^{20}O^{10})$ $(AzO^3H)^{10}$. Pour préparer le coton-poudre, on plonge du coton cardé et bien lessivé dans un mélange formé de 5 volumes d'acide sulfurique concentré et de 3 volumes d'acide azotique fumant; après une immersion de cinq minutes, on le lave à grande eau et on le fait sécher à une douce chaleur. On obtient ainsi une substance qui, conservant l'aspect du coton, est rugueuse au toucher, et a la propriété de s'enflammer à 170 degrés. Le coton-poudre brûle en se transformant complètement en gaz. La facilité avec laquelle il s'enflamme et ses facultés explosives l'ont fait considérer comme pouvant remplacer la poudre; mais on y a renoncé, à cause de son prix élevé et de ses effets brisants sur les armes, qu'il fatigue beaucoup plus que la poudre ordinaire.

Le coton-poudre est soluble dans un mélange d'éther et d'alcool; il forme alors un liquide sirupeux que l'on appelle *collodion*. Ce liquide, étendu en couche mince sur un corps solide, y forme, par l'évaporation de l'éther et de l'alcool, une pellicule imperméable très adhérente. Il est employé en chirurgie pour préserver les plaies du contact de l'air; on s'en sert aussi en photographie.

477. Usages. — La cellulose sert à fabriquer les cordes, les fils, les tissus de lin, de chanvre, de coton, les papiers ordinaires, le parchemin végétal.

478. Celluloïd. — On désigne sous le nom de *cellu-*

loïd un produit fort curieux, qui est aujourd'hui l'objet de nombreuses applications et qui est un mélange de pyroxyline, de camphre et d'alcool,

On fabrique la pyroxyline en traitant du papier ou du coton par un mélange d'acide azotique (4 parties) et d'acide sulfurique (5 parties). Le produit obtenu est lavé et blanchi par l'action soit de chlorures décolorants, soit de permanganate de potasse.

On broie ensuite la pyroxyline dans un moulin à meules métalliques, où elle est mélangée au camphre. Puis on soumet plusieurs fois la matière à l'action de presses, on réduit en morceaux que l'on fait macérer dans l'alcool ou dans un mélange d'alcool et d'un carbure d'hydrogène liquide, appelé *toluène*. C'est dans ce mélange qu'on ajoute les matières colorantes, lorsque le celluloïd doit être coloré. Puis on lamine le mélange et on obtient des plaques qui servent à la confection d'un grand nombre d'objets. Le celluloïd se travaille comme le bois, l'ivoire, l'os et l'écaille (manches de couteaux, peignes, bijoux imitant le corail, etc.); en ajoutant de l'huile de ricin à la pâte, on obtient du celluloïd souple qui sert à la confection d'objets de lingerie, faux-cols, manchettes, plastrons, etc. Ces objets sont connus sous le nom de *linge américain*.

Le celluloïd se ramollit de 80° à 90° et peut être moulé. Il est très inflammable.

479. Principes ligneux. — On désigne sous le nom de *principes ligneux* les principes constitutifs des cellules et des fibres végétales. Ils n'offrent pas en général les propriétés complètes de la cellulose : ils sont insolubles dans le réactif de Schweizer. Ils ne deviennent solubles dans ce réactif qu'après avoir bouilli longtemps dans l'eau et les acides étendus. Ce sont probablement des corps plus condensés que la cellulose, transformables en cellulose par l'action de l'eau et des acides étendus bouillants.

480. Matières incrustantes des bois. — Les

tissus végétaux ne sont pas seulement constitués par les principes ligneux. On rencontre en outre, dans les cellules du bois, des matières incrustantes plus riches en carbone, plus pauvres en hydrogène et qu'on a souvent désignées sous le nom de *ligneux*.

Le bois contient une certaine quantité d'azote et de sels minéraux qui forment, après la combustion, les cendres du bois. Ces cendres sont composées de carbonate, de sulfate et de phosphate de potasse et de soude, de carbonate et de phosphate de chaux, de silice et d'oxyde de fer. Le bois chauffé en présence de l'air commence à s'altérer vers 150°. Sa décomposition devient plus profonde à mesure que la température s'élève ; les produits gazeux s'enflamment, brûlent, et il ne reste bientôt plus que de la cendre.

Le bois est plus dense que l'eau ; s'il flotte à la surface de ce liquide, c'est à cause de l'air qu'il contient dans ses pores.

481. Causes d'altération et conservation des bois. — Lorsque le bois est exposé aux influences atmosphériques, il éprouve, à la longue, une espèce de combustion lente, qui a pour effet de le transformer en une matière brune, qu'on appelle *terreau* ou *humus*. Cette matière, qui est plus riche en carbone que le bois, est susceptible de céder aux alcalis une substance soluble, brune, qu'on appelle *acide ulmique*.

Le bois est encore exposé à une autre cause d'altération : c'est l'action destructive qu'exercent sur lui certains insectes ou certains mollusques, qui, trouvant leur nourriture dans la matière azotée du bois, le perforent, détruisent sa solidité et finissent même par le faire tomber en poussière.

La peinture, dont on recouvre les boiseries, les préserve de ces causes d'altération ; mais ce moyen ne peut être employé dans tous les cas, et, du reste, il est moins efficace que ceux qui consistent à faire pénétrer dans le tissu ligneux des agents très divers, tels que le goudron, la créosote, les dissolutions de sulfate de cuivre et de sulfate de zinc, etc. Les propriétés antiseptiques du goudron et de la créosote, quoique connues depuis long-temps, ne sont pas bien expliquées. Le sulfate de cuivre et le sulfate de zinc ont un mode d'action plus connu; ils décomposent les principes azotés des tissus organiques et les transforment en produits imputrescibles; ils empê-chent en outre les insectes d'attaquer le bois.

Les moyens employés pour faire pénétrer la substance conservatrice sont assez différents les uns des autres. Nous ne les décrirons pas. Ils consistent à faire pénétrer les matières liquides employées, soit par immersion, soit par pression, soit en utilisant la force d'aspiration de la sève quand l'arbre est encore sur pied.

PAPIER

482. Le papier peut être considéré comme formé par l'entrecroisement des fibres végétales formées par de la cellulose presque pure. Les chiffons ou les substances filamenteuses végétales mises hors d'usage, sont les matières premières avec lesquelles on fabrique le papier.

Les deux principales phases de la fabrication du papier sont la préparation de la pâte et la conversion de celle-ci en papier.

La pâte de chiffons (nous comprenons sous ce nom seulement celle qui provient des chiffons proprement dits, neufs ou vieux, des déchets de filature, des filets hors de service, des vieux cordages, etc.) se prépare de la manière suivante :

La première opération consiste dans le *triage*, qui est souvent fait par le marchand de chiffons lui-même; puis vient le *délissage*, opération qui consiste à séparer les coutures et les parties les plus dures à attaquer de celles qui s'attaquent plus facilement. Le délissage se fait à la main par un ouvrier qui, assis devant un long couteau vertical, prend les chiffons un à un, et en sépare, à l'aide de ce couteau, les parties difficiles à attaquer par les agents chimiques.

Les chiffons délissés et assortis sont soumis aux opérations du *lessivage*, de l'*effilochage* et du *blanchiment*.

Le lessivage se fait en soumettant les chiffons à l'action d'une lessive de soude ou de chaux chauffée à la vapeur dans des appareils rotatifs, qui sont soit de grands cylindres en tôle rivée tournant autour de leur axe, soit de grandes sphères en tôle rivée tournant autour d'un de leurs diamètres.

Après le lessivage vient le *défilage* ou *effilochage*, qui a pour effet de réduire les chiffons en fibrilles et d'en faire une pâte homogène. Cette opération se faisait autrefois dans des mortiers où le chiffon était battu par des pilons, mais on l'exécute aujourd'hui à l'aide de machines inventées au xviiie siècle par les Hollandais, et que l'on nomme *piles* ou *cylindres*. Elles se composent essentiellement d'un grand bac, dans lequel se meut avec une vitesse de 180 tours par minute un cylindre horizontal, armé de lames métalliques; ces lames rencontrent, dans leur rotation, des lames fixes, implantées sur une pièce appelée *platine* et située au fond du bac. Les chiffons jetés dans l'appareil sont entraînés par le cylindre et déchirés entre ses lames et celles de la platine. La matière, lavée par un courant d'eau, est déposée par lui sur un plan incliné à l'état de pâte homogène. Il est certain que la ténuité des fragments sera d'autant plus grande que l'intervalle du cylindre et de la platine sera plus petit; on fait varier la grandeur de cet intervalle en agissant sur une manivelle qui permet d'élever et d'abaisser l'axe de rotation du cylindre. Au bout de deux heures environ, l'opération est achevée et la pâte ou *défilé* est soumise au blanchiment.

Autrefois, ce blanchiment s'exécutait à l'air sur le pré : aujourd'hui on se sert du chlorure de chaux que l'on dissout dans l'eau. La dissolution est versée dans des appareils dont la disposition rappelle celle des piles défileuses; le cylindre à lames est remplacé par une roue à palettes, qui remue la pâte que l'on a versée dans le liquide. Un courant de gaz carbonique lancé dans l'appareil décompose le chlorure et donne lieu au dégagement des composés chlorés qui détruisent la matière colorante. Dans certains cas, l'appareil que nous venons de décrire est remplacé par des chambres où sont disposées des tablettes, sur lesquelles est placé le défilé et où l'on fait circuler un courant de chlore gazeux.

On a aussi employé un procédé de blanchiment électrochimique, qui consiste à soumettre à l'action des courants électriques une dissolution de chlorure de magnésium. Le chlorure se décompose en donnant lieu à des produits chlorés, qui blanchissent la matière mêlée à la dissolution et, par suite de réactions secondaires, régénèrent le chlorure. Ce procédé est dû à M. Hermite.

La pâte une fois blanchie, il faut la transformer en papier. Cette transformation se fait *soit à la main*, par un procédé dit *à la forme* et que nous ne décrirons pas parce qu'il est très peu employé aujourd'hui, soit *à la machine*.

C'est à Essonne que Robert eut, en 1799, la première idée de la magnifique machine dont nous allons décrire le principe; mais c'est en Angleterre qu'elle fut construite au commencement de ce siècle. Cette machine est parvenue aujourd'hui à une telle perfection, que la pâte arrive en bouillie à l'une des extrémités et sort, à l'autre extrémité, à l'état de feuille séchée et rognée à la grandeur voulue.

La pâte tombe en bouillie sur une toile métallique sans fin, qui l'entraîne avec elle et qui est animée, dans le sens transversal, d'un mouvement de va-et-vient destiné à la répartir uniformément et à la faire égoutter. Sur cette toile la feuille prend déjà une certaine consistance; en la quittant, elle passe d'abord entre deux cylindres garnis de feutre, qui lui enlèvent une grande partie de son eau, puis sur une série de cylindres chauds et polis, qui achèvent de la dessécher et font disparaître les iné-galités de la surface. Le papier sort fabriqué de la machine, deux minutes après que la pâte a été versée sur la toile métallique, et forme un immense rouleau que l'on découpe en feuilles.

483. On fabrique aujourd'hui des quantités considéra-bles de papier avec de la pâte de bois. On transforme pour cela le bois en pâte que l'on obtient soit par des procédés mécaniques, soit par des procédés chimiques, que nous ne décrirons pas.

CHAPITRE XI

Notions sur les principales matières albuminoïdes. Principales matières alimentaires.

ALBUMINE ET MATIÈRES CONGÉNÈRES (CASÉINE, FIBRINE, GLUTEN)

484. On désigne sous le nom de *matières albuminoïdes* des principes azotés qui constituent la masse principale de nos tissus. Ce sont des composés très complexes, fixes, incristallisables, fort altérables par les réactifs; les uns sont insolubles, les autres solubles; mais ceux-ci deviennent insolubles par l'action de la chaleur et des acides qui en déterminent la coagulation. Telles sont l'albumine, la fibrine, la caséine, l'osséine, la chondrine, la glutine, la syntonine (produit de la transformation du blanc d'œuf cuit, sous l'influence des acides). Ce sont, comme les corps gras, des mélanges de principes immédiats fort voisins. Les travaux de M. Schutzenberger ont montré qu'ils constituent une espèce d'amidon.

485. Albumine. — L'albumine est un corps visqueux, filant, qui mousse par l'agitation et se dissout dans l'eau froide. Les acides la coagulent à froid; les sels métalliques forment avec elle des combinaisons insolubles, où elle joue le rôle d'un acide. L'albumine se coagule, lorsqu'on l'expose à l'action de la chaleur; une température de 60° à 75° suffit pour la transformer en une masse solide, blanche, opaque et insoluble dans l'eau.

La propriété qu'a l'albumine de se coaguler est utilisée pour la clarification des liqueurs troublées par des matières en suspension, telles que les dissolutions sucrées. Si l'on verse dans ces liquides bouillants une certaine quantité d'albumine, celle-ci se coagule et forme une espèce de réseau, qui emprisonne entre ses mailles les matières en suspension et les entraîne à la surface sous forme d'écume.

L'albumine sert aussi à froid au collage des vins, à la clarification des vinaigres et des liqueurs de table : la coagulation s'opère alors sous l'influence de l'alcool ou des acides que renferment ces liquides.

486. Fibrine. — La fibrine, isomère de l'albumine, est un corps solide, blanc, inodore et insipide; molle et élastique à l'état ordinaire, elle devient dure et cassante par la dessiccation. Elle est insoluble dans l'eau et dans l'alcool, soluble à l'aide d'une douce chaleur dans les solutions faiblement alcalines. Une température de 200° la décompose : elle donne lieu par sa décomposition à beaucoup de carbonate d'ammoniaque. Elle existe dans le sang et dans la chair des animaux. On peut isoler la fibrine du sang en battant avec un petit balai le sang encore chaud; la fibrine s'attache aux branches sous forme de filaments blanchâtres, qu'on purifie par des lavages à l'eau, à l'alcool et à l'éther.

La fibre musculaire et la fibrine du sang ont été pendant longtemps considérées comme deux corps identiques; mais, grâce aux travaux de Liebig, on les distingue maintenant l'une de l'autre, et l'on désigne la fibrine des muscles sous le nom de *musculine*. La musculine se dissout immédiatement dans l'eau contenant 1/10 d'acide chlorhydrique, tandis que la fibrine du sang s'y gonfle et y devient gélatineuse sans se dissoudre. Ces deux substances jouissent d'un pouvoir nutritif différent : celui de la musculine est plus considérable que celui de la fibrine du sang.

487. Caséine. — La caséine se précipite en grumeaux blancs, floconneux, lorsqu'on traite le lait par un acide. L'acide lactique, qui se produit par la fermentation du lait, produit la coagulation de la caséine. Ces grumeaux lavés à l'eau, à l'alcool et à l'éther fournissent la *caséine pure*. Elle paraît avoir la même composition que l'albumine. Si les acides la coagulent, les alcalis la dissolvent : de là l'emploi du bicarbonate de soude pour empêcher le lait de *tourner;* il sature l'acide à mesure qu'il se produit. La caséine constitue la partie la plus nutritive du lait.

488. Gluten. — Le gluten est une matière albuminoïde, qui se trouve dans la farine et communique au pain sa valeur nutritive au point de vue de l'azote. Nous en avons parlé à propos de la panification.

489. Gélatine. — La gélatine est une matière azotée qui se trouve dans les os.

Lorsqu'on attaque les os par l'acide chlorhydrique, la partie minérale, composée principalement de phosphate et de carbonate de chaux, se dissout, et, quand au bout de dix jours l'action de l'acide est terminée, il reste une masse molle et élastique, l'*osséine*, que l'action de l'eau bouillante peut transformer en *gélatine*. C'est ainsi qu'on fabrique la colle d'os.

La gélatine est une matière tout à fait neutre, soluble, incolore et transparente, sans odeur ni saveur, cassante quand elle est sèche, mais flexible et très tenace quand elle est un peu humide. Dans l'eau froide, elle se gonfle, augmente de poids, et ne se dissout pas sensiblement; l'eau bouillante ne la dissout que lorsqu'on l'a préalablement fait gonfler dans l'eau froide. La solution dans l'eau bouillante se prend, par le refroidissement, en une gelée transparente.

490. Colles. — Les différentes colles, dont se sert l'industrie, ne sont pas toujours faites avec les os. La peau, les tendons, les cartilages des animaux peuvent aussi fournir, par l'action de l'eau, des colles de diverses espèces. La *colle de poisson* n'est autre chose que la membrane interne de la vessie natatoire de plusieurs espèces d'esturgeons très communs dans la Volga et autres fleuves qui se jettent dans la mer Noire et dans la mer Caspienne.

La *colle de Flandre* est une espèce de gélatine obtenue en faisant bouillir des rognures de peau, de parchemin, des peaux d'anguilles, de chevaux, de chats, de lapins, etc.

La *colle forte* est préparée avec des matières plus communes, telles que les os, les peaux, les tendons, les pieds de bœufs, les oreilles de moutons, de veaux, de chevaux, les débris de bourreliers, etc.

491. Colle forte liquide. — On prépare une colle forte qui reste toujours liquide en dissolvant, au bain-marie, de la gélatine transparente dans un poids égal de vinaigre très fort, un quart d'alcool et une petite quantité d'alun. Cette colle rend de grands services aux fabricants de fausses perles, qui réunissent avec elle des fragments d'os, de corne, d'écaille, de nacre.

M. Dumoulin a fait connaître le procédé suivant pour rendre incorruptible la dissolution de colle forte. On dissout au bain-marie dans un litre d'eau 1 kilogramme de colle forte, dite de Givet ou mieux de Cologne. On verse peu à peu dans la dissolution 200 grammes d'acide azotique à 36°, puis on laisse refroidir. Cette colle liquide se conserve indéfiniment.

PRINCIPALES MATIÈRES ALIMENTAIRES.

492. Œufs. — Les œufs des oiseaux sont souvent employés comme aliments pour l'homme. En Europe, c'est l'œuf de la poule qui est en usage, à l'exclusion de presque tous les autres. Il se compose de quatre parties distinctes :

1° D'une coquille formée principalement de carbonate de chaux, qui se trouve uni par une matière animale à du phosphate de chaux, à du carbonate de magnésie et à de l'oxyde de fer; 2° d'une membrane collée à la surface intérieure de la coquille; 3° du *blanc*, qui est formé par des cellules à parois lâches et transparentes, pleines d'un liquide glaireux; ce liquide se compose principalement d'eau et d'albumine; 4° du *jaune*, matière de consistance épaisse, renfermant de l'eau, une substance azotée appelée *vitelline*, des corps gras et des matières colorantes rouges et jaunes. Le blanc et le jaune renferment aussi une petite quantité de sels minéraux.

493. Lait. — Le *lait* est un liquide sécrété par les glandes mammaires des femelles des animaux connus sous le nom de *mammifères*. Il sert à la nourriture de leurs petits et constitue un aliment précieux et *complet*, c'est-à-dire contenant tous les principes nécessaires à la nutrition.

Le lait de vache est celui que nous étudierons ; c'est celui qui est généralement employé dans l'alimentation.

Le lait est un liquide opaque, blanc, tirant sur le jaune ; sa saveur est douce et légèrement sucrée. Sa densité est plus grande que celle de l'eau. Abandonné à lui-même, le lait se sépare en deux couches distinctes : la couche supérieure, qu'on appelle *crème*, est jaunâtre, onctueuse et épaisse ; elle est constituée par de petits globules, qui sont ordinairement en suspension dans le lait et qui renferment une matière grasse ; la couche inférieure est bleuâtre, plus dense et moins consistante : c'est ce qu'on appelle le lait *écrémé*.

Le lait écrémé contient en dissolution de la *caséine*, du sucre de lait et divers sels minéraux. Lorsqu'on chauffe le lait écrémé à une température de 40° à 50°, et qu'on y ajoute de la présure, c'est-à-dire de la membrane interne de l'estomac du veau, la caséine se sépare sous forme d'un coagulum blanc, opaque et solide, et le liquide restant, qu'on appelle *sérum* ou *petit-lait*, est transparent et jaune. La coagulation de la caséine peut aussi être déterminée par les acides.

Le sucre de lait, que contient le sérum, peut se transformer en *acide lactique* sous l'influence d'un ferment que M. Pasteur a découvert et qu'il nomme *levure lactique*.

Il arrive quelquefois que pendant les chaleurs de l'été, ou par un temps orageux, le lait *tourne* en bouillant, c'est-à-dire que la caséine se coagule et se sépare du petit-lait. Cet inconvénient est dû à la formation de l'acide lactique, qui détermine la coagulation de la caséine. Il peut être évité par l'addition d'un peu de bicarbonate de soude. Ce sel sature l'acide au fur et à mesure qu'il se forme et s'oppose à son action sur la caséine.

494. Beurre. — Le beurre est constitué par la matière grasse que renferment les globules du lait. Par le battage de la crème, on déchire la membrane qui forme l'enveloppe des globules, et la matière grasse se réunit en une masse qui constitue le beurre. Le battage de la crème se fait à l'aide d'instruments appelés *barattes*. Il y en a plusieurs sortes.

La baratte ordinaire (fig. 138), qu'on nomme aussi *beurrière*, *baratte à pomme*, *serène*, est un vase en bois

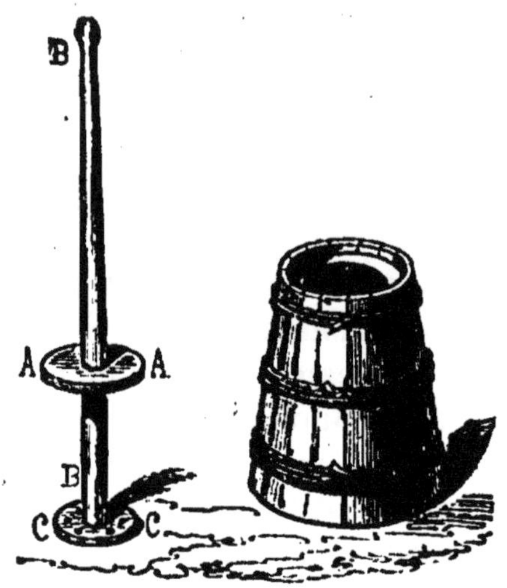

Fig. 138. — Baratte.

que l'on peut fermer avec une rondelle plate AA, percée d'un trou assez grand pour permettre à un bâton BB d'y glisser avec facilité. Ce bâton, qu'on appelle *batte-beurre*, *baraton* ou *piston*, porte à sa partie inférieure un disque de bois percé de trous destinés à diviser la crème et à donner passage au lait de beurre. La crème

Fig. 139. — Baratte normande.

est introduite dans la baratte, et, par un mouvement alternatif communiqué au baraton, elle est battue jusqu'à formation du beurre.

En Normandie, la baratte employée n'est autre chose qu'un tonneau (fig. 139) qui peut tourner autour d'un axe horizontal, et porte à l'intérieur, de distance en distance, des planchettes telles que B, B, attachées à des douves opposées du baril. La crème est introduite dans la baratte, et, dans le mouvement de rotation imprimé à celle-ci, la crème se trouve battue contre les planchettes. Le *petit-lait baratté* ou *babeurre* sort par l'ouverture *c* et le beurre est retiré par l'ouverture *c*.

Dans les Pyrénées, la baratte est un baril cylindrique (fig. 140), dans l'axe duquel on fait tourner un moulinet à ailes.

Lorsque le beurre est fait, on enlève le lait et on lave le beurre à plusieurs reprises dans la baratte elle-même avec de l'eau très fraîche ; après ce premier lavage,

Fig. 140. — Baratte des Pyrénées.

le beurre est extrait et plongé dans l'eau froide, où on le pétrit en masses plus ou moins grosses.

Le beurre se conserve d'autant mieux qu'il contient moins de lait de beurre, car ce liquide favorise le développement des ferments.

495. Fromages. — On désigne sous le nom de *fromage* la partie caséeuse du lait mêlée à la partie butyreuse, le tout réduit à l'état de coagulum.

La fabrication du fromage peut se résumer en quelques mots. Le lait, tantôt pur, tantôt additionné de crème, est porté à 30° environ, et on y ajoute de la présure. La coagulation est complète au bout de deux heures. Le caillé est divisé en fragments pour le séparer du petit-lait ; il se rassemble au fond du vase, et on le ramasse dans une étamine. Lorsqu'il est égoutté, on le soumet à la presse. Quelquefois on échaude le fromage ainsi formé en le mettant pendant deux heures dans du petit-lait chaud ou dans de l'eau chaude; il est ensuite remis sous la presse. L'action de la chaleur a pour effet de donner plus de densité à la croûte. On procède ensuite à la salaison en plongeant le fromage entouré de linge dans une forte saumure, ou bien encore en le frottant et en le recouvrant de sel. Quand la salaison est terminée, ce qui arrive au bout de dix jours environ, on lave la surface des fromages à l'eau chaude ou avec du petit-lait chaud, et on les place sur une planche où on les laisse sécher. Quand ils sont secs, on les porte à la cave, où ils restent plus ou moins longtemps, pour y subir une espèce de fermentation, dont dépend le goût propre à chacun d'eux.

En employant du lait de différentes espèces, en ajoutant certains aromates ou certaines matières colorantes, et en faisant varier les conditions de la fermentation, on obtient une quarantaine de variétés de fromages, que l'on peut diviser en quatre catégories :

1° Les fromages *cuits*, de pâte plus ou moins dure et pressée, tels que le fromage de Gruyère qui se fait en Suisse, dans les Vosges, l'Ain et le Jura; le fromage de Parmesan, qui se fabrique dans le Milanais ;

2° Les fromages *crus* à la pâte ferme, tels que les fromages d'Auvergne; le chester, qui est coloré avec du rocou; le fromage de Hollande; le fromage de Roquefort, qui est fait avec un mélange de lait de chèvre et de lait de brebis;

3° Les fromages *mous salés*, tels que les fromages de Brie, de Maroilles ou Marolles, le fromage du Mont-Dore qui est fait avec du lait de chèvre ;

4° Les fromages *mous et frais*, tels que le fromage de Neufchâtel.

496. Sang. — Le sang est un liquide nourricier qui circule dans les vaisseaux des animaux et sert à leur nutrition. Il est rouge chez les animaux supérieurs.

Le sang est composé d'une partie aqueuse et transparente contenant en dissolution deux principes importants, l'albumine et la fibrine, et des globules infiniment petits que la figure 141 représente vus au microscope.

En A sont des globules de sang humain grossis quatre cent fois en diamètre; en A' sont des globules du sang des oiseaux, des reptiles et des batraciens.

Les globules colorés du sang sont formés d'une partie incolore, de l'*hémoglobine* rouge et de l'*hématocristalline*. Cette dernière matière se présente sous des formes qui varient suivant les espèces d'animaux. L'hémoglobine se combine avec l'oxygène et forme avec lui l'*oxyhémo-globine* : c'est ce qui arrive dans le sang. L'oyde de car-bone peut se combiner à l'hémo-globine; de là vient l'action toxique de ce gaz.

Lorsque le sang est sorti des vaisseaux et qu'il est aban-donné à lui-même, il se coa-gule assez rapidement, parce que la fibrine passe de l'état soluble à l'état insoluble, et se précipite en emprisonnant les globules, avec lesquels elle

Fig. 141. — Globules du sang.

forme une masse gélatineuse appelée *caillot*. Le liquide au milieu duquel flotte ce caillot, est transparent et légèrement alcalin; on le nomme *sérum*. Il contient encore l'albumine en dissolution.

L'analyse suivante du sang veineux de l'homme don-nera une idée approximative de la proportion d'après laquelle sont répartis les principes essentiels de ce liquide :

Eau.	780,0
Globules.	140,0
Albumine.	69,0
Fibrine.	2,2
Matières salines grasses.	8,8
	1000,0

497. Chair des animaux ou muscles. — Les

muscles, qui sont attachés sur les os des animaux et qui donnent à ceux-ci la facilité de se mouvoir, grâce aux contractions qu'ils peuvent éprouver sous l'influence de la volonté, sont connus sous le nom de *chair* ou *viande*. La structure des muscles est assez complexe : outre les fibres, qui en sont l'élément principal, on y rencontre du tissu cellulaire, du tissu adipeux, des vaisseaux sanguins, des vaisseaux lymphatiques, des nerfs et un certain nombre de substances organiques, telles que la *créatine*, principe neutre découvert par M. Chevreul; la *créatinine*, alcaloïde qui provient de la créatine; l'*inosine*, matière sucrée non fermentescible, et l'acide *inosique*, qui est doué d'un goût de bouillon très agréable. Ces quatre substances sont solubles dans l'eau.

Les chairs *rouges*, telles que celles du mouton et du bœuf, les chairs *noires*, telles que celles du lièvre, du daim, du chevreuil et des oiseaux sauvages sont plus riches en musculine, en corpuscules sanguins, en matières sapides et odorantes, que les chairs blanches des jeunes animaux, comme le veau, l'agneau et le chevreau; celles-ci sont plus aqueuses et moins digestives.

Cherchons maintenant à nous rendre compte des phénomènes qui se passent dans la préparation du *bouillon* ou *pot-au-feu*. Mise en contact avec l'eau froide, la viande lui cède une partie de l'albumine qu'elle renferme, des matières extractives, une partie des sels et la matière colorante du sang qui l'imprègne; aussi l'eau prend-elle une coloration rougeâtre. Lorsqu'on porte le liquide à l'ébullition, l'albumine et la matière colorante du sang se coagulent et viennent former, à la surface, des flocons que l'on enlève sous le nom d'*écume*. En même temps la graisse fond et forme des *yeux* à la surface du bouillon : le tissu cellulaire de la viande modifié par l'action de l'eau bouillante cède de la gélatine au bouillon. Quand la viande a séjourné dans l'eau pendant six à sept heures, à une température voisine de l'ébullition, elle ne retient presque plus de substances solubles, mais seulement des parties graisseuses, gélatineuses et albumineuses, qui restent entre les fibres et les attendrissent par leur interposition. Si le *bouilli* ne conservait pas ces parties, il serait très dur, par suite de l'endurcissement que la cuisson fait éprouver à la fibrine.

Il est important, dans la préparation du bouillon, d'employer de l'eau froide, dont on élève graduellement la température; car, lorsqu'on met la viande dans l'eau bouillante, l'albumine et la matière colorante du sang se coagulent immédiatement dans l'intérieur de la viande et s'opposent à l'action dissolvante de l'eau.

En résumé, le bouillon renferme de la gélatine, de l'albumine, des matières extractives, des principes volatils qui résultent d'une légère altération de la viande, des sels, du chlorure de sodium, et enfin les substances solubles que fournissent les légumes ajoutés ordinairement au *pot-au-feu*.

On peut faire un bouillon excellent de la manière suivante : on réduit en hachis 1 kilogramme de bœuf sans graisse, on le mélange à son poids d'eau froide avec une quantité suffisante de sel; on chauffe le mélange très lentement, et, après quelques moments d'ébullition, on obtient, par l'expression dans un linge, 1 kilogramme de bouillon bien supérieur à celui que l'on préparerait avec les mêmes quantités de viande et d'eau par la méthode ordinaire.

La viande qui a servi à la préparation du bouillon, a perdu une grande partie de ses facultés nutritives. Magendie a fait voir que les chiens, qui peuvent vivre en mangeant de la viande fraîche, meurent au bout de plusieurs mois s'ils sont exclusivement nourris avec de la viande cuite dans l'eau. La viande rôtie est plus nutritive, parce que la cuisson ne change pas sensiblement sa composition.

CHAPITRE XII

Conservation des matières alimentaires.

498. Putréfaction ou fermentation putride.
— Les substances végétales et animales, lorsqu'elles
sont soustraites à l'influence de la vie, s'altèrent en
présence de l'air et de l'humidité. Cette altération, que
l'on désigne sous le nom de *putréfaction* ou de *fermentation putride*, se fait avec dégagement de gaz infects.
Toutes les transformations que subissent les matières
organiques pendant la putréfaction, n'ont jamais été
étudiées d'une manière complète ; on sait seulement
que, sous l'influence atmosphérique, il se produit de
l'eau et du gaz carbonique et que l'azote se dégage à
l'état d'ammoniaque.

M. Pasteur a fait connaître la cause de la fermentation
putride. Elle est produite par l'action combinée des
aérobies et des *anaérobies.*

499. M. Pasteur, prenant d'abord le cas d'un liquide
aéré, susceptible d'éprouver la fermentation putride et
soustrait au contact de l'air, montre qu'il s'effectue
d'abord un mouvement intérieur, dont l'effet est de faire
disparaître l'oxygène de l'air qui est en dissolution, et
de le remplacer par du gaz carbonique. L'absorption de
l'oxygène est due au développement des aérobies qui,
par leur respiration, transforment ce gaz en gaz carbonique. Dès que l'oxygène a disparu, si la liqueur renferme des germes d'anaérobies, ces germes se développent, et la putréfaction se déclare aussitôt.

Elle s'accélère peu à peu, en suivant la marche progressive du développement des anaérobies, qui transforment le liquide en produits plus simples que ceux qui entrent dans sa composition. La liqueur laisse dégager des gaz, dont la fétidité dépend surtout de la proportion de soufre qui se trouve dans la matière en putréfaction. L'odeur est peu sensible si la substance n'est pas sulfurée. Il résulte de ce qui précède que non seulement le contact de l'air n'est pas nécessaire au développement de la fermentation, mais que, bien au contraire, si l'oxygène dissous dans un liquide putrescible n'était pas d'abord soustrait par l'action des aérobies, la putréfaction n'aurait pas lieu, parce que les anaérobies ne pourraient y prendre naissance : l'oxygène ferait périr ceux qui tenteraient de s'y développer.

Examinant ensuite le cas de la putréfaction libre au contact de l'air, M. Pasteur démontre que, lorsque les aérobies ont absorbé l'oxygène intérieur, ils se portent à la surface du liquide, qu'ils y provoquent la formation d'une pellicule mince, qui va s'épaississant peu à peu, puis tombe en lambeaux au fond du vase, pour se reformer, tomber encore, et ainsi de suite. Cette pellicule empêche d'une manière absolue la dissolution de l'oxygène dans le liquide, et permet, par conséquent, le développement des anaérobies. Le liquide putrescible se trouve alors le siège de deux genres d'actions chimiques distinctes. D'une part, les vibrions, vivant sans oxygène, transforment les matières azotées en produits simples, mais encore complexes; d'autre part, les infusoires ramènent ces mêmes produits à l'état des plus simples combinaisons binaires : l'eau, l'ammoniaque et le gaz carbonique.

Passant enfin à la putréfaction des matières solides, M. Pasteur s'exprime ainsi : « J'ai prouvé que le corps des animaux est fermé, dans les cas ordinaires, à l'introduction des germes des êtres inférieurs. Par conséquent, la putréfaction s'établira d'abord à la surface, puis elle gagnera peu à peu l'intérieur de la masse solide. En ce qui concerne un animal entier, abandonné après la mort soit au contact, soit à l'abri de l'air, toute la surface de son corps est couverte de poussières que l'air charrie, c'est-à-dire de germes d'organismes inférieurs. Son canal intestinal, là surtout où se forment les matières fécales, est rempli non seulement de germes, mais de vibrions tout développés que Leuwenoeck avait déjà aperçus. Les vibrions ont une grande avance sur les germes de la surface des corps. Ils sont à l'état d'individus adultes privés d'air, en voie de multiplication et de fonctionnement. C'est par eux que commencera la putréfaction des corps. »

CONSERVATION DES MATIÈRES ORGANIQUES

500. Les procédés de conservation des matières organiques ont pour objet de détruire les germes des ferments et d'empêcher leur développement.

La destruction des germes s'obtient soit en cuisant les substances à conserver et en les privant d'air, soit en faisant agir sur elles des substances antiseptiques. La dessiccation des matières organiques ou l'abaissement de leur température empêche le développement des germes.

501. **Cuisson et privation d'air.** — La cuisson a pour conséquence de détruire les germes des ferments, et pourrait à elle seule empêcher la putréfaction, si l'air ne ramenait toujours de nouveaux germes. Un grand nombre de procédés ont été employés; ils sont tous des modifications du procédé Appert.

Les aliments, préparés comme s'ils devaient être mangés immédiatement, sont introduits dans des boîtes en fer-blanc; le couvercle est soudé avec soin, il est muni d'une ouverture par laquelle on verse la sauce de manière à remplir la boîte : on ferme cette ouverture à l'aide d'une pièce que l'on y soude, et on maintient la boîte pendant une heure environ dans un bain d'eau bouillante, ou mieux dans l'eau salée à 105° ou 106°. L'effet de la chaleur est de détruire les germes.

Les viandes préparées par cette méthode sont encore bonnes après quinze ou vingt ans; mais cependant elles ont toujours une saveur particulière, qui finit par exciter la répugnance des personnes dont elles sont la nourriture habituelle. Les légumes, tels que les petits pois, les haricots, se conservent très bien dans des flacons en verre bien bouchés et chauffés ensuite à une température un peu supérieure à 100°.

Ce procédé de conservation ne s'applique ni au lait ni aux fruits mous.

502. Conservation par l'emploi de substances antiseptiques. — Certaines substances ont la propriété, en détruisant les germes, d'assurer la conservation des matières organiques : on sait depuis longtemps que la viande fumée se conserve pendant un certain temps. Dans ce cas, l'effet est dû à certains produits, comme l'acide phénique et la créosote, qui se dégagent dans la combustion du bois et qui imprègnent la viande fumée. Le sel ou chlorure de sodium est aussi un très bon antiseptique; on lui ajoute maintenant un peu de salpêtre ou azotate de potasse, qui communique à la viande une teinte rouge.

Salaison. — La salaison des viandes constitue une industrie importante; c'est en Angleterre et en Irlande que les procédés sont les plus parfaits. Le système d'abatage n'est pas indifférent; on a reconnu que l'assommage donnait les meilleurs résultats. Les animaux destinés à la salaison ne doivent jamais être soufflés, comme le font souvent les bouchers pour séparer la peau des muscles. Ils doivent être dépecés et vidés avec beaucoup de propreté. Le saleur saupoudre la viande avec du sel, et, pour mieux faire pénétrer celui-ci dans les tissus, frotte chaque pièce pendant une minute;

chaque morceau passe ainsi dans la main, de trois ou quatre ouvriers : le dernier les examine, écarte les gros muscles et fait pénétrer le sel dans les parties qui n'en ont pas encore reçu. Les pièces sont ensuite rangées dans de grandes cuves où on les abandonne pendant quinze jours environ, en ayant soin d'arroser tous les matins avec de la saumure que l'on pompe du fond. Puis on embarille, c'est-à-dire qu'on dispose dans des tonneaux la viande et le sel par rangées alternatives.

Les légumes peuvent aussi se conserver par la salaison.

L'alcool est aussi un excellent antiseptique, qui est surtout employé pour la conservation des fruits.

Lorsqu'il s'agit seulement de conserver des cadavres ou des pièces anatomiques, on peut faire usage d'un grand nombre d'antiseptiques, parmi lesquels nous cite-rons le bichlorure de mercure, l'anhydride arsénieux, le sulfate de zinc, etc.

503. Conservation par dessiccation. — La dessiccation est un des moyens de conservation les plus anciens et les plus parfaits. Elle rend impossible le développement des germes. Ce procédé consiste à découper la viande par tranches minces que l'on fait sécher au soleil. Les produits ainsi conservés laissent beaucoup à désirer.

Cette méthode est appliquée industriellement pour la conservation des fruits (pruneaux, figues, poires tapées), pour celle des légumes.

Voici le procédé suivi pour la conservation des légumes :

Les légumes, épluchés avec soin, lavés et coupés, sont cuits complètement par la vapeur dans des appareils à haute pression, où ils subissent une température de 112° à 115°. Après la cuisson, qui est faite au bout de quelques minutes, les légumes sont rangés sur des châssis en canevas, dans des séchoirs où circule un courant d'air chaud et sec. Cet air, qui à son entrée ne marque que 5° environ à l'hygromètre et 45° au thermomètre, sort presque saturé d'eau à une température de 28° à 31°. Sous l'action du courant d'air, les légumes sont bientôt parfaitement desséchés, et en sortant du séchoir ils sont secs et cassants : on les expose à l'air pendant quelque temps pour qu'ils y reprennent un peu de vapeur d'eau qui les rend flexibles et maniables.

Lorsque les légumes sont destinés à l'approvisionnement des navires de l'armée, ils sont comprimés par des presses hydrauliques, de manière à être d'un transport plus facile. Trempés dans l'eau pendant une demi-heure, ils retrouvent leur volume primitif et peuvent être cuits comme les légumes frais.

504. Conservation par le froid. — Les substances organisées ne se putréfient pas tant qu'elles sont exposées à un froid suffisant. Le contact de la glace suffit à assurer la conservation de la viande et du poisson.

Ce procédé est aujourd'hui employé en grand pour la conservation des viandes, que l'on place dans des chambres frigorifiques que l'on amène à basse température, soit en faisant circuler dans ces chambres des tuyaux constamment parcourus par une dissolution très refroidie de chlorure de magnésium ou de calcium, soit en faisant détendre entre les cloisons qui les enveloppent, de l'air comprimé à une haute pression (procédé Popp). Quand on emploie les chlorures de calcium et de magnésium, on refroidit la dissolution au moyen de machines à ammoniaque (appareils Carré et Ronart) ou de machines à acide sulfureux (appareils Raoul Pictet).

Voyons maintenant quelles sont les principales conditions à remplir pour la conservation de la viande. Pour que la viande puisse être conservée, il faut que la température à laquelle on la soumet soit assez basse et que le milieu refroidi soit rempli d'air sec. Aussi l'air lancé par les machines Popp ne doit-il pas arriver dans les chambres dans lesquelles se trouve la viande, car il y apporterait de la vapeur d'eau, mais entre des cloisons qui les enveloppent.

Il faut d'ailleurs remarquer que la température ne doit pas être la même, suivant que la viande doit être conservée à court terme ou à longue échéance. Dans le premier cas, l'abaissement de température peut être moindre que dans le second. S'il s'agit, comme dans les abattoirs des grandes villes, de conserver la viande pendant quelques jours, la température de l'entrepôt de viandes peut être, comme à Bruxelles et à Saint-Chamond, maintenue à une température de 4 à 5 degrés au-dessus de zéro. Si, comme à Genève, on veut conserver la viande pendant deux ou trois semaines, la température devra rester dans le voisinage de zéro. Ajoutons d'ailleurs qu'on aura toujours intérêt à se tenir au-dessous de la limite stricte, pour éviter l'influence des germes de décomposition qui pénètrent dans les chambres lorsqu'on vient y chercher la viande.

Quand il s'agit au contraire de conserver la viande pendant des mois, il faut abaisser beaucoup plus la température; il ne suffit pas de maintenir la viande aux températures que nous venons d'indiquer; il faut *la congeler à cœur*. Or cette congélation demande beaucoup de temps et une température très basse. Il faut employer une température d'environ 15 degrés au-dessous de zéro, et le séjour dans les chambres doit être de cinquante heures environ. C'est ainsi qu'on opère en Amérique, dans les usines de la Plata, qui congèlent des quantités considérables de viande, pour les transporter ensuite, dans des wagons refroidis, sur les différents points du continent américain. Il en est de même des viandes expédiées en Europe par les établissements d'Australie; on les congèle et on les transporte sur des navires convenablement aménagés, comme le *Frigorifique* que l'on a pu voir au quai de la Seine à Paris.

Lorsque la viande a été congelée à cœur, il suffit, avant de la livrer au consommateur, de la laisser se dégeler lentement. Ce dégel doit être lent. Quand la viande est dégelée, elle a repris toutes ses propriétés primitives comme aspect et comme saveur.

505. Conservation du lait. — Le lait étant un aliment *complet* et de première importance, il y a lieu de chercher à le conserver et à le mettre à l'abri des phénomènes de fermentation qu'il subit sous l'influence de microbes qu'il prend à l'air. De plus il renferme souvent des germes dangereux qui peuvent développer chez les enfants le choléra infantile et les diarrhées vertes; chez les adultes, la tuberculose, la fièvre typhoïde, la scarlatine, etc. Il faut tuer ces germes. On y arrive par les méthodes de stérilisation aujourd'hui employées. Il y a deux procédés : la *pasteurisation* et la *stérilisation*.

Dans le premier procédé, on porte le lait à une température de 70° à 75° et on le refroidit brusquement à 10° ou 12°. On arrive ainsi à tuer les microbes et, si l'on consomme bientôt le lait pasteurisé, son usage pourra être sans inconvénients.

Le procédé de la stérilisation consiste à porter le lait à une température au moins égale à 100° et à fermer les bouteilles pendant qu'il est chaud, de telle sorte que l'air ne puisse y rentrer et y apporter de nouveaux germes.

Nous citerons aussi le procédé Dahl, qui consiste à porter le lait à 70°, puis à le refroidir à 40°, pour le porter de nouveau à 70° et ainsi de suite jusqu'à élever sa température à 100° et refroidir à 12°.

Ces différentes méthodes sont pratiquées industriellement et livrent à la consommation des quantités considérables de lait, qui se conserve bien et est employé surtout à l'alimentation des enfants. Mais, comme toute opération industrielle comporte parfois des insuccès ou des négligences, il est préférable, quand on le peut, de stériliser le lait soi-même. Divers systèmes ont été proposés pour la stérilisation du lait à domicile : il y a lieu de citer les systèmes Soxlhet et Gentile; nous décrirons le dernier.

On fractionne le lait dans des fioles, qui pourront elles-mêmes servir de biberons. On place ces fioles dans une espèce de panier à bouteilles que l'on descend dans une marmite, où se trouve de l'eau jusqu'au niveau du lait dans les fioles. On place sur chaque fiole un disque en caoutchouc, présentant sur sa face inférieure une saillie conique qui entre librement par sa pointe dans le goulot. On fait bouillir l'eau de la marmite pendant quarante minutes. Le lait donne des vapeurs qui chassent l'air avec ses germes par le goulot, que ferme imparfaitement la saillie conique. Pendant ce temps, les microbes contenus dans le lait sont tués par l'élévation de température. On sort le panier à bouteilles avec ses fioles et on laisse refroidir. Les vapeurs se condensent et, par suite du vide partiel que produit la condensation, le bouchon poussé par la pression atmosphérique s'enfonce graduellement dans le goulot et ferme hermétiquement la fiole, sans que l'air extérieur ait pu rentrer.

506. Conservation du beurre. — Le procédé le plus employé pour la conservation du beurre est le salage. Après avoir étendu le beurre en couches minces sur une table, on le saupoudre de sel finement pulvérisé, puis on le malaxe avec un rouleau, de manière à incorporer le sel dans la masse. La quantité de sel employé varie, suivant que l'on veut avoir du beurre demi-sel, salé moyennement ou sursalé. On emploie 1 kilogramme de sel pour 12 à 20 kilogrammes de beurre.

Le beurre fondu est aussi très employé. Pour le préparer, on le fond, puis on l'écume; on l'abandonne au repos, et on le décante en laissant au fond du chaudron le dépôt qui s'y est formé. On peut ajouter un peu de sel pour faciliter la conservation. Le beurre fondu est toujours un produit d'assez mauvaise qualité.

507. Conservation des œufs. — Les procédés que l'on a essayés pour la conservation des œufs sont assez nombreux.

Appert les introduisait dans une bouteille qu'il remplissait ensuite de chapelure pour les empêcher de se casser les uns contre les autres, et les soumettait pen-

dant quelques minutes dans un bain-marie à une température de 70° environ. Ce procédé est encore employé.

On conserve aussi un très grand nombre d'œufs, et
d'une manière très économique, en les maintenant dans
un bain d'eau de chaux. La chaux pénétrant au travers
des parois de la coque forme avec la première couche
d'albumine un ciment qui empêche l'air de pénétrer.

La gélatine, appliquée en couche mince sur les œufs,
les préserve aussi du contact de l'air et en assure la
conservation.

FIN

TABLE DES MATIÈRES

DEUXIÈME ANNÉE

CHAPITRE PREMIER

Lois des combinaisons chimiques. — Poids atomiques. — Poids moléculaires. — Nomenclature chimique. — Symboles et formules chimiques.

	Pages.		Pages.
Lois des combinaisons chimiques	5	Atomicité	10
Poids atomiques	8	Nomenclature chimique	13
Poids moléculaires	10	Notations et formules chimiques	19

CHAPITRE II

Propriétés générales des sels. — Lois de Berthollet.

	Pages.		Pages.
Propriétés générales des sels	26	Lois de Berthollet	31

CHAPITRE III

Notions sur l'acide azotique et l'ammoniaque.

	Pages.		Pages.
Acide azotique	35	Ammoniaque	42
Azotates	40		

CHAPITRE IV

Notions sur le phosphore. — Allumettes chimiques. — Notions sur l'acide phosphorique. — Phosphates employés en agriculture.

	Pages.		Pages.
Notions sur le phosphore	51	phorique	57
Allumettes chimiques	55	Phosphates employés en agriculture	60
Notions sur l'acide phos-			

392   TABLE DES MATIÈRES

CHAPITRE V

Soufre. — Anhydride sulfureux et acide sulfureux.

Soufre.............................	61	la laine et de la soie, au
Anhydride sulfureux......	67	soufrage des tonneaux,etc. 71
Application du gaz sulfu-		Acide sulfureux............ 73
reux au blanchiment de		Sulfates.................... 73

CHAPITRE VI

Acide sulfurique. — Applications principales. Acide sulfhydrique.

Anhydride sulfurique.....	74	Usages de l'acide sulfuri-
Acide sulfurique normal...	74	que.................... 84
Sulfates....................	76	Acide sulfurique de Nord-
Préparation de l'acide sul-		hausen............... 85
furique....................	78	Acide sulfhydrique........ 86

CHAPITRE VII

Chlore. — Application au blanchiment du lin et du coton. Acide chlorhydrique.

Chlore.....................	91	coton 97
Blanchiment du lin et du		Acide chlorhydrique...... 101

CHAPITRE VIII

Propriétés générales et classification des métaux.

Propriétés générales des métaux.................	109	Classification des métaux. 114

CHAPITRE IX

Actions de l'oxygène, du soufre, du chlore et des acides sulfurique, chlorhydrique et azotique sur les métaux. — Oxydes. — Sulfures. — Chlorures et sels importants par leurs applications.

Action de l'oxygène sur les métaux.................	116	Principaux sulfures....... 133
Oxydes métalliques.......	120	Action du chlore sur les métaux. — Chlorures
Potasse	123	métalliques............. 134
Soude. — Chaux..........	125	Principaux chlorures...... 135
Baryte. — Magnésie. — Alumine.................	126	Action de l'acide sulfurique sur les métaux usuels.. 137
Oxyde de fer.............	127	Sulfates de fer, de zinc, de cuivre.................. 137
Oxyde de zinc............	128	
Bioxyde de manganèse. — Oxydes d'étain, de plomb.	129	Action de l'acide chlorhydrique sur les métaux usuels.................. 139
Oxyde de cuivre..........	131	
Action du soufre sur les métaux.................	131	Action de l'acide azotique sur les métaux usuels... 139
Sulfures..................	133	

CHAPITRE X

**Potasses et soudes du commerce. — Applications au blanchis-
sage. — Azotates de potasse et de soude. — Notions sur la
nitrification. — Applications. — Sel marin. — Sel gemme.**

Potasse du commerce...... 140
Soudes du commerce natu-
relles et artificielles.... 141
Blanchissage du linge.... 145
Azotate de potasse. — Pou-
dre à canon............. 150
Chlorure de sodium. — Sel
marin. — Sel gemme... 154

CHAPITRE XI

Chaux. — Mortiers. — Ciments.

Cuisson de la chaux...... 157
Chaux grasses. — Chaux
maigres. — Chaux hy-
drauliques............. 159
Mortiers. — Ciments...... 161

CHAPITRE XII

Poteries. — Verreries.

Argiles.................. 163
Poteries................. 164
Porcelaine............... 165
Grès cérames. — Faïence. 175
Verres 177
Cristal.................. 189

CHAPITRE XIII

**Carbonate de chaux. — Sulfate de chaux. — Plâtre.
Applications.**

Carbonate de chaux...... 191
Sulfate de chaux.......... 193
Plâtre et applications..... 194

CHAPITRE XIV

Notions sur les métaux usuels.

Fer..................... 197
Fontes.................. 205
Aciers.................. 211
Zinc................... 218
Nickel.................. 219
Étain................... 219
Cuivre 222
Plomb 225
Aluminium.............. 228
Mercure................ 229
Argent.................. 230
Or..................... 233
Platine................. 234

TROISIÈME ANNÉE

CHAPITRE PREMIER

Matières organiques. — Leur composition.

Composition des matières organiques. — Principes immédiats.............. 237
Analyse immédiate. — Analyse élémentaire........ 238
Classification des matières organiques............... 240
Synthèse des matières organiques................ 241

CHAPITRE II

Notions sommaires sur les principaux carbures d'hydrogène.

Formène................... 242
Éthylène.................. 245
Acétylène................. 247
Gaz d'éclairage.......... 248
Benzine................... 254
Naphtaline............... 256
Essence de térébenthine... 257
Pétrole................... 258

CHAPITRE III

Alcools. — Alcool ordinaire.

Alcools en général........ 260
Alcool ordinaire.......... 261

CHAPITRE IV

Fermentation. — Fabrication du vin, de la bière, du cidre et des alcools.

Fermentation alcoolique... 264
Vin....................... 268
Bière..................... 275
Cidre et poiré............ 282
Eaux-de-vie et alcools.... 283

CHAPITRE V

Éthers. — Éther ordinaire.

Éthers en général........ 288
Éther ordinaire.......... 288

CHAPITRE VI

Acide acétique. — Acide oxalique. — Acide tartrique. — Acide tannique ou tanin. — Application au tannage.

Acides organiques en géné-
ral.................... 291
Acide acétique............ 292
Vinaigre................. 292
Acide oxalique............ 296
Acide tartrique........... 298
Acide tannique ou tanin... 299
Tannage des peaux........ 301

CHAPITRE VII

Corps gras. — Saponification. — Bougies stéariques.

Corps gras................ 304
Glycérine................. 305
Corps gras naturels....... 306
Corps gras facilement sa-
ponifiables............. 307
Extraction des huiles végé-
tales.................. 309
Fabrication des bougies
stéariques............. 313

CHAPITRE VIII

Principes sucrés. — Sucre de canne et de betterave.

Sucre de canne........... 320
Extraction du sucre de
betterave............... 330
Raffinage du sucre........ 343

CHAPITRE IX

Amidon. — Fécules. — Farines. — Panification.

Amidon................... 348
Fécule................... 353
Panification.............. 356

CHAPITRE X

Cellulose. — Papier.

Cellulose................. 361
Celluloïd................. 362
Principes ligneux. — Bois. 363
Papier................... 365

CHAPITRE XI

Notions sur les principales matières albuminoïdes. — Principales matières alimentaires.

Albumine. — Fibrine. —
Caséine................ 369
Gélatine. — Colles........ 371
Œufs.................... 372
Lait..................... 373
Beurre................... 374
Fromages................ 375
Sang.................... 376
Chair des animaux........ 377

CHAPITRE XII

Conservation des matières alimentaires.

Putréfaction............... 380
Conservation des matières
    organiques............. 382
Conservation par cuisson
    et privation d'air....... 382
Conservation par l'emploi
    des substances antisep-
tiques 383
Conservation par dessicca-
    tion.................... 384
Conservation par le froid. 385
Conservation du lait...... 387
Conservation du beurre et
    des œufs 388

Coulommiers. — Imp. Paul BRODARD. — 396-94.

9 782016 151976